Prof. Dr. Erich Rummich, TU Wien
Dr.-Ing. Ralf Gfrörer, BERGER LAHR GmbH
und zwei Mitautoren

Elektrische Schrittmotoren und -antriebe

Dieses Buch entstand unter Mitwirkung von Herrn Dr.-Ing. Ralf Gfrörer, Entwicklungsleiter Motoren bei BERGER LAHR GmbH in Lahr/Schwarzwald. BERGER LAHR gehört zum Geschäftsbereich Antriebe und Automation der SIG — Schweizerische Industrie-Gesellschaft, Neuhausen am Rheinfall.

Seit 1958 produziert BERGER LAHR Schrittmotoren. Ein wichtiger Meilenstein in der Schrittmotorentechnik war 1972 die Entwicklung und Patentierung des 5-Phasen-Schrittmotors. Konsequente Weiterentwicklung sowohl auf der Motoren- als auch der Steuerungsseite haben dem Schrittmotor zu seinem Erfolg als außerordentlich vielseitiges, präzises und doch einfaches Positioniersystem verholfen.

D1669631

Elektrische Schrittmotoren und -antriebe

Funktionsprinzip – Betriebseigenschaften – Meßtechnik

Univ.-Prof. Dr. Erich Rummich

Dipl.-Ing. (FH) Hermann Ebert
Dr.-Ing. Ralf Gfrörer
Dipl.-Ing. Friedrich Traeger

Mit 225 Bildern

Kontakt & Studium
Band 365
Herausgeber:
Prof. Dr.-Ing. Wilfried J. Bartz
Technische Akademie Esslingen
Weiterbildungszentrum
DI Elmar Wippler
expert verlag

Die Deutsche Bibliothek – CIP-Einheitsaufnahme

Elektrische Schrittmotoren und -antriebe:
Funktionsprinzip – Betriebseigenschaften – Meßtechnik / Erich Rummich... – Ehningen bei Böblingen: expert-Verl. 1992
  (Kontakt & Studium; Bd. 365)
  ISBN 3-8169-0678-8
NE: Rummich, Erich; GT

ISBN 3-8169-0678-8

Bei der Erstellung des Buches wurde mit großer Sorgfalt vorgegangen; trotzdem können Fehler nicht vollständig ausgeschlossen werden. Verlag und Autor können für fehlerhafte Angaben und deren Folgen weder eine juristische Verantwortung noch irgendeine Haftung übernehmen.
Für Verbesserungsvorschläge und Hinweise auf Fehler sind Verlag und Herausgeber dankbar.

© 1992 by expert verlag, 7044 Ehningen bei Böblingen
Alle Rechte vorbehalten
Printed in Germany

Das Werk einschließlich aller seiner Teile ist urheberrechtlich geschützt. Jede Verwertung außerhalb der engen Grenzen des Urheberrechtsgesetzes ist ohne Zustimmung des Verlags unzulässig und strafbar. Dies gilt insbesondere für Vervielfältigungen, Übersetzungen, Mikroverfilmungen und die Einspeicherung und Verarbeitung in elektronischen Systemen.

Autoren-Vorwort

Seit geraumer Zeit fragen unsere Kunden immer wieder nach einem Fachbuch zum Thema Schrittmotorantriebe. Zwar existieren bereits eine ganze Reihe von Veröffentlichungen zu diesem Themenkreis, doch werden darin häufig nur Aufbau und Funktion der Motoren vermittelt. Eine zusammenfassende Darstellung, die auch auf die speziellen Betriebseigenschaften, die Optimierung der Schrittmotorantriebe und die praktische Auswahl von Schrittmotoren eingeht, findet man kaum.

An der Technischen Akademie Esslingen, einer Einrichtung der beruflichen Weiterbildung, wird unter der Leitung von Prof. Erich Rummich in regelmäßigem Turnus ein Lehrgang über Elektrische Schrittmotoren abgehalten. An diesem Seminar beteiligt sich auch BERGER LAHR mit mehreren anwendungsorientierten Vorträgen. Basierend auf dem Inhalt dieses Lehrgangs entstand in Zusammenarbeit mit dem expert verlag das vorliegende Buch der Reihe KONTAKT & STUDIUM.

Nach einer Einführung in die Grundlagen und theoretischen Hintergründe ist den beiden Schrittmotortypen mit der größten Verbreitung, dem Klauenpolmotor und dem Hybridmotor, jeweils ein eigenes Kapitel gewidmet. Letzteres enthält vor allem einen ausführlichen Vergleich zwischen Zwei- und Fünfphasenmotoren sowie die intensive Behandlung des Laufverhaltens (Resonanzen).

Auch im Kapitel „Leistungselektronik und Signalverarbeitung" wird auf die speziellen Möglichkeiten der Schaltungstechnik, Überwachung und Lageregelung bei den von BERGER LAHR im Jahre 1972 erstmals entwickelten Fünfphasen-Schrittmotoren eingegangen.

Die Auswahl des richtigen Motors ist im Kapitel „Auslegung von Schrittmotorantrieben" behandelt. Gezeigt wird, wie man den Antrieb optimieren und die Betriebskennlinien gezielt beeinflussen kann. Hier finden sich auch eine Reihe von praktischen Hinweisen zum mechanischen Anbau und zur Inbetriebnahme.

Bei der Ausarbeitung und Aufbereitung des Stoffes in Graphiken, Rechenprogrammen und Messungen haben mich die Mitarbeiter der Motoren-Entwicklung bei BERGER LAHR wesentlich unterstützt. Wir hoffen, daß wir Ihnen mit diesem Buch für den Einsatz von Schrittmotoren einige Anregungen geben können.

Lahr, im Februar 1992   Ralf Gfrörer

Autoren-Vorwort

Die elektrischen Antriebe wurden in den letzten Jahrzehnten zu einem bestimmenden Faktor in der Industrie, und die moderne Antriebs- und Automatisierungstechnik zeigt deutliche Tendenzen zum dezentralen Antrieb für die diversen Positionieraufgaben.

Neben den für solche Zwecke eigens konzipierten verschiedenen Ausführungen der Servomotoren eignen sich gerade im Bereich kleiner und kleinster Drehmomente elektrische Schrittmotoren als Positionierantriebe, nicht zuletzt auch wegen ihres kostengünstigen Einsatzes. Ein weiterer Grund liegt darin, daß es mit Hilfe von Mikroprozessoren und Mikrorechnern in jüngster Zeit relativ einfach wurde, komplexe Steuerungsprogramme zu erstellen. Für die direkte Umsetzung der digitalen Impulsfolgen in mechanische Bewegung bieten sich Schrittmotoren in besonderer Weise an.

Im ersten Kapitel des vorliegenden Buches werden grundlegende Betrachtungen über die Wirkungsweise der verschiedenen Schrittmotoren angestellt und Gemeinsamkeiten wie Feldaufbau, magnetischer Kreis, Drehmomentenbildung, Betriebsarten etc. besprochen.

Die Kapitel 2 bis 4 sind den wichtigsten Grundtypen der Schrittmotoren wie Reluktanz-, permanentmagneterregte und Hybrid-Schrittmotoren gewidmet sowie einigen Sonderbauformen.

Besondere Bedeutung bei der Auslegung von Schrittmotorantrieben kommt der Leistungselektronik und der Signalverarbeitung zu. In Kapitel 5 werden diese Problemkreise zentral behandelt, wenngleich auch in anderen Abschnitten des Buches auf diese Fragen eingegangen wird.

Bewegungsabläufe und Stabilitätsfragen bilden die Hauptthemen des sechsten Kapitels, wobei sich hier die Darstellung in der Phasenebene als vorteilhaft erweist.

Die für die praktische Auslegung von Schrittmotorantrieben nötigen Kenntnisse zur richtigen Motorauswahl, für die Optimierung der einzelnen Antriebskomponenten etc. werden in Kapitel 7 vermittelt, ebenso werden Fragen der Motorerwärmung und Lebensdauer erörtert.

Meßmethoden und Meßeinrichtungen zur Ermittlung statischer und dynamischer Motor- bzw. Antriebsparameter werden unter anderem in Kapitel 8 aufgezeigt, ebenso Möglichkeiten zur Optimierung von Schrittprogrammen. Die Stoffauswahl wurde aufgrund einer mehrjährigen Erfahrung, die sich bei der Abhaltung von Lehrgängen über ,,Elektrische Schrittmotoren" an der Technischen Akademie Esslingen ergab, so getroffen, daß ein möglichst breiter Interessentenkreis angesprochen wird.

Die einzelnen Kapitel des Buches wurden von Fachleuten auf den Gebieten der Entwicklung, Fertigung und Anwendung von Schrittmotoren eigenverantwortlich ausgearbeitet, dadurch kommt es zu geringfügigen Überschneidungen einzelner Themenbereiche.

Abschließend möchte der Unterzeichnete den Mitautoren für die gute Zusammenarbeit bei der Abfassung dieses Buches danken, besonders auch Herrn Dr. H.P. Kreuth, unter dessen Leitung die ersten Lehrgänge über Schrittmotoren an der Technischen Akademie Esslingen stattfanden.

Wien, Oktober 1991   Erich Rummich

Inhaltsverzeichnis

Herausgeber-Vorwort
Autoren-Vorwort

1	**Grundlagen der Schrittantriebe**	**1**
	Erich Rummich	
1.1	Einführung	1
1.2	Grundtypen von Schrittmotoren	4
1.2.1	Reluktanzschrittmotoren	4
1.2.2	Permanentmagnetisch erregte Schrittmotoren	4
1.2.3	Hybridschrittmotoren	6
1.3	Erzeugung des Schrittfeldes	7
1.3.1	Gegenüberstellung Drehfeld – Schrittfeld	7
1.3.2	Ständerwicklungen für Schrittmotoren	10
1.3.3	Vollschrittbetrieb	12
1.3.4	Halbschrittbetrieb	12
1.3.5	Mikroschrittbetrieb	14
1.3.6	Bestromungstabellen	14
1.3.7	Unipolare und bipolare Anspeisung der Ständerwicklung	16
1.4	Statischer Drehmomentenverlauf	17
1.4.1	Haltemoment der PM-Motoren	18
1.4.2	Haltemoment bei VR-Motoren	21
1.5	Einzelschritt-Betrieb	22
1.6	Berechnung des magnetischen Kreises	25
1.7	Energetische Betrachtungen, Ermittlung des statischen Drehmomentes	30
1.8	Kennlinien bei variabler Schrittfrequenz im Stationärbetrieb	35
1.9	Schrittmotorantrieb	37
2	**Reluktanzmotoren und Sonderbauarten**	**42**
	Erich Rummich	
2.1	Reluktanzmotoren	42
2.1.1	Einständerbauweise	42
2.1.2	Mehrständerausführung	44

2.1.3	Schrittwinkel und Ausführbarkeitsbedingungen	46
2.1.3.1	Einständer-VR-Motoren mit Einzelzähnen im Ständer	47
2.1.3.2	Einständer-VR-Motoren mit hoher Schrittauflösung	48
2.1.4	Optimale Zahn- und Nutform	49
2.1.5	Betriebsarten von Reluktanzmotoren	51
2.2	Scheibenmagnet-Schrittmotoren	56
2.3	Einsträngige PM-Schrittmotoren	59
2.4	Linearschrittantriebe	63
2.4.1	Elektromagnetische Linearschrittantriebe	63
2.4.2	Piezoelektrische Schrittmotoren	64

3 Permanentmagnetisch erregte Schrittmotoren 68
Friedrich Traeger

3.1	Einleitung	68
3.2	Aufbau der Schrittmotoren mit Wechselpolläufer	68
3.3	Klauenpolschrittmotor	68
3.3.1	Konstruktive Details	71
3.3.2	Magnetqualität	72
3.3.3	Drehmoment und Schrittwinkelbereich	74
3.4	Schrittmotor mit Polwicklung	75
3.5	Funktionsweise	76
3.5.1	Vollschritt-Halbschritt-Minischrittbetrieb	76
3.5.2	Steuerschaltungen des Schrittmotors	79
3.5.3	Haltemoment	81
3.5.4	Positioniergenauigkeit	84
3.5.5	Betriebskennlinien	90
3.5.6	Messung der Betriebskennlinien	91
3.6	Klauenpolschrittmotor mit Lagegeber	94
3.7	Anwendungsgebiete	98

4 Hybrid-Schrittmotoren 100
Ralf Gfrörer

4.1	Einleitung	100
4.2	Aufbau und Funktion des Hybrid-Schrittmotors	100
4.2.1	Grundfunktion – Erhöhung der Schrittzahl	100
4.2.2	Klauenpolprinzip – Aufbau des Rotors	102
4.2.3	Stator des Hybrid-Schrittmotors	104
4.2.4	Einfluß der Strangzahl	106
4.2.5	Magnetisches Modell	107
4.3	Eigenschaften von 2-Phasen- und 5-Phasen-Schrittmotoren	109

4.3.1	Anzahl der Schrittpositionen	109
4.3.2	Haltemoment – Zeigerdarstellung	111
4.3.3	Vergleich der Haltemomente	112
4.3.4	Rastmoment	114
4.3.5	Schrittmotor als schwingungsfähiges System	118
4.3.5.1	Parametererregte Pendelungen	119
4.3.5.2	Selbsterregte Pendelungen	125
4.4	Kennlinien und Kenngrößen	129
4.4.1	Darstellung der Betriebskennlinien	129
4.4.2	Lastwinkel/Schleppfehler	132
4.4.3	Verhältnis von Geschwindigkeit zu Auflösung	135
	Liste der verwendeten Formelzeichen und Symbole	136

5 Leistungselektronik und Signalverarbeitung 138
Ralf Gfrörer

5.1	Einleitung	138
5.2	Betrieb von Schrittmotoren	138
5.2.1	Elektrisches Ersatzschaltbild	138
5.2.2	Aufbau des Stromes	139
5.2.3	Betriebsarten von Schrittmotoren	141
5.2.4	Ansteuerschaltungen	143
5.2.5	Grundschaltungen von Fünfphasen-Schrittmotoren	145
5.2.6	Mikroschrittbetrieb	149
5.3	Komponenten des Schrittmotorantriebs	154
5.3.1	Leistungsansteuerung	154
5.3.2	Schaltungsbeispiele	159
5.3.3	Pulserzeugung	159
5.4	Schrittmotor im geschlossenen Lageregelkreis	167
5.4.1	Motivation	167
5.4.2	Erfassung der Rotorlage	168
5.4.3	„Drehüberwachung"	171
5.4.4	Stellgrößen zur Beeinflussung des Drehmoments	173
5.4.5	Schrittmotor im geregelten Betrieb	174
	Liste der verwendeten Formelzeichen und Symbole	178

6 Untersuchung der Bewegungsvorgänge von Schrittantrieben in der Phasenebene 180
Erich Rummich

6.1	Nichtlineare Bewegungsgleichung	180
6.2	Bewegungsvorgänge in der Phasenebene	182

6.3	Phasenporträt des nichtlinearen Schwingers	186
6.4	Einzelschritt-Fortschaltung	191
6.5	Bewegungsvorgänge bei Schrittsequenzen	192
6.6	Stabilitätsgrenze bei Schrittsequenzen	195
6.7	Resonanzzonen im Stationärbetrieb	197
7	**Auslegung von Schrittmotorantrieben**	**205**
	Ralf Gfrörer	
7.1	Einleitung	205
7.2	Grundsätzliche Vorgehensweise bei der Motorauswahl	205
7.2.1	Abschätzung des Antriebs	205
7.2.2	Umrechnung der Lastdaten	206
7.2.3	Ermittlung der Start/Stop-Frequenz	207
7.2.4	Wahl der Fahrgeschwindigkeit bei linearer Rampe	208
7.2.5	Getriebe	213
7.3	Optimierung des Antriebs	218
7.3.1	Rampen für hohe Fahrgeschwindigkeit	218
7.3.2	Optimierung der Schrittfolge für kurze Wege	218
7.3.3	Einfluß von Strom, Spannung und Wicklung auf das Betriebsverhalten	222
7.3.4	Einfluß der Schaltungsart	226
7.3.5	Erwärmung von Schrittmotoren	229
7.4	Praktische Hinweise	231
7.4.1	Temperaturmessung bei der Inbetriebnahme	231
7.4.2	Ankupplung von Schrittmotoren	231
7.4.3	Lebensdauer	235
8	**Messung und Optimierung von Schrittantrieben**	**239**
	Hermann Ebert	
8.1	Einleitung	239
8.2	Statische Momente am Schrittmotor	243
8.2.1	Selbsthaltemoment M_S	244
8.2.2	Haltemoment M_H	246
8.2.3	Statischer Lastwinkel β	249
8.3	Dynamische Momente am Schrittmotor Betriebsgrenzmoment M_{Bm}	252
8.4	Einzelschrittverhalten (Single step response)	256
8.5	Schrittwinkeltoleranzen	257

| 8.6 | Dynamischer Lastwinkel | 268 |
| 8.7 | Optimierung von Schrittprogrammen | 277 |

Literaturverzeichnis 288

Sachregister 290

Autorenverzeichnis 292

1 Grundlagen der Schrittantriebe

E. Rummich

1.1 Einführung

Die moderne Antriebs- und Automatisierungstechnik verlangt in steigendem Maße Einrichtungen, die ein schnelles und exaktes Positionieren mechanischer Systeme gestatten. Eigene Antriebsmaschinen, sogenannte Servomotoren, die sich durch extrem kleine Trägheitsmomente und große Drehmomente auszeichnen, erfüllen diese Forderungen. Wurden ursprünglich Servoantriebe mit Gleichstrommaschinen realisiert, so werden diese in jüngster Zeit vor allem durch permanentmagneterregte Synchronmaschinen wegen ihrer mechanischen Robustheit und guten Regelbarkeit ersetzt.[1] Typisch für den Einsatz von Servomotoren ist, da sie eine kontinuierliche Drehbewegung ausführen, daß ihre jeweilige Istposition der Rotorlage mit einem vorgegebenen Sollwert verglichen werden muß, sodaß bei solchen Antrieben stets ein Betrieb im geschlossenen Regelkreis erfolgt. Dazu sind aufwendige Lagegeber und entsprechende Regelschaltungen nötig.

In vielen Fällen der Antriebstechnik werden jedoch Motoren benötigt, die eine schrittweise Bewegung ausführen können. Einige Beispiele hiefür sind in der Schreib- und Drucktechnik: Schreibmaschinen, Fernschreiber, Faxgeräte, Plotter, Drucker etc.; in der Datenverarbeitung: Antriebe für Floppy-disc-Geräte, Lochstreifenleser, Bandgeräte usw. Verstellgetriebe für Projektoren, Blenden in der Foto- und Kinotechnik. Anwendungen in der Medizin- und Labortechnik wie Dosierpumpen, ferner Antriebe für Uhren, in der Werkzeugmaschinenbranche, KFZ-Technik; bei Handhabungsgeräten und Kleinrobotern werden ebenfalls Schrittantriebe benötigt.

Ein weiterer wesentlicher Faktor in jüngster Zeit ist die Tatsache, daß es mit Hilfe von Mikroprozessoren bzw. Mikrorechnern einfach ist, komplexe Steuerungsprogramme für Positionieraufgaben zu erstellen. Für die Umsetzung der digitalen Impulsfolgen in mechanische Bewegung werden geeignete Energiewandler benötigt. Hiefür bieten sich Schrittmotoren in besonderer Weise an.[2]–[6]

Schrittmotoren sind – von einigen Sonderausführungen abgesehen – Synchronmotoren mit sehr geringem polaren Trägheitsmoment und sehr kleiner mechanischer und elektrischer Zeitkonstanten. Sie besitzen meist ausgeprägte Ständerpole, deren Wicklungen durch Stromimpulse zyklisch angespeist werden. Dadurch entsteht ein sprungförmig umlaufendes Magnetfeld, dem der Rotor jeweils schrittweise folgt. Die Rotoren sind grundsätzlich unbewickelt, haben daher weder Kommutator noch Schleifringe. Da außer den Lagern keine Teile einem mechanischen Verschleiß unterworfen sind, zeichnen sich Schrittmotore durch große mechanische Robustheit und geringe Wartung bei hoher Lebensdauer aus. Als Angehörige der Gruppe Synchronmaschinen besitzen sie wie diese die Nachteile des Außertritt-Fallens bei zu hoher Belastung, was hier zu Schrittverlusten führt und sie neigen zu mechanischen Schwingungen, die mitunter zu Instabilitäten im Bewegungsablauf führen können.

Ein Schrittmotorantrieb (Bild 1.1a) besteht grundsätzlich aus einem elektronischen Ansteuergerät (1) mit Logikteil (2) und Leistungsteil (3). Der Logikteil (2) erzeugt entsprechend den Eingangsimpulsen (Schrittprogramm), der gewünschten Drehrichtung und Betriebsart (Vollschritt-, Halbschrittbetrieb etc.) Impulsfolgen für die Ansteuerung des Leistungsteiles (Wechselrichter) (3), der die einzelnen Wicklungsstränge des Schrittmotors (4) energetisch versorgt (siehe Kapitel 5), um die Last (5) entsprechend dem gewünschten „Schrittprogramm" (Eingangsimpulsfolge) anzutreiben. Ergänzt wird dies noch durch eine geeignete Energieversorgungseinheit (Netzteil) (6) und gegebenenfalls durch weitere Einrichtungen (Mikroprozessoren, Mikrorechner) zur Bereitstellung des gewünschten Schrittprogrammes. Erwähnt sei, daß die Elektronikbaugruppen und der Schrittmotor praktisch eine „Einheit" bilden und sowohl aus elektrischer als auch aus mechanischer Sicht aufeinander abgestimmt sein müssen, denn nur dann ist eine optimale Anpassung des Antriebes an die Erfordernisse der Last möglich.

Im Bild 1.1b sind weiters die „Reaktionen" des Schrittmotors (Winkelgeschwindigkeit ω und Drehwinkel φ) in Abhängigkeit der Zeit dargestellt, wobei hier eine Steuerimpulserie mit konstanter Impulsfolgezeit T_s und damit konstanter Steuerfrequenz $f_s = 1/T_s$ angenommen wurde. Ferner ist hier die Tatsache berücksichtigt, daß die mechanische Zeitkonstante T_m und die elektrische Zeitkonstante T_e des Schrittmotors in der Praxis so gewählt werden, daß im unteren und mittleren Steuerfrequenzbereich T_e und T_m wesentlich kleiner als T_s sind. Jeder Steuerimpuls verursacht die Weiterschaltung des Ständerfeldes um einen konstanten Winkel, dem der Rotor des Schrittmotors mit geringer Verzögerung folgt. Nach kurzem Einschwingvorgang verharrt der Rotor in der neuen Position, die sich um den mechanischen Schrittwinkel α von der vorigen unterscheidet, bis der nächste Steuerimpuls folgt. Durch Aneinanderreihen von diskreten Einzelschritten gemäß Bild 1.1b führt der Schrittmotor den gewünschten Positioniervorgang — im Bild 3 Schritte bei gleicher Drehrichtung — aus. Der zurückgelegte Gesamtverdrehwinkel des Rotors kann also im störungsfreien Betrieb und ohne Berücksichtigung etwa auftretender Schrittwinkelfehler (siehe Kapitel 3 und 8) nur ein ganzzahliges Vielfaches des Schrittwinkels α sein. Damit ist eine schrittgenaue Positionierung ohne Rückmeldung der Rotorlage gegeben und es werden daher die meisten Schrittmotorantriebe in einer offenen Steuerkette betrieben, was einen erheblichen Kostenvorteil gegenüber einer Lageregelung bringt. Warum derzeit ein Trend zum Betrieb von Schrittmotoren in Lageregel-

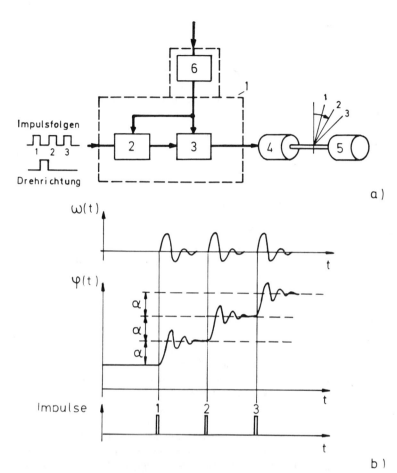

Bild 1.1: Schrittmotorantrieb
a) Systemkomponenten
b) zeitliche Darstellung der Winkelgeschwindigkeit, des Verdrehwinkels sowie der Eingangsimpulse

kreisen zu verzeichnen ist und welche Vorteile damit verbunden sind, wird in Kapitel 5 erläutert.

Die Anzahl der Schritte, die der Rotor je Umdrehung (= 360 mechanische Grade) ausführt, wird als Schrittzahl z bezeichnet. Somit ergibt sich für den Nennschrittwinkel α

$$\alpha = \frac{360°}{z} \qquad (1.1)$$

Der tatsächliche Schrittwinkel kann infolge von Schrittwinkelfehlern von diesem Wert abweichen (siehe Kapitel 3 und 8). Die Schrittfrequenz f_z gibt die Anzahl der Schritte des Rotors pro Sekunde an, die dieser bei konstanter Steuerfrequenz f_s, dies ist die Impulsfrequenz, mit der der Motor angesteuert wird, ausführt. Arbeitet der Motor ohne Schrittfehler, dies sollte der Normalfall sein, so stimmt die Schrittfrequenz f_z mit der Steuerfrequenz f_s überein. Die Drehzahl n des Schrittmotors ergibt sich somit zu

$$n = \frac{60 \, f_z}{z} \; (\text{min}^{-1}) \quad \text{oder} \quad n = \frac{f_z}{z} \; (s^{-1}) \tag{1.2}$$

1.2 Grundtypen von Schrittmotoren

Wie eingangs erwähnt, sind Schrittmotoren Sonderbauformen von Synchronmaschinen. Der Ständer besitzt meist ausgeprägte Pole mit konzentrierten Strangwicklungen zur Erzeugung eines geeigneten Schrittfeldes (siehe Abschnitt 1.3). Die Motoren unterscheiden sich vor allem in der Ausbildung der Rotoren.

1.2.1 Reluktanzschrittmotoren

Bild 1.2 zeigt den grundsätzlichen Aufbau eines 3-strängigen Reluktanzmotors. Im Ständer sind die drei Strangwicklungen A, B, C, angedeutet durch die Wicklungsachsen, untergebracht und bei Erregung des Stranges A wird zufolge der magnetischen Unsymmetrie des weichmagnetischen Rotors dieser die gezeichnete Stellung einnehmen. In dieser ist der magnetische Widerstand (Reluktanz) des Rotors für den erregten magnetischen Kreis ein Minimum. Der veränderliche Widerstand (engl. variable reluctance) führt zu der Kurzbezeichnung VR-Motoren. Bei Auslenkung des unbelasteten Rotors aus der gezeichneten Stellung entsteht ein Drehmoment, das diesen wieder in die ursprüngliche Lage zurückführt. Bei Abschaltung des Stromes in Strang A wirkt kein Moment auf den Rotor. VR-Motoren besitzen kein Selbsthaltemoment oder auch Rastmoment genannt (Definition siehe Abschnitt 1.2.2). Der Schrittwinkel wird vor allem durch die Zahl der Rotorzähne Z_R bestimmt (im Bild Z_R = 4) und Schrittwinkel unter 1° sind technisch ausführbar. Weitere Details siehe Kapitel 2.

1.2.2 Permanentmagnetisch erregte Schrittmotoren

Bild 1.3 zeigt den grundsätzlichen Aufbau eines 2-strängigen (Stränge A, B) permanentmagnetisch erregten Schrittmotors (PM-Motor). Diese Ausführungsform entspricht bei der konventionellen Synchronmaschine der Vollpolmaschine mit Permanentmagneterregung. Der permanentmagnetische Rotor stellt sich immer

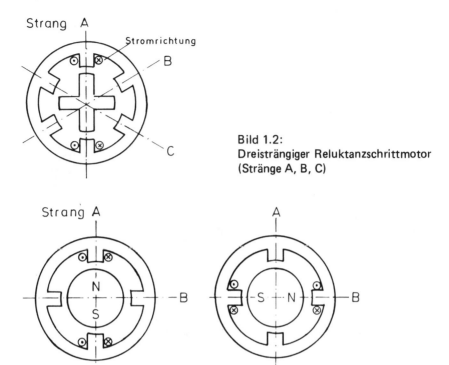

Bild 1.2: Dreisträngiger Reluktanzschrittmotor (Stränge A, B, C)

Bild 1.3: Permanentmagneterregter zweisträngiger Schrittmotor (Stränge A, B)

in polaritätsrichtige Koinzidenz mit der erregten Ständerwicklung (im Bild 1.3a Wicklung A). Bei Abschalten von Strang A entwickelt der Motor bei Auslenkung aus der gezeichneten Stellung ein Selbsthaltemoment. Darunter versteht man das maximale Drehmoment, mit dem man einen nichterregten Motor statisch belasten kann, ohne eine kontinuierliche Drehung hervorzurufen. Soll der Motor einen Schritt ausführen, muß Strang B bestromt werden, allerdings ist für die Drehrichtung die Richtung des Stromes in Wicklung B maßgebend. Bei Drehung im Uhrzeigersinn muß Strang B, wie im Bild 1.3b dargestellt, bestromt werden. Bei umgekehrter Stromrichtung wäre der Schritt im Gegenuhrzeigersinn erfolgt. Soll der Motor auch den zweiten Schritt im Uhrzeigersinn ausführen, so ist wieder Wicklung A zu bestromen, allerdings mit umgekehrter Stromrichtung wie in Bild 1.3a. Dadurch weisen die Pole des Stranges A umgekehrte Polarität gegenüber der Anfangsstellung auf. Das ist deshalb bedeutsam, weil dies Auswirkungen auf die Ausführung der Erregerwicklung (unifilar, bifilar) und auf die Bestromungsart (unipolar, bipolar) hat (siehe Abschnitt 1.3.7).

Aus Herstellungs- und „Ausnützungs"gründen des permanentmagneterregten Rotors werden bei PM-Motoren Schrittwinkel $\alpha \geqslant 7{,}5°$ erreicht (siehe Kapitel 3).

1.2.3 Hybridschrittmotoren

Eine Kombination der Vorteile von VR- und PM-Motoren wie kleine Schrittwinkel, großes Drehmoment und Selbsthaltemoment führten zum Bau von Hybridmotoren (HY-Schrittmotor) (Bild 1.4). Bei diesen besteht der Rotor aus einem in axialer Richtung angeordneten Permanentmagneten und zwei weichmagnetischen Rotorteilen, deren Geometrie weitgehend den Rotorscheiben (Zahnscheiben) von hochauflösenden VR-Motoren entspricht. Diese Rotorscheiben sind gegeneinander um eine halbe Zahnteilung versetzt. Durch die Anordnung des Permanentmagneten im Rotor bildet die eine Zahnscheibe den Nordpol, die andere den Südpol des Rotors, d. h. es liegt eine homopolare Rotorerregung vor, zum Unterschied der heteropolaren (abwechselnd N-S-Pole) Erregung beim PM-Motor (Bild 1.3).

Bild 1.4a zeigt in vereinfachter Darstellung den grundsätzlichen Aufbau eines zweisträngigen Hybridmotors mit nur drei Zähnen je Rotorscheibe[4]. Die Bilder 1.4b und 1.4c zeigen Schrittfolgen für 1 aus 2 bzw. 2 aus 2 Bestromung für Vollschrittbetrieb, Bild 1.4d die Schrittfolge für Halbschrittbetrieb (siehe Abschnitt 1.3). Eine ausführliche Behandlung dieses Motortyps folgt in Kapitel 4.

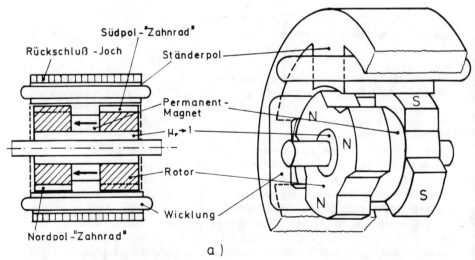

Bild 1.4: Hybridschrittmotor
    a) Grundsätzlicher Aufbau   (b), c), d) s. Seite 7)

1.3 Erzeugung des Schrittfeldes

1.3.1 Gegenüberstellung Drehfeld – Schrittfeld

Konventionelle Drehfeldmaschinen besitzen im Ständer eine symmetrisch verteilte 3-strängige Wicklung (Strangzahl $m_s = 3$), die bei Speisung mit einem symmetrischen sinusförmigen Stromsystem eine Induktionsverteilung im Luftspalt hervorruft, deren Grundwelle mit konstanter Amplitude und Winkelgeschwindigkeit umläuft. Sind f_1 die Speisefrequenz und p_s die Ständerpolpaarzahl, so ergibt sich für die mechanische synchrone Winkelgeschwindigkeit

$$\omega_{ms} = \frac{2\pi f_1}{p_s} \qquad (1.3)$$

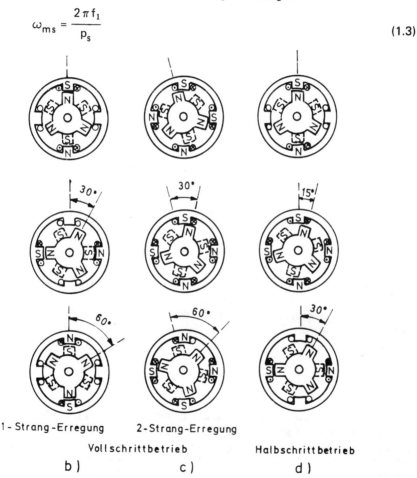

1-Strang-Erregung   2-Strang-Erregung

Vollschrittbetrieb   Halbschrittbetrieb

b)   c)   d)

Bild 1.4: Hybridschrittmotor b) c) d) verschiedene Betriebsarten (nach [4])

Bild 1.5a zeigt die Lage der verteilten Strangwicklungen (m_s = 3) für eine zweipolige (p_s = 1) Drehfeldmaschine mit den positiven Zählrichtungen für die Ströme (Strombeläge). Bild 1.5b zeigt den gleichen Sachverhalt, die einzelnen Wicklungen sind durch konzentrierte Ersatzwicklungen dargestellt, die Pfeile zeigen in die Richtung der „magnetisierenden Wirkung", die durch die positiven Ströme (Strombelag) des betreffenden Wicklungsstranges hervorgerufen wird. Die Richtung gibt die räumliche Lage des Maximums der Grundwelle der Induktionsverteilung B_1 (φ_s) bzw. der sogenannten Felderregerkurve V_1 (φ_s) an[7]. Bild 1.5c zeigt die Feldverteilung wie sie sich in der Maschine unter der Wirkung des positiven Stromes in Strang A alleine ausbilden würde, Bild 1.5d zeigt den Verlauf der Felderregerkurve V (φ_s) bzw. deren Grundwelle V_1 (φ_s) in Abhängigkeit des räumlichen Winkels φ_s (Umfangskoordinate). Bei einem Luftspalt δ_L (φ_s) gilt für die magnetische Induktion B (φ_s)

$$B(\varphi_s) = \mu_0 \frac{V(\varphi_s)}{\delta_L(\varphi_s)}$$

mit μ_0 = 4π 10^{-7} Vs/Am der Permeabilitätskonstanten des Vakuums. Die Beschreibung einer nur 2-poligen Maschine stellt keine Einschränkung der Gültigkeit der Aussagen für eine $2p_s$-polige Maschine dar, da sich bei dieser die Verhältnisse am Maschinenumfang p_s mal wiederholen, das Geschehen in zwei benachbarten Polteilungen τ_p ist somit repräsentativ für das elektromagnetische Verhalten in der ganzen Maschine. Dies bedeutet auch, daß das Durchlaufen von zwei Polteilungen elektrisch einer vollen Periode 2π entspricht, mechanisch aber einem Winkel von $2\pi/p_s$. Allgemein gilt folgende Beziehung zwischen dem „elektrischen" Winkel γ und dem „räumlichen" (mechanischen) Winkel φ_s im Ständerkoordinatensystem

$$\gamma = p_s \varphi_s \tag{1.4}$$

Aus dem vorigen ergibt sich, daß das Feldmaximum bei einer Drehstromerregung kontinuierlich umläuft, seine Lage $\gamma_s(t)$ (elektrischer Winkel) linear mit der Zeit anwächst. Es gilt mit $\gamma_0 = \gamma_s(t=0)$

$$\gamma_s(t) = \gamma_0 + \frac{2\pi}{T} t$$

wobei T jene Zeitdauer darstellt, die das Feldmaximum zum Durchlaufen des elektrischen Winkels von 2π benötigt. Bild 1.6a zeigt den Verlauf $\gamma_s(t)$ für ein Drehfeld, Bild 1.6b die Verhältnisse bei einem schrittweise umlaufenden Feld. Im j-ten Schrittintervall (Zeitdauer T_{sj}) $t_j < t < t_{j+1}$ besitzt das Feldmaximum die konstante Lage γ_{sj}. Im Zeitpunkt $t_{j+1} = t_j + T_{sj}$ (Übergang von Intervall j zu j+1) erfolgt die Weiterschaltung des Feldmaximums durch entsprechende

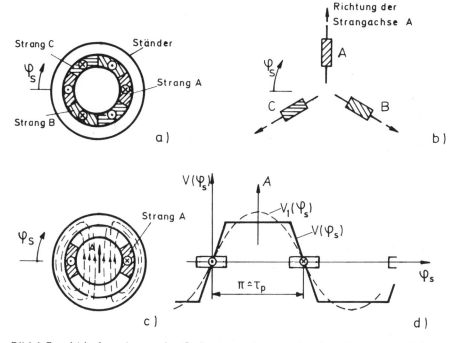

Bild 1.5: a) b) Anordnung der Stränge bei einer zweipoligen Drehstromwicklung ($p_s = 1$, $m_s = 3$),
c) Darstellung der Feldausbildung bei Erregung von Strang A,
d) Felderregerkurve für diesen Fall

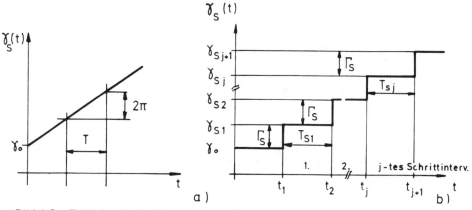

Bild 1.6: Zeitlicher Verlauf der Lage des Feldmaximums
a) Drehfeld, b) Schrittfeld

Bestromung der Ständerwicklung um den konstanten, motorspezifischen, elektrischen Fortschaltwinkel Γ_s. Es gilt

$$\Gamma_s = \gamma_{s\,j+1} - \gamma_{sj}$$

$$\gamma_{sj} = \gamma_0 + j\,\Gamma_s$$

In den Schaltzeitpunkten t_j ist die Lage von γ_s nicht definiert, da die Kommutierung zwischen den einzelnen Strängen vernachlässigt wurde. Wichtig ist festzuhalten, daß durch die Weiterschaltung des Ständerfeldes um den elektrischen Winkel Γ_s der Rotor einen mechanischen Winkelschritt α ausführt. Grundsätzlich gilt

$$\alpha = \Gamma_s/p \tag{1.5}$$

wobei p eine maschinenspezifische Konstante ist, in die beispielsweise die Rotorzähnezahl (bei VR- und HY-Motoren) eingeht. Im Falle konventioneller Synchronmaschinen ist $p = p_s$.[3) 7)]

1.3.2 Ständerwicklungen für Schrittmotoren

Zum Unterschied von konventionellen Drehfeldmaschinen besitzen Schrittmotoren meist Ständerwicklungen mit ausgeprägten Polen (Zähnen) und konzentrierter Erregerwicklung. Ausnahmen bilden Klauenpol-PM-Schrittmotoren mit Ringwicklungen (siehe Kapitel 3). Bild 1.7a zeigt den Ständer einer 4-strängigen Maschine ($m_s = 4$) mit einer „Ständerpolpaarzahl" $p_s = 1$ mit den Strängen A, B, C, D. Bild 1.7b stellt die Ersatzwicklung des Stranges A mit der positiven Zählrichtung für die magnetische Erregung bzw. Induktion dar. Wird die Stromrichtung in der Wicklung geändert, so ergibt sich auch die umgekehrte Feldrichtung (−A). Bild 1.7c zeigt die möglichen Richtungen bzw. räumlichen Lagen der Maxima der Grundwellen der magnetischen Erregung (bzw. Induktion) bei Bestromung der einzelnen Stränge (siehe auch Bild 1.5d). Der elektrische Winkel Γ_s, hier auch der mechanische Winkel, da $p_s = 1$, zwischen den einzelnen Lagen beträgt allgemein für solche Ständerausführungen

$$\Gamma_s = \frac{2\pi}{2\,m_s} = \frac{\pi}{m_s} \tag{1.6}$$

Im Bild 1.8 ist die Felderregerkurve (magnetische Spannungsverteilung entlang des Luftspaltes) für die Spulenanordnung des Stranges A gezeichnet, wobei I_s den Strangstrom w_s die Gesamtwindungszahl des Stranges bedeuten. Für die Amplitude V gilt

$$V = \frac{w_s}{2\,p_s}\,I_s$$

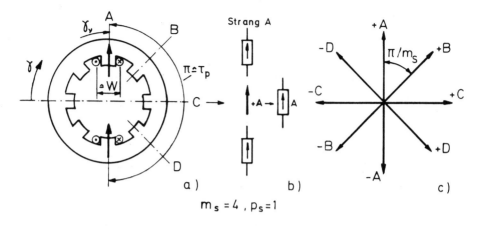

Bild 1.7: Ständer einer viersträngigen Maschine ($p_s = 1$, $m_s = 4$)

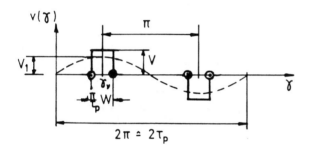

Bild 1.8:
Felderregerkurve des
Stranges A von Bild 1.7

Die Amplitude V_1 der räumlichen Grundwelle (Fourier-Zerlegung) beträgt

$$V_1 = \frac{4}{\pi} V \sin \frac{W\pi}{2\tau_p}$$

wobei W die Spulenweite und τ_p die Polteilung darstellt. Für die Grundwelle der Felderregerkurve $v(\gamma, \gamma_\nu)$ kann somit geschrieben werden

$$v(\gamma, \gamma_\nu) = V_1 \cos(\gamma - \gamma_\nu)$$

wobei γ_ν die Lage des Ständerstranges angibt (siehe Bild 1.7a), das Maximum weist in Richtung (+A).

1.3.3 Vollschrittbetrieb

Voraussetzung für eine gleichmäßige Fortschaltung des Ständerfeldes um den Winkel Γ_s von Schrittintervall zu Schrittintervall ist die Konstanz der Anzahl der jeweils bestromten Ständerstränge und die Konstanz ihrer relativen gegenseitigen Position. Ihre absolute Position wird hingegen von Schritt zu Schritt durch zyklisches Vertauschen der Bestromungen weitergeschaltet. Es ist dabei nicht nötig, daß sämtliche Ständerstränge simultan bestromt werden (n aus m_s-Betrieb). Man wird aber trachten, eine möglichst hohe Anzahl räumlich unmittelbar benachbarter Stränge so zu bestromen, daß der höchstmögliche resultierende Feldvektor entsteht.[2] In Bild 1.9 wird der optimale Aufbau des Ständerfeldes für eine 5-strängige (m_s = 5) Maschine gezeigt. Unter Berücksichtigung des Polaritätswechsels stehen $2 m_s$ = 10 Lagen für Feldmaxima (bei Bestromung jeweils eines Stranges) zur Verfügung (Bild 1.9b). Für den Fall, daß nur vier Stränge simultan bestromt werden, zeigt Bild 1.9c eine ungünstige und Bild 1.9d die optimale Bestromungsart mit maximaler resultierender Feldamplitude. Bei einer m_s-strängigen Wicklung (m_s = 2, 3, 4, 5) sind Bestromungsarten mit n aus m_s-Strängen, wobei n $\leqslant m_s$ in der Praxis üblich. Siehe besonders die Hinweise in Zusammenhang mit VR-Motoren (Abschnitt 1.4.2). In Bild 1.10 sind für eine zweisträngige Maschine die möglichen Bestromungsarten dargestellt. Der Fortschaltwinkel Γ_s beträgt in diesem Falle $\pi/2$. Eine Verkleinerung des Fortschaltwinkels kann nur durch Erhöhung der Strangzahl m_s erreicht werden. Dieser Maßnahme sind aber von konstruktiver Seite und durch erhöhten Wechselrichteraufwand wirtschaftliche Grenzen gesetzt. Unabhängig von der Wahl von n behält der Fortschaltwinkel seinen Wert Γ_s bei, die absoluten Positionen der resultierenden Durchflutungs- oder Feldzeiger verschieben sich bei Übergang von n aus m_s zu n−1 aus m_s um $\Gamma_s/2$ wie auch aus den Bildern 1.10 und 1.11 ersichtlich ist.

Setzt man räumlich sinusförmigen Feldverlauf voraus bzw. betrachtet man nur die Grundwellen, so ergibt sich für die resultierende Amplitude der Felderregerkurve des gesamten erregten Ständers mit n $\leqslant m_s$ bestromten Strängen[3]

$$V_n = V_1 \frac{\sin \frac{n\pi}{2m_s}}{\sin \frac{\pi}{2m_s}} \qquad (1.7)$$

1.3.4 Halbschrittbetrieb

Durch periodischen Wechsel zwischen Vollschrittbetrieb (n aus m_s) und Vollschrittbetrieb (n−1 aus m_s) kann ein sogenannter „Halbschrittbetrieb" realisiert werden, dessen Schrittwinkel die halbe Größe vom Vollschrittbetrieb besitzt.

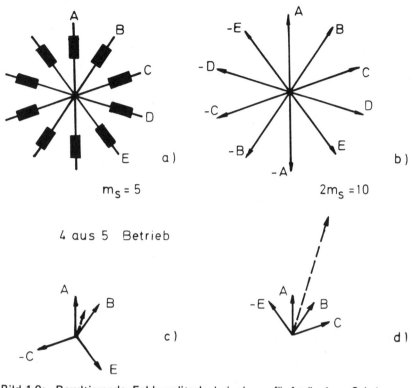

Bild 1.9: Resultierende Feldamplitude bei einem fünfsträngigen Schrittmotor bei Bestromung von vier Strängen (4 aus 5-Betrieb)

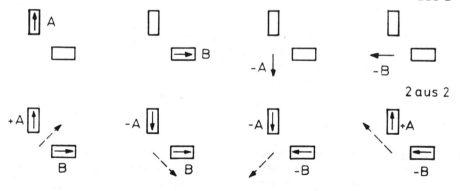

Vollschrittbetrieb $m_s = 2$, $\Gamma_s = \pi/2$

Bild 1.10: Vollschrittbetrieb für einen zweisträngigen Motor

Allerdings schwanken die resultierenden Feldamplituden wegen der wechselnden Zahl der bestromten Stränge um den Faktor

$$\frac{V_{n-1}}{V_n} = \cos \frac{\pi}{2\,m_s} \tag{1.8}$$

was besonders bei kleinen Strangzahlen zu Störungen in der Laufruhe führen kann (siehe Abschnitt 6.7). Bild 1.11 zeigt den Halbschrittbetrieb für einen 3-strängigen Motor.

1.3.5 Mikroschrittbetrieb

Wurde bisher unterstellt, daß die Ströme in den einzelnen Strängen Gleichströme mit den Beträgen $+I_s$, $-I_s$ und Null waren, so können, entsprechende Ansteuerelektronik vorausgesetzt, die Stränge auch Stromzwischenwerte führen (treppenförmiger Stromverlauf). Dies sei am Beispiel einer 2-strängigen Wicklung erläutert. In Bild 1.12 führen die Stränge A, B zum dargestellten Zeitpunkt die positiven Strangströme $i_A(\gamma_s)$ und $i_B(\gamma_s)$ und erzeugen die Felderregerkurven mit den Amplituden $V_A(\gamma_s)$ und $V_B(\gamma_s)$. Die resultierende Amplitude ergibt sich zu

$$V(\gamma_s) = \sqrt{V_A^2(\gamma_s) + V_B^2(\gamma_s)}$$

und die Lage des Feldmaximums

$$\gamma_s(t) = \arctan \frac{V_B(\gamma_s)}{V_A(\gamma_s)}$$

Werden die Beträge der Strangströme so geändert, daß

$$i_A(\gamma_s) = I_s \cos(\gamma_s); \quad i_B(\gamma_s) = I_s \sin(\gamma_s) \tag{1.9}$$

so bleibt die Amplitude V konstant. Je nach Anzahl der gewünschten Teilschritte müssen die Stränge entsprechend bestromt werden. Hinweis: erfolgt eine kontinuierliche Veränderung der Ströme nach Gleichung (1.9), so entsteht ein reines Drehfeld und der Schrittwinkel Γ_s geht gegen Null.

1.3.6 Bestromungstabellen

Diese geben die für die zyklische Weiterschaltung des Ständerfeldes notwendigen Ströme (Betrag und Vorzeichen) in den Strängen an und stellen so die erforderliche Information für die elektronische Ansteuerschaltung zur Verfügung. Bild 1.13 zeigt die Bestromungstabelle für den Halbschrittbetrieb eines 3-strängigen Motors, wie er in Bild 1.11 dargestellt ist. Dabei bedeutet + eine Bestromung mit $+I_s$, – analog mit $-I_s$ und eine Leerstelle keine Bestromung.

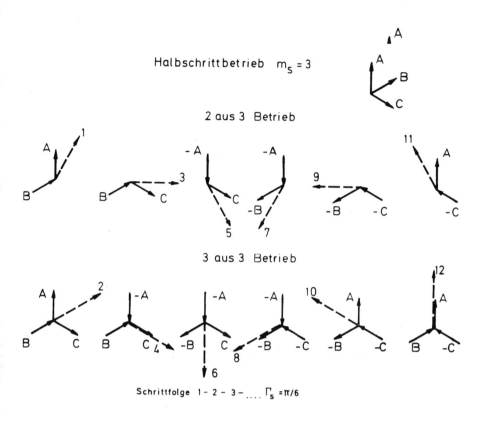

Bild 1.11: Halbschrittbetrieb für einen dreisträngigen Motor

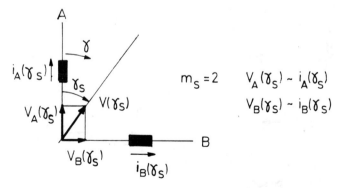

Bild 1.12: Mikroschrittbetrieb für einen zweisträngigen Motor

Schritt	1	2	3	4	5	6	7	8	9	10	11	12
i_A	+	+			−	−	−	−	−		+	+
i_B	+	+	+	+			−	−	−	−		+
i_C		+	+	+	+	+			−	−	−	−

Bild 1.13: Bestromungstabelle für Halbschrittbetrieb nach Bild 1.11

1.3.7 Unipolare und bipolare Anspeisung der Ständerwicklung

Bisher wurde vorausgesetzt, daß der Strom durch die Strangwicklung sein Vorzeichen ändert, wenn ein Polaritätswechsel des betreffenden Poles notwendig wird. Eine solche Möglichkeit setzt eine bipolare Speisung der Ständerwicklung voraus, Bild 1.14a. Hierbei besitzt jeder Pol nur eine Wicklung (unifilare Wicklungsausführung), die vom Strom in beiden Richtungen durchflossen werden kann, was allerdings einen erhöhten Aufwand für die Leistungselektronik bedeutet (doppelte Anzahl an Schalttransistoren).

Bei unipolarer Speisung erhält jeder Pol zwei Wicklungen, meist als Bifilarwicklung ausgeführt, von denen jede nur eine Stromrichtung führt, Bild 1.14b. Damit ist ebenfalls die Möglichkeit des Polaritätswechsels des Poles gegeben, die Anspeisung erfordert nur zwei Schalttransistoren und wird dadurch kostengünstiger.

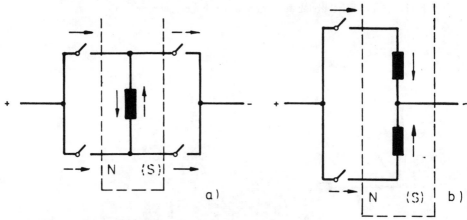

Bild 1.14: a) Bipolare Anspeisung
b) Unipolare Anspeisung der Ständerwicklung

Da bei der bipolaren Anspeisung bei gleichem Wickelraum eine höhere Durchflutung bei gleicher thermischer Beanspruchung erzielt werden kann, erreichen Motoren mit bipolarer Speisung höhere Drehmomente.

1.4 Statischer Drehmomentenverlauf

Eine für die Praxis wichtige und meßtechnisch relativ leicht zugängige Größe ist das statische Drehmoment des Schrittmotors in Abhängigkeit der Winkellage (Drehmomentenverlauf). Zu seiner Bestimmung sei vorausgesetzt, daß während des Betrachtungszeitraumes der Ständer mit konstanten Strangströmen beaufschlagt wird und damit das resultierende Feldmaximum die konstante Lage γ_s einnimmt. Bild 1.15 zeigt die vereinfachten Modelle eines PM- und VR-Motors, EW stellt die „Ersatzwicklung" des bestromten Ständers an der Stelle γ_s dar.

Im unbelasteten Zustand wird sich sowohl der Rotor des PM-, als auch der des VR-Motors in die Koinzidenzstellung mit dem Ständerfeld drehen.[3) 7)]

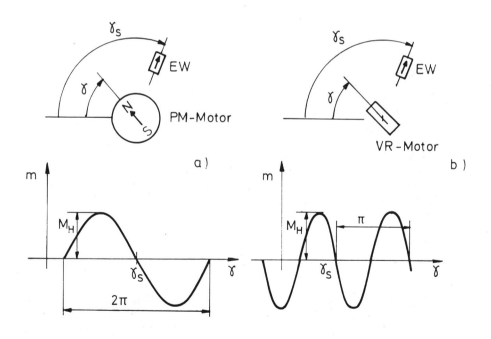

Bild 1.15: Statische Drehmomentenverläufe a) PM-Motor, b) VR-Motor

Den Modellvorstellungen folgend, ergibt sich für beide Motorarten für das statische Drehmoment ein räumlich sinusförmiger Verlauf, wie in Bild 1.15 dargestellt.

Für den Drehmomentenverlauf kann geschrieben werden

$$m(\gamma, \gamma_s) = - M_H \sin k (\gamma - \gamma_s) \tag{1.10}$$

Das Vorzeichen ergibt sich aus der an sich willkürlichen Festlegung, daß das Drehmoment im Motorbetrieb, d. h. bei gegenüber dem Ständerfeld nacheilendem Rotor, positive Werte annimmt. Bei Koinzidenzstellung ($\gamma = \gamma_s$) ist auch das erzeugte Moment Null, unabhängig von der Größe der Ständerströme. Bei Verdrehung des Rotors aus dieser Stellung entsteht ein Moment, das der Verdrehung entgegenwirkt, die Lage $\gamma = \gamma_s$ ist somit eine stabile Gleichgewichtslage. In Gleichung (1.10) ist M_H das sogenannte Haltemoment des Schrittmotors und laut Definition jenes maximale Drehmoment, mit dem man einen erregten Motor statisch belasten kann, ohne eine kontinuierliche Drehung hervorzurufen.[8] Der Faktor k in Gleichung (1.10) berücksichtigt die Tatsache, daß für einen PM-Motor mit definierter Rotorpolarität die räumliche Periode des Drehmomentenverlaufes 2π beträgt (k = 1), hingegen für VR-Motoren, wie auch aus Bild 1.15b ersichtlich, nur π (k = 2). Da der Rotor keine Polarität besitzt, reproduzieren sich die drehmomentbildenden Feldverhältnisse bereits nach einer Rotordrehung um π, dies entspricht dem Durchlaufen einer Polteilung der Ständerwicklung. Es existieren daher bei VR-Motoren zwei stabile Gleichgewichtslagen pro Polpaar des Ständers. Selbstverständlich weichen in der Praxis die Drehmomentenverläufe der Schrittmotoren von den theoretischen mitunter stark und oft auch gewollt (Näheres siehe in den einzelnen Abschnitten) ab. Die im Bild 1.15 dargestellten und mit Gleichung (1.10) beschriebenen Verläufe können dann aber mit guter Näherung als Grundwellen betrachtet werden. Auf die Existenz von sogenannten Selbsthaltemomenten wurde bereits hingewiesen. Diese beeinflussen ebenfalls die statische Drehmomentenkurve. Bild 1.16 zeigt den Einfluß des Selbsthaltemomentes m_{SH} auf den resultierenden statischen Drehmomentenverlauf für einen PM-Motor mit $m_s = 3$ Strängen ($p_s = 1$), bei dem der Strang A bestromt ist (1 aus 3 Betrieb).

1.4.1 Haltemoment der PM-Motoren

Bei den Betrachtungen über die Erzeugung eines Schrittfeldes wurde bereits festgestellt, daß normalerweise nicht nur ein Strang eines m_s-strängigen Motors erregt wird, sondern allgemein n aus m_s-Strängen. Es soll hier die Frage beantwortet werden, welche Größe in diesem Falle das resultierende Haltemoment besitzt.[3]

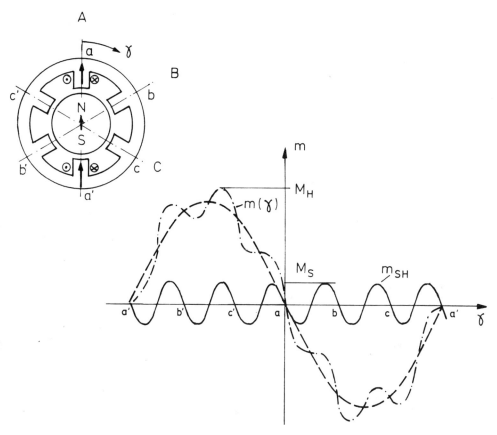

Bild 1.16: Einfluß des Selbsthaltemomentes auf den resultierenden statischen Drehmomentenverlauf für einen dreisträngigen PM-Motor (Strang A bestromt)

Liegt der stabile Gleichgewichtspunkt bei Bestromung eines Stranges an der Stelle γ_{s1}, so gilt nach Gleichung (1.10) und $k = 1$ für den Drehmomentenverlauf

$$m_1(\gamma, \gamma_{s1}) = -M_{H1} \sin(\gamma - \gamma_{s1})$$

Werden die weiteren (n−1)-Stränge so bestromt, daß ihre Feldmaxima optimal nebeneinander liegen (siehe Bild 1.9), so ergibt sich der resultierende Drehmomentenverlauf zu

$$m_{res} = \sum_{\nu=1}^{n} m_\nu, \quad m_\nu(\gamma, \gamma_{s\nu}) = -M_{H\nu} \sin(\gamma - \gamma_{s\nu})$$

wobei die stabile Gleichgewichtslage des ν-ten bestromten Stranges bei

$$\gamma_{s\nu} = \gamma_{s1} + (\nu - 1)\Gamma_s$$

liegt und $M_{H\nu} = M_{H1}$, $\Gamma_s = \dfrac{\pi}{m_s}$

Für den resultierenden Momentenverlauf erhält man

$$m_{res}(\gamma, \gamma_{sres}) = -M_{Hres} \sin(\gamma - \gamma_{sres})$$

mit $M_{Hres} = M_{H1} \dfrac{\sin n\pi/2 m_s}{\sin \pi/2 m_s}$ \hfill (1.11)

$$\gamma_{sres} = \gamma_{s1} + (n-1)\Gamma_s/2$$

Der Quotient aus M_{Hres} und M_{H1} nimmt mit steigendem n zu und erreicht bei $n = m_s$ seinem Maximalwert, allerdings wird die Zunahme mit steigendem n geringer. Ein Hinweis darauf, daß die Bestromung aller m_s-Stränge zwar möglich, aber vor allem bei höheren Strangzahlen wegen der linear mit n anwachsenden Kupferverluste in den Wicklungen nicht immer sinnvoll ist. In Tabelle 1.1 ist der Quotient aus M_{Hres} und M_{H1} angeführt.[3]

Tabelle 1.1: Quotient aus resultierendem Haltemoment M_{Hres} und Einzelmoment M_{H1} bei PM-Motoren

	Resultierendes Haltemoment $\dfrac{M_{Hres}}{M_{H1}}$ (PM)			
m_s \\ n	2	3	4	5
1	1,00	1,00	1,00	1,00
2	1,41	1,73	1,86	1,89
3		2,00	2,43	2,60
4			2,63	3,06
5				3,22

1.4.2 Haltemoment bei VR-Motoren

Hier kann ganz analog wie bei PM-Motoren vorgegangen werden. Bei Bestromung eines der m_s-Stränge (wobei $m_s \geqslant 3$ für VR-Motoren!) und $k = 2$ gilt

$$m_1(\gamma, \gamma_{s1}) = - M_{H1} \sin 2(\gamma - \gamma_{s1}) \tag{1.12}$$

und bei entsprechender Stromversorgung von n nebeneinander liegenden Strängen (n aus m_s-Betrieb) erhält man für den resultierenden statischen Drehmomentenverlauf

$$m_{res}(\gamma, \gamma_{sres}) = - M_{Hres} \sin 2(\gamma - \gamma_{sres})$$

$$\text{mit } M_{Hres} = M_{H1} \frac{\sin n\pi/m_s}{\sin \pi/m_s} \tag{1.13}$$

$$\gamma_{sres} = \gamma_{s1} + (n-1)\Gamma_s/2$$

aus Gleichung (1.13) ersieht man, daß bei VR-Motoren $1 \leqslant n \leqslant m_s/2$ gewählt werden muß, um ein steigendes Gesamthaltemoment zu erhalten. Darüber nimmt es ab und wird bei $n = m_s$ gleich Null. Tabelle 1.2 zeigt den Quotienten aus M_{Hres} und M_{H1}. Die eingerahmten Werte werden in der Praxis bevorzugt.[3] Erwähnt sei, daß bei Vollschrittbetrieb die Amplituden der resultierenden Haltemomente aufeinanderfolgender Schritte gleich sind und der elektrische Schrittwinkel Γ_s beträgt. Bei Halbschrittbetrieb ändern sich die Haltemomentamplituden in aufeinanderfolgenden Schritten, der Schrittwinkel besitzt den konstanten Wert von $\Gamma_s/2$. Die Drehmomentschwankungen können zur Anregung von subharmonischen Resonanzen führen (siehe Abschnitt 6.7).

Tabelle 1.2: Quotient aus resultierendem Haltemoment M_{Hres} und Einzelmoment M_{H1} und VR-Motoren

	Resultierendes Haltemoment $\frac{M_{Hres}}{M_{H1}}$ (VR)	
n \ m_s	3	4
1	1,00	1,00
2	1,00	1,41
3	0,00	1,00
4		0,00

Bild 1.17 zeigt die Verhältnisse bei Aufbringung eines positiven äußeren Lastmomentes M_L ($M_L < M_H$) auf den ruhenden Motor, dessen n aus m_s-Stränge bestromt sind. Positiv in dem Sinne, daß ein solches Moment den Rotor zu kleineren γ-Werten verdreht, bis die neue Gleichgewichtslage γ_L, gegeben durch

$$m(\gamma_L, \gamma_s) = M_L$$

eingenommen wird.

Der mechanische Verdrehwinkel des Rotors, der sich bei Aufbringen des statischen Lastmomentes M_L gegenüber der unbelasteten Gleichgewichtslage ergibt, wird als Lastwinkel β bezeichnet.

Aus Bild 1.17 ergibt sich für den Lastwinkel

$$\beta = \frac{1}{p}(\gamma_s - \gamma_L)$$

$$\beta = \frac{1}{pk} \arcsin \frac{M_L}{M_H} \qquad (1.14)$$

1.5 Einzelschritt-Betrieb

Im folgenden werden die Verhältnisse bei Übergang von einem Schrittintervall j zum nächsten (j+1) untersucht, wobei unterstellt wird, daß die Intervalldauer so groß ist, daß alle Ausgleichsvorgänge abgeklungen sind, bevor der nächste Schritt durchgeführt wird. Damit kann der Bewegungsablauf eines vorgegebenen Schrittprogrammes mit niedriger Schrittfrequenz in eine Folge von Einzelschritten zerlegt werden, wie in Bild 1.18 dargestellt. Ferner sei Vollschrittbetrieb angenommen, d. h. bei Fortschaltung des Ständerfeldes von Intervall j zu (j+1) ändert sich die Amplitude M_H des statischen Momentenverlaufes nicht, wohl verschiebt sich seine Gleichgewichtslage γ_{sj} um den Winkel Γ_s

$$\gamma_{sj+1} = \gamma_{sj} + \Gamma_s$$

Am Ende des Intervalles j befindet sich der Motor zufolge des Lastmomentes M_L in der Gleichgewichtslage des Punktes 1. Durch die Schrittfortschaltung bei Übergang von Intervall j zu (j+1) verschiebt sich die Ständerfeldamplitude und damit die Drehmomentkurve um den Winkel Γ_s (Drehsinn in Richtung steigender γ-Werte angenommen). Da die Weiterschaltung des Feldes unter idealisierten Bedingungen praktisch verzögerungsfrei erfolgt, steht am Beginn des Intervalles (j+1) das Moment des Punktes 2 zur Verfügung, das zu einer Beschleunigung des Rotors führt. Die Rotorpositionen am Ende des Intervalles j und zu Beginn des Intervalls (j+1) sind zufolge der mechanischen Trägheit des Antriebes identisch.

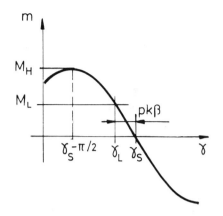

Bild 1.17:
Verhältnisse bei Aufbringung eines äußeren Lastmomentes

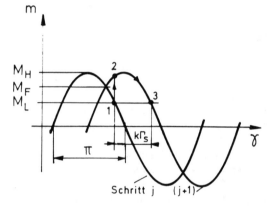

Bild 1.18:
Einzelschrittbetrieb

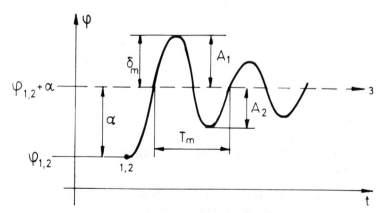

Bild 1.19: Zeitlicher Verlauf des Drehwinkels bei Einzelschrittbetrieb

23

Nach Abklingen des mechanischen Ausgleichsvorganges, der in Bild 1.19 dargestellt ist, nimmt der Rotor die neue Gleichgewichtslage Punkt 3 ein und verharrt dort bis zum nächsten Schrittimpuls. Der Rotor hat damit einen Schritt ausgeführt und den mechanischen Schrittwinkel α zurückgelegt.

Aus Bild 1.18 ist ersichtlich, daß nur dann ein positives Beschleunigungsmoment bei der Schrittfortschaltung auftritt und damit ein Weiterschalten in positive Richtung möglich wird, wenn das Lastmoment M_L kleiner als das sogenannte Fortschaltmoment M_F ist. Dieses ergibt sich zu

$$M_F = M_H \cos \frac{k \Gamma_s}{2} \qquad (1.15)$$

wobei $k = 1$ bei PM-Motoren und $k = 2$ bei VR-Motoren. Ist $M_L > M_F$ so treten Schrittfehler auf, der Rotor dreht trotz positiver Schrittfortschaltung in negative Richtung.

Der zeitliche Verlauf der mechanischen Rotorbewegung bei Übergang von Intervall j zu (j+1) nach Bild 1.18 ist in Bild 1.19 dargestellt. Der Verlauf des Drehwinkels kann durch Anbringung einer geeigneten Meßeinrichtung auf der Motorwelle direkt meßtechnisch erfaßt und ausgewertet werden (siehe Kapitel 8). Zu Beginn der Bewegung befindet sich der Rotor in der Position $\varphi_{1,2}$ und schwingt, bedingt durch das Beschleunigungsmoment, über die neue Gleichgewichtslage (Punkt 3) $\varphi_{1,2} + \alpha$ um den Überschwingwinkel δ_m hinaus, erfährt dabei ein bremsendes Moment und gelangt nach einer gedämpften Schwingung (Pendelbewegung) in die neue Gleichgewichtslage Punkt 3. Da sich der Schrittmotor bei diesem Schaltvorgang in erster Näherung wie ein linearer Schwinger verhält, können aus dem zeitlichen Verlauf des Einschwingvorganges die bekannten Parameter wie mechanische Eigenfrequenz ω_e und die Dämpfungszeitkonstante T_D zur näherungsweisen Beschreibung des dynamischen Verhaltens des Schrittmotors ermittelt werden.

$$\omega_e = \frac{2\pi}{T_m}$$

$$T_D = \frac{T_m}{\ln \frac{A_1}{A_2}} \qquad (1.16)$$

A_1, A_2 stellen im Zeitabstand $T_m/2$ aufeinanderfolgende Amplituden dar, T_m ist die mechanische Zeitkonstante (siehe Bild 1.19).

Bei gleichbleibendem Lastmoment M_L und idealisierten Betriebsbedingungen (idealer Motor, ideale Bestromung) müßte der Motor exakte Winkelschritte im Ausmaß des Schrittwinkels α ausführen. Praktisch sind aber eine Reihe von

mechanischen und elektrischen Einflüssen vorhanden, die eine Abweichung
($\pm \Delta \alpha$) von der mathematisch genauen Lage bedingen, es treten Schrittwinkelfehler auf, die auch meßtechnisch erfaßt werden müssen (siehe Kapitel 3 und 8).
Erwähnt sei, daß sich diese Fehler nicht addieren, d. h. bei Durchlaufen von
j-Schritten ist der Gesamt-Verdrehwinkel

$$\varphi_j = j\alpha \pm \Delta\alpha$$

1.6 Berechnung des magnetischen Kreises

Wie bereits erwähnt, entsteht das Drehmoment eines Schrittmotors durch
magnetische Kräfte im Luftspalt zufolge des Ständerfeldes auf magnetisch unsymmetrisch gebaute Rotorstrukturen (Zahnstrukturen bei VR-Motoren) bzw.
durch das Zusammenwirken von Magnetfeldern, die von Permanentmagneten
(z. B. Rotorscheibe bei PM-Motoren) herrühren mit dem vom Ständer erzeugten
Ständerfeld. Selbsthaltemomente ergeben sich bei Anwesenheit von Permanentmagneten und hier wiederum nur dann, wenn sich der magnetische Widerstand
des Permanentmagnetkreises bei Drehung des Rotors verändert (siehe Abschnitt
1.7).

Im folgenden soll kurz auf die Behandlung von magnetischen Kreisen eingegangen und auf die einschlägige Literatur verwiesen werden.[9)10)]

Bild 1.20a zeigt einen weichmagnetischen Kreis, bestehend aus einzelnen ferromagnetischen Abschnitten, einem Luftspalt und einer Erregerwicklung mit w
Windungen, die vom Erregerstrom I in der angegebenen Richtung durchflossen
wird. Unter der vereinfachenden Annahme, daß in den einzelnen Abschnitten
homogene Feldverhältnisse herrschen, kann der Durchflutungssatz in der Form

$$\sum_j H_j l_j = \Theta, \quad \Theta = Iw$$

geschrieben werden, wobei H_j die magnetische Feldstärke und l_j die (mittlere)
Feldlinienlänge in den einzelnen Abschnitten j sind. Θ ist die magnetische Durchflutung, hervorgerufen durch die stromdurchflossene Wicklung. Der magnetische
Fluß ϕ, hier in allen Teilen gleich, da kein Streufluß angenommen, ergibt sich zu

$$\phi = \frac{\Theta}{\sum_j R_{mj}}$$

wobei gilt, $\phi = B_j A_j$

und $R_{mj} = \dfrac{1}{\mu_o \mu_{rj}} \dfrac{l_j}{A_j}$

der magnetische Widerstand, B_j die magnetische Induktion, $\mu_o = 4\pi 10^{-7}$ Vs/Am μ_{rj} die relative Permeabilität des betreffenden Materials ist (bei nichtlinearen Kreisen eine Funktion von H_j) und A_j den Querschnitt des j-ten Abschnittes darstellt. Auf diese Weise ist es möglich, den magnetischen Kreis durch ein äquivalentes magnetisches Ersatzschaltbild (Bild 1.20b) zu beschreiben. Durch Vorgabe der Durchflutung, der geometrischen Abmessungen und der Materialkennlinien $B_j = B_j(H_j)$ können die einzelnen Feldgrößen ermittelt werden. Bei nichtlinearen magnetischen Kreisen ist dies meist nur auf iterativem oder auf graphischem Wege möglich bzw. durch numerische Feldberechnung.

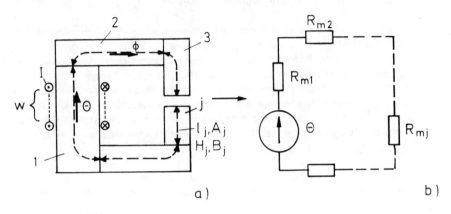

Bild 1.20: a) Weichmagnetischer Kreis mit Erregerwicklung,
b) Ersatzschaltbild

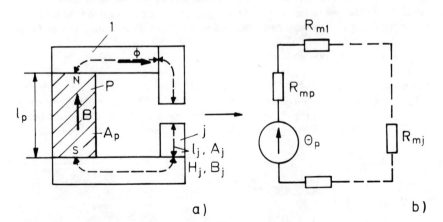

Bild 1.21: a) Magnetischer Kreis mit Permanentmagneten P,
b) Ersatzschaltbild

In Bild 1.21a ist ein magnetischer Kreis mit Permanentmagneten P (Dauermagnet) dargestellt. Auch in diesem Falle ist es mit den gleichen Vereinfachungen wie bei Bild 1.20 möglich, den magnetischen Kreis durch einen Ersatzkreis darzustellen, wobei der Permanentmagnet durch eine „Ersatzdurchflutung" Θ_p und einen magnetischen „Innenwiderstand" R_{mp} ersetzt wird (Bild 1.21b). Die Ersatzgrößen Θ_p und R_{mp} werden im folgenden ermittelt.

Grundsätzlich „arbeitet" der Dauermagnet im zweiten Quadranten des B-H-Koordinatensystems, Bild 1.22.

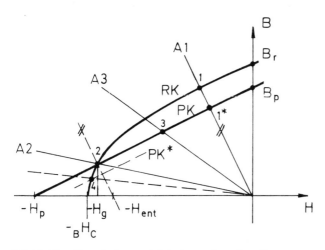

Bild 1.22: Kennlinien und Arbeitspunkte eines Permanentmagnetkreises

Der Dauermagnet des Bildes 1.21a sei im eingebauten Zustand durch eine nicht gezeichnete Magnetisierungswicklung mittels Stromstoßes aufmagnetisiert worden. Die Feldgrößen B und H können nun durch die sogenannte Entmagnetisierungslinie oder remanente Zustandskurve RK beschrieben werden (Bild 1.22). B_r ist die Remanenzinduktion und $-_B H_C$ die Koerzitivfeldstärke. Der äußere magnetische Kreis kann durch die Arbeitskennlinie A1 (bei linearem Kreis eine Gerade) dargestellt werden und deren Schnittpunkt mit der Kennlinie RK des Dauermagneten liefert den Arbeitspunkt 1. Steigt der magnetische Widerstand des Magnetkreises, z. B. durch Vergrößerung des Luftspaltes, so verläuft die Arbeitskennlinie flacher (A2) und es stellt sich ein neuer Arbeitspunkt 2 ein. Wird nun der magnetische Widerstand wieder verkleinert, beispielsweise auf den Wert von Kennlinie A1, so ergibt sich nicht der ursprüngliche Arbeitspunkt 1 sondern der neue Arbeitspunkt 1*, da durch den „Entmagnetisierungsvorgang" eine neue Kennlinie, die sogenannte permanente Zustandskurve PK das Verhalten des Dauermagneten beschreibt. Bei weiterer Veränderung des äußeren magnetischen Kreises bewegen sich die Arbeitspunkte weiterhin auf dieser stabilisierten permanenten Kennlinie PK des Dauermagneten (z. B. Kennlinie A3 führt zu Arbeitspunkt 3) solange nicht eine weitere Entmagnetisierung über die Grenzfeldstärke $-H_g$ hinaus erfolgt. Tritt dies ein, so ändert sich die permanente Kennlinie des Dauermagneten neuerlich. Entmagnetisierung bis Arbeitspunkt 4 bedingt die neue permanente Kennlinie PK*. Erwähnt sei, daß die entmagnetisierende Wirkung auch durch Aufbringen von äußeren Fremdfeldern verursacht werden kann. In Bild 1.22 bei einem magnetischen Kreis nach Kennlinie A1 mit einer Feldstärke größer als $-H_{ent}$. In der Praxis muß getrachtet werden, daß die einmal stabilisierte permanente Kennlinie des Dauermagneten erhalten bleibt, damit dieser reproduzierbare magnetische Verhältnisse schafft. Für diesen Fall kann der Dauermagnet durch die Kennlinie PK beschrieben werden. Für diese gilt

$$B = \mu_o \mu_p H + B_p$$

mit der „permanenten" Permeabilität

$$\mu_p = \frac{B_p}{\mu_o |H_p|}$$

Für das magnetische Ersatzschaltbild kann der Magnet nun durch eine fiktive magnetische Durchflutung Θ_p und durch einen magnetischen Innenwiderstand R_{mp} ersetzt werden. Es gilt

$$\Theta_p = |H_p| l_p$$

$$R_{mp} = \frac{1}{\mu_o \mu_p} \frac{l_p}{A_p}$$

A_p, l_p sind der Querschnitt und die Länge des Dauermagneten. Die (positive) Größe H_p wird „eingeprägte magnetische Feldstärke" genannt.[9]

Mit den vorigen Beziehungen ist es nun grundsätzlich möglich, jeden magnetischen Kreis durch entsprechende Zerlegung in Teilabschnitte und Einführung der äquivalenten Durchflutungen der stromdurchflossenen Wicklungen und der eventuell vorhandenen Dauermagnete zu beschreiben.

Bild 1.23 zeigt die Verhältnisse für den vereinfachten Querschnitt eines PM-Motors (P ... Permanentmagnet, Bild 1.23a) und das zugehörige magnetische Ersatzschaltbild (Bild 1.23b).

Im folgenden soll noch kurz auf die Frage der Dauermagnetmaterialien eingegangen werden.[11] Die industrielle Nutzung der Dauermagnete wurde durch die

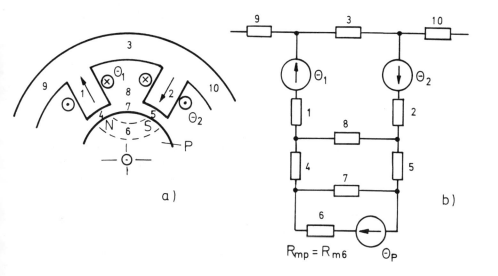

Bild 1.23: a) Vereinfachtes Modell,
b) Magnetisches Ersatzschaltbild für einen PM-Motor

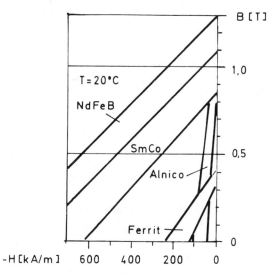

Bild 1.24: Entmagnetisierungsbereich B(H) der heute wichtigsten Dauermagnetfamilien (nach [11])

Alnico-Magnete eingeleitet. Diese bestehen aus Aluminium-Nickel-Kobalt-Legierungen und zeichnen sich durch hohe Remanenzinduktion bei jedoch relativ geringer Koerzitivfeldstärke aus. Ein Durchbruch in der Massenanwendung wurde in den Fünfzigerjahren durch die aufgekommenen Ferrite erzielt. Diese auch als keramische oder Oxidmagnete bezeichneten Produkte bestehen aus Barium-, Strontium- und Eisenoxid und werden durch Sintern eines Preßlings aus Pulver hergestellt. Sie besitzen derzeit mit Abstand die größte wirtschaftliche Bedeutung aller Dauermagnetmaterialien; z. B. Einsatz für Motoren im KFZ-Bereich.

Anfang der Siebzigerjahre wurden die ersten Seltenerden-Magnete industriell hergestellt, und zwar Samarium-Kobalt (SmCo)-Magnete, die sich heute bereits einen festen Platz bei den Elektromaschinenbauern gesichert haben. Sie werden pulvermetallurgisch gefertigt und übertreffen in ihrem magnetischen „Energieprodukt" $(BH)_{max}$ die Ferrite und Alnico-Magnete um ein Vielfaches. Seit einigen Jahren existiert eine zweite „Familie", nämlich die Neodym-Eisen-Bor (Nd-Fe-B)-Magnete, die noch günstigere magnetische Eigenschaften aufweisen als die Sm-Co-Magnete und denen ebenfalls sehr große Zukunftschancen eingeräumt werden. Bild 1.24 zeigt Entmagnetisierungskennlinienbereiche B(H) der heute wichtigsten Dauermagnetfamilien.[11]

Erwähnt sei, daß bei den Seltenerden-Magneten die remanente Entmagnetisierungskurve eine Gerade darstellt und die permanente Zustandskurve praktisch mit dieser zusammenfällt, die Magnete sind damit von Haus aus stabilisiert. Die permanente Permeabilität liegt bei einem Wert etwas größer als eins ($\mu_p \approx 1,03$ ... 1,2).

Feldberechnungen unter Berücksichtigung der tatsächlichen Geometrie (Zahn-Nutstruktur), der nichtlinearen Verhältnisse, Sättigungserscheinungen und der Streuflüsse etc. sind heute schon auf PC's mit geeigneten Feldberechnungsprogrammen (z. B. Finite Elemente Programme) möglich.[15],[16]

1.7 Energetische Betrachtungen, Ermittlung des statischen Drehmomentes

Bild 1.25a zeigt einen einfachen elektromagnetischen Energiewandler, bestehend aus einem Weicheisenkreis mit Erregerwicklung (Wicklungswiderstand R) und einem drehbaren Weicheisenrotor mit magnetischer Unsymmetrie.

Die Spannungsgleichung lautet

$$u = Ri + \frac{d\psi}{dt} \qquad (1.17)$$

und mit der Flußverkettung ψ

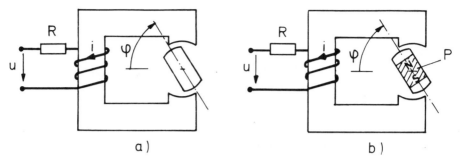

Bild 1.25: Einfache Energiewandleranordnungen

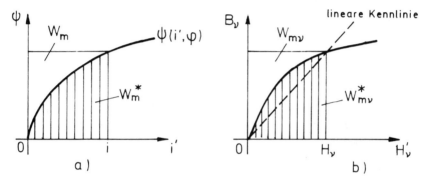

Bild 1.26: Magnetische Energie und magnetische Koenergie

$$\psi = \psi(i, \varphi) \tag{1.18}$$

folgt

$$u = Ri + \frac{\partial \psi}{\partial i}\frac{di}{dt} + \frac{\partial \psi}{\partial \varphi}\frac{d\varphi}{dt} = Ri + u_s + u_b \tag{1.19}$$

Die induzierte Spannung besitzt zwei Anteile, u_s bezeichnet die Selbstinduktionsspannung zufolge der Stromänderung in der Wicklung, u_b stellt die Bewegungsspannung dar und entsteht durch Änderung der Flußverkettung der Wicklung bei Rotorbewegung.

Für den Sonderfall linearer magnetischer Verhältnisse gilt mit der rotorstellungsabhängigen Induktivität $L(\varphi)$

$$\psi = L(\varphi)\, i \tag{1.20}$$

und damit für die Spannung

$$u = Ri + L(\varphi) \frac{di}{dt} + i \frac{dL(\varphi)}{d\varphi} \frac{d\varphi}{dt} \qquad (1.21)$$

Besitzt der Energiewandler n bestromte Wicklungen (z. B. n aus m_s Betrieb) so gilt für die Flußverkettung der j-ten Wicklung entsprechend Gleichung (1.18)

$$\psi_j = \psi_j(i_1, i_2 \ldots i_n, \varphi) \qquad (1.22)$$

und für die Spannung an der j-ten Wicklung gilt eine zu Gleichung (1.19) entsprechende Beziehung. Liegen lineare magnetische Verhältnisse vor, so ist die Flußverkettung der j-ten Wicklung gegeben durch

$$\psi_j = L_{j1}(\varphi) i_1 + L_{j2}(\varphi) i_2 + \ldots = \sum_{k=1}^{n} L_{jk}(\varphi) i_k \qquad (1.23)$$

wobei $L_{jk}(\varphi)$ die Gegeninduktivität zwischen Wicklung j und k darstellt ($L_{jk}(\varphi) = L_{kj}(\varphi)$). Für die Spannungsgleichung der j-ten Wicklung folgt damit

$$u_j = R_j i_j + \frac{d\psi_j}{dt} = R_j i_j + \sum_{k=1}^{n} L_{jk} \frac{di_k}{dt} + \sum_{k=1}^{n} i_k \frac{dL_{jk}}{d\varphi} \frac{d\varphi}{dt} \qquad (1.24)$$

Aus Energiebetrachtungen läßt sich zeigen, daß das Drehmoment eines elektromechanischen Wandlers aus der magnetischen Koenergie W_m^* des Systems gewonnen werden kann.[7), 12) – 14)]

$$m(\varphi) = \frac{\partial W_m^*(i_1, i_2 \ldots i_n, \varphi)}{\partial \varphi} \qquad (1.25)$$

Für das einfache Wandlermodell (Bild 1.25a) mit nur einer Wicklung erhält man W_m^* aus der Beziehung (Bild 1.26a)

$$W_m^*(i, \varphi) = \int_0^i \psi(i', \varphi) \, di'$$

Allgemein müßte für ein System mit n-stromdurchflossenen Wicklungen ($i_1, i_2 \ldots i_n$) die magnetische Koenergie für eine bestimmte Stellung φ_ν nach der Beziehung

$$W_m^* = \sum_{j=1}^{n} \int_{i'_j=0}^{i_j} \psi_j(i_1, i_2 \ldots i_{j-1}, i'_j, 0, 0 \ldots 0, \varphi_\nu) \, di'_j$$

berechnet werden, was die Kenntnis der Verläufe $\psi_j(i_1, \ldots, \varphi_\nu)$ erfordert und dies ist nur über die Berechnung des magnetischen Kreises möglich. Für lineare Systeme vereinfacht sich die Berechnung und man erhält für die magnetische Koenergie die gleich der magnetischen Energie W_m wird

$$W_m^* = W_m = \frac{1}{2} \sum_{j=1}^{n} \psi_j i_j = \frac{1}{2} \sum_{j=1}^{n} \sum_{k=1}^{n} L_{jk}(\varphi) i_k i_j \qquad (1.26)$$

Für das Drehmoment erhält man

$$m(\varphi) = \frac{\partial W_m^*}{\partial \varphi} = \frac{1}{2} \sum_{j=1}^{n} \sum_{k=1}^{n} \frac{dL_{jk}(\varphi)}{d\varphi} i_k i_j \qquad (1.27)$$

Eine andere Form der Darstellung findet man, wenn für die Gegeninduktivitäten $L_{jk} = w_j w_k \Lambda_{jk}$ gesetzt wird, wobei Λ_{jk} die zugehörigen magnetischen Leitwerte darstellen. Ferner können die Durchflutungen

$$\Theta_j = w_j i_j \quad \text{und} \quad \Theta_k = w_k i_k$$

eingeführt werden und man erhält

$$m(\varphi) = \frac{1}{2} \sum_{j=1}^{n} \sum_{k=1}^{n} \frac{d\Lambda_{jk}(\varphi)}{d\varphi} \Theta_j \Theta_k \qquad (1.28)$$

Bei den bisherigen Betrachtungen war der Rotor aus weichmagnetischem Material und die Gleichungen (1.18 – 1.28) gelten für Reluktanzmotoren. Bei PM- und HY-Motoren besitzt der Rotor einen Permanentmagneten. Bild 1.25b zeigt ein einfaches Modell eines Wandlers mit einem Permanentmagneten P im Rotor. Grundsätzlich gelten die gleichen Beziehungen für die Spannung, allerdings ist bei der Flußverkettung der Anteil des vom Permanentmagneten erzeugten Rotorflusses $\psi_R(\varphi)$ zu berücksichtigen. So gilt für $\psi_j(\varphi)$ analog zu Gleichung (1.23)

$$\psi_j(\varphi) = \sum_{k=1}^{n} L_{jk}(\varphi) i_k + \psi_{Rj}(\varphi) \qquad (1.29)$$

und für die Spannung der Wicklung j folgt analog zu Gleichung (1.24)

$$u_j = R_j i_j + \sum_{k=1}^{n} L_{jk}(\varphi) \frac{di_k}{dt} + \sum_{k=1}^{n} i_k \frac{dL_{jk}(\varphi)}{d\varphi} \frac{d\varphi}{dt} + \frac{d\psi_{Rj}(\varphi)}{d\varphi} \frac{d\varphi}{dt}$$

Auch für das Drehmoment gilt, daß sich dieses aus der Änderung der magnetischen Koenergie des Systems berechnen läßt. Hier ist aber darauf zu achten, daß auch bei unbestromten Wicklungen ($i_j = 0$, $j = 1 \ldots n$) noch ein Drehmoment, das Selbsthaltemoment auftritt, das aus der Änderung der magnetischen Koenergie des Permanentmagnetkreises ermittelt werden kann. Ändert sich bei Drehung des Rotors der gesamte magnetische Leitwert Λ_p des Permanentmagnetkreises, so ergibt sich bei Zugrundelegung linearer Verhältnisse für das Selbsthaltemoment $m_{SH}(\varphi)$

$$m_{SH}(\varphi) = \frac{1}{2} \frac{d\Lambda_p(\varphi)}{d\varphi} \Theta_p^2 \qquad (1.30)$$

wobei Θ_p die „Ersatzdurchflutung" des Permanentmagneten darstellt (siehe Abschnitt 1.6).

Für einen Energiewandler nach Bild 1.25b kann somit für das resultierende Drehmoment geschrieben werden

$$m(\varphi) = \frac{1}{2} \sum_{j=1}^{n} \sum_{k=1}^{n} i_j i_k \frac{dL_{jk}(\varphi)}{d\varphi} + \frac{1}{2} \sum_{j=1}^{n} i_j \frac{d\psi_{Rj}(\varphi)}{d\varphi} + \frac{1}{2} \frac{d\Lambda_p(\varphi)}{d\varphi} \Theta_p^2 \quad (1.31)$$

Der erste Ausdruck beschreibt das Reluktanzmoment und ist für VR-Motoren der einzige Anteil. Sind die Induktivitäten L_{jk} von der Stellung des Rotors unabhängig, wie beispielsweise bei PM-Motoren, so entfällt dieser Term. Damit ist klar, daß der zweite Term für PM- und HY-Motoren der maßgebende ist. Das Selbsthaltemoment tritt nur dann auf, wenn eine Permanenterregung vorliegt und wenn sich, wie bereits erwähnt, der magnetische Leitwert des Permanentmagnetkreises bei Drehung des Rotors ändert.

Eine weitere Möglichkeit der Berechnung der magnetischen Koenergie besteht darin, den magnetischen Kreis des Energiewandlers in q Abschnitte zu zerlegen, wobei in diesen möglichst homogene Feldverhältnisse herrschen sollten. Aus den Feldgrößen H_ν, B_ν des ν-ten Abschnittes und dessen Abmessungen (A_ν, l_ν) kann bei homogener Feldverteilung $W_{m\nu}^*$ (Bild 1.26b)

$$W_{m\nu}^* = A_\nu l_\nu \int_0^{H_\nu} B_\nu(H_\nu') \, dH_\nu'$$

und die magnetische Energie $W_{m\nu}$

$$W_{m\nu} = B_\nu H_\nu - W_{m\nu}^*$$

ermittelt werden. Für lineare Verhältnisse (strichlierte Kennlinie in Bild 1.26b) gilt

$$W_{m\nu}^* = W_{m\nu} = A_\nu l_\nu \cdot \frac{B_\nu H_\nu}{2}$$

Durch Umformung erhält man

$$W_{m\nu}^* = W_{m\nu} = \frac{1}{2} R_{m\nu} \phi_\nu^2$$

mit dem magnetischen Widerstand $R_{m\nu}$ und dem Fluß ϕ_ν des ν-ten Abschnittes. Die Gesamtenergie ergibt sich durch Summation der Teilenergien

$$W_m^* = \sum_{\nu=1}^{q} W_{m\nu}^*$$

In der Praxis erfolgt die Berechnung der magnetischen Koenergie mit Hilfe von numerischen Feldberechnungsmethoden, wie dem Differenzenverfahren oder in jüngster Zeit dem Verfahren der finiten Elemente. Dabei ist es relativ einfach auch komplexe Geometrien und nichtlineare magnetische Verhältnisse zu berücksichtigen.[15) 16)]

Ich bestelle ☐ gegen Rechnung (nur Firmen),
☐ mit Verrechnungsscheck (+Versandkosten DM 3,–),
☐ per Nachnahme unten aufgeführte Bücher:

——— Expl. ———————————————

——— Expl. ———————————————

——— Expl. ———————————————

——— Expl. ———————————————

——— Expl. ———————————————

——— Expl. ———————————————

——— Expl. ———————————————

——— Expl. ———————————————

Diese Karte war in dem Buch ————————

Meine Meinung zu diesem Buch ————————

———————————————————

Ich bitte um regelmäßige Zusendung (kostenlos) der neuesten expert-Informationen:

○ expert taschenbücher
○ erfolgs-cassetten
○ Wirtschaftspraxis
○ EDV-Praxis
○ expert*soft*
○ Elektrotechnik – Elektronik – Nachrichtentechnik
○ Meß-, Prüf-, Steuerungs- und Regelungstechnik
○ Konstruktions- und Automatisierungspraxis
○ Maschinen und Maschinenelemente – Tribologie und Schmierungstechnik
○ Werkstoffe – Oberflächentechnik – Materialprüfung und -bearbeitung – Verbindungstechnik
○ Baupraxis
○ Umwelttechnik – Entsorgung, Recycling, Luft- und Wassertechnik
○ Weiterbildung

Bestellung/Anforderung

Anschrift

_____

_____

_____

_____

Datum: _____

Unterschrift: _____

Oder direkt an:
expert-buchservice
Postfach 1262, 7044 Ehningen
FAX 07034/7618

Postkarte

An die Buchhandlung

1.8 Kennlinien bei variabler Schrittfrequenz im Stationärbetrieb

Bisher wurde nur der statische Haltemomentenverlauf bzw. das Verhalten des Motors bei Einzelschrittfortschaltung bei niedriger Steuerfrequenz f_s betrachtet. Für den Anwender sind vor allem die Eigenschaften des Motors im Stationärbetrieb bei variabler Schrittfrequenz f_z von Interesse. In Bild 1.27 sind Bewegungsabläufe für Schrittfolgen mit verschiedenen Steuerfrequenzen dargestellt. Im Falle a) ist der Impulsabstand $T_s = 1/f_s$ so groß, daß der Motor bereits die neue stationäre Lage einnimmt, bevor der nächste Steuerimpuls auftritt. Bei Steigerung der Steuerfrequenz wächst der Winkel nahezu linear an, der Schrittmotor führt eine Bewegung mit fast konstanter Drehzahl aus (Bild 1.27b). Ist die Impulsfolgezeit so kurz, daß der Rotor der Bewegung des Ständerschrittfeldes nicht mehr folgen kann, so fällt der Motor außer Tritt, es kommt zu unkontrollierten Schrittverlusten (Bild 1.27c). Bei Betrieb mit höheren Frequenzen ist das maximale Lastmoment M_L mit dem ein Schrittmotor belastet werden darf, kleiner als das Haltemoment M_H bzw. das Fortschaltmoment M_F. Dies ist darin begründet, daß sich bei steigender Frequenz die Ströme in den einzelnen Strangwicklungen nicht mehr voll bzw. nur verzögert ausbilden können. Verzögernd wirken die Induktivitäten der Strangwicklungen, induzierte Gegenspannungen und Wirbelströme in massiven Teilen des magnetischen Kreises.

Erwähnt sei, daß die Drehmomentbildung auch vom Leistungsteil der elektronischen Ansteuerung abhängt, denn mit diesem kann die Stromanstiegsgeschwindigkeit bzw. die Größe der Strangströme beeinflußt werden (Konstantspannungsbetrieb, Bilevelbetrieb, Konstantstrombetrieb, siehe Kapitel 5).

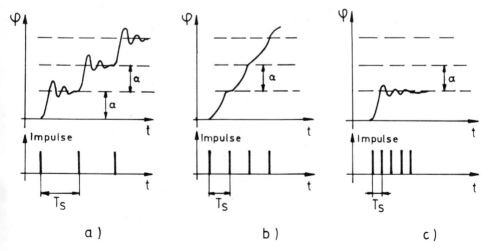

Bild 1.27: Bewegungsabläufe für verschiedene Schrittfolgen

Mit welchen Lastmomenten ein Schrittmotor ohne Schrittverlust bei einer bestimmten Steuerfrequenz (und damit Schrittfrequenz) bei gegebener Betriebsart (z. B. Konstantspannungsbetrieb) betrieben werden kann, wird durch die Grenzfrequenz-Kennlinien (Bild 1.28) angegeben.[8] Grundsätzlich wird zwischen zwei Betriebsbereichen unterschieden. Als Startbereich bezeichnet man jenen Bereich, in welchem der Motor bei einem bestimmten (anzugebenden) Lastträgheitsmoment J_L mit einer konstanten Steuerfrequenz ohne Schrittfehler starten und stoppen kann, daher oft auch die Bezeichnung Start-Stopp-Bereich (Bereich unterhalb Kennlinie 3 bzw. 2 für $J_L = 0$).

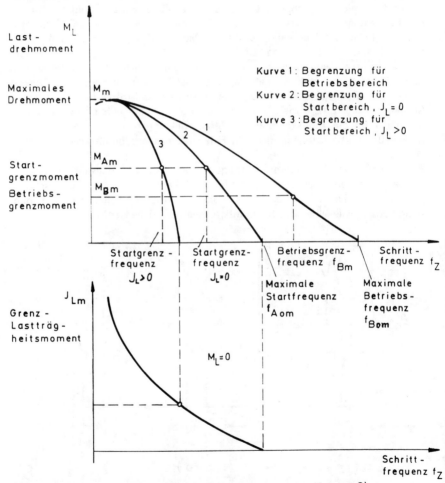

Bild 1.28: Prinzipieller Verlauf der Kennlinien von Schrittmotoren[8]

Beschleunigungsbereich wird jener Betriebsbereich genannt, in welchem der Motor ohne Schrittfehler bei einem bestimmten Lastträgheitsmoment und vorgegebener Steuerfrequenz nach Beschleunigung betrieben, jedoch nicht gestartet oder gestoppt werden kann. In der Praxis wird dieser Bereich durch Vorgabe entsprechender Frequenzrampen erreicht (Beschleunigung) und auch wieder verlassen (Verzögerung).

Kennlinie 1 begrenzt diesen Bereich und stellt damit auch den Verlauf des Betriebsgrenzmomentes M_{Bm} dar. Weitere Bezeichnungen sind in Bild 1.28 eingetragen bzw. den einschlägigen Normen zu entnehmen. In der Praxis weist der Kennlinienverlauf 1 manchmal Einsattelungen und Unterbrechungen auf, die auf Resonanzerscheinungen und Instabilitäten zurückzuführen sind. Diese Frequenzbereiche sind daher im Betrieb zu meiden, bzw. bedürfen einer besonderen Beachtung (siehe Abschnitt 6.7).

1.9 Schrittmotorantrieb

Auf die Auslegung von Schrittmotorantrieben wird ausführlich in Kapitel 7 eingegangen. Hier sollen nur einige grundlegende Betrachtungen angestellt werden. Besondere Bedeutung kommt der mechanischen Anpassung von Motor und Last zu. In Bild 1.29 sind die Umrechnungen von Lastmoment M_L und Lastträgheitsmoment J_L bzw. von Kräften auf die Motorseite M_L^*, J_L^* für verschiedene Belastungsfälle, mit Berücksichtigung des Getriebewirkungsgrades η, angegeben. Die Übersetzung i ist als das Verhältnis

$$i = \frac{\omega_M}{\omega_L} \tag{1.32}$$

von mechanischer Motorwinkelgeschwindigkeit ω_M zu Lastwinkelgeschwindigkeit ω_L definiert. Für einen allgemeinen Antrieb (Bild 1.30) gilt die Bewegungsgleichung

$$(J_M + J_L/i^2)\,\dot{\omega}_M = m_M(t) - m_L^*(\omega_M, t) - m_D^*(\omega_M, t) \tag{1.33}$$

wobei das Lastmoment m_L^* und das Dämpfungsmoment m_D^* bereits auf die Motorwelle umgerechnet sind. $\dot{\omega}_M$ ist die Winkelbeschleunigung des Rotors.

Soll ein Antrieb nach Bild 1.30 so ausgelegt werden, daß mit einem möglichst geringen Motormoment die geforderte Lastbeschleunigung $\dot{\omega}_L$ erreicht wird ($m_L^* = 0$, $m_D^* = 0$), ergibt sich für das optimale Übersetzungsverhältnis

$$i_{opt} = \sqrt{\frac{J_L}{J_M}} \tag{1.34}$$

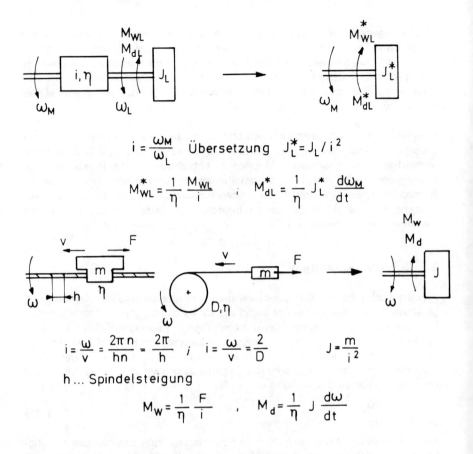

$$i = \frac{\omega_M}{\omega_L} \quad \text{Übersetzung} \quad J_L^* = J_L / i^2$$

$$M_{WL}^* = \frac{1}{\eta} \frac{M_{WL}}{i} \quad ; \quad M_{dL}^* = \frac{1}{\eta} J_L^* \frac{d\omega_M}{dt}$$

$$i = \frac{\omega}{v} = \frac{2\pi n}{hn} = \frac{2\pi}{h} \quad ; \quad i = \frac{\omega}{v} = \frac{2}{D} \qquad J = \frac{m}{i^2}$$

h ... Spindelsteigung

$$M_W = \frac{1}{\eta} \frac{F}{i} \quad , \quad M_d = \frac{1}{\eta} J \frac{d\omega}{dt}$$

Bild 1.29: Umrechnung von mechanischen Größen auf die Motorwelle

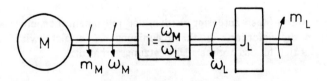

Bild 1.30: Einfacher Antrieb, bestehend aus Motor, Getriebe und Last

bzw. bei Berücksichtigung eines Getriebewirkungsgrades η

$$i_{opt} = \sqrt{\frac{J_L}{\eta J_M}} \qquad (1.35)$$

Dabei sind J_L und J_M die Summe der last- und motorseitig wirksamen Trägheitsmomente.

Im folgenden wird noch auf eine weitere Größe hingewiesen, die oft zur Kennzeichnung der Dynamik eines Antriebsmotors herangezogen wird. Ausgehend von der allgemeinen Beziehung für die mechanische Leistung P_M des Motors

$$P_M = M_M \omega_M$$

kann rein formal für die zeitliche Ableitung

$$\dot{P}_M = \dot{M}_M \omega_M + M_M \dot{\omega}_M$$

geschrieben werden. Ist M_M zeitunabhängig, so folgt

$$\dot{P}_M = M_M \dot{\omega}_M$$

und mit der Beziehung $M_M = J_M \dot{\omega}_M$ ergibt sich

$$\dot{P}_M = \frac{M_M^2}{J_M} \qquad (1.36)$$

Man bezeichnet $\dot{P}_M$ als dynamische Leistung, dynamisches Leistungsvermögen oder als „Power Rate" des Motors. Dabei wird für M_M das maximal erreichbare Motormoment und für J_M das Motorträgheitsmoment eingesetzt.

Die Eigenfrequenz eines Schrittmotors kann einfach hergeleitet werden, wenn der Verlauf des Drehmomentes um die stabile Gleichgewichtslage linearisiert wird. Setzt man

$$m_M = -c\varphi \qquad (1.37)$$

so lautet die Bewegungsgleichung ($m_L = 0$), ($J_L = 0$)

$$J_M \ddot{\varphi} = -c\varphi - m_D^* \qquad (1.38)$$

Berücksichtigt m_D^* nur eine geschwindigkeitsproportionale Dämpfung

$$m_D^* = k_D \dot{\varphi}$$

so lautet Gleichung (1.38) für den linearen Schwinger

$$J_M \ddot{\varphi} + k_D \dot{\varphi} + c\varphi = 0 \qquad (1.39)$$

Die Lösung dieser linearen Differentialgleichung 2. Ordnung lautet für den Schwingfall ($k_D < 2\sqrt{J_M c}$) und den Anfangsbedingungen $\varphi(0) = -\alpha$, $\dot{\varphi}(0) = 0$

$$\varphi = -\alpha e^{-t/T_D} \cos \omega_e^* t \qquad (1.40)$$

wobei ω_e^* die mechanische Eigenkreisfrequenz

$$\omega_e^* = \sqrt{\frac{c}{J_M} - \left(\frac{k_D}{2J_M}\right)^2} \qquad (1.41)$$

und T_D die Dämpfungszeitkonstante

$$T_D = \frac{2J_M}{k_D} \qquad (1.42)$$

sind. Für den ungedämpften Fall ($k_D = 0$) erhält man die Eigenfrequenz

$$\omega_e = \sqrt{\frac{c}{J_M}} \qquad (1.43)$$

Es ist zu beachten, daß Gleichung (1.40) für den Einschwingvorgang um den Gleichgewichtspunkt gilt, da m_M nur in diesem Bereich linearisiert wurde und hier wiederum nur für kleine Schwingungsamplituden.

Für das Haltemoment gilt

$$m_M(\gamma) = -M_H \sin k(\gamma - \gamma_s)$$

wobei

$$\gamma = p\varphi$$

Linearisierung um den stabilen Punkt $\gamma = \gamma_s$ führt zu

$$m_M = \left(\frac{dm_M}{d\varphi}\right)_{\gamma=\gamma_s} \cdot \varphi = \left(\frac{dm_M}{d\gamma} \frac{d\gamma}{d\varphi}\right)_{\gamma=\gamma_s} \varphi = -M_H k p \varphi$$

Ein Vergleich mit Gleichung (1.37) liefert für c

$$c = M_H k p$$

und für die mechanische Eigenkreisfrequenz ω_e bzw. Frequenz f_e im ungedämpften Fall

$$\omega_e = \sqrt{\frac{M_H k p}{J_M}} \quad \text{bzw.} \quad f_e = \frac{1}{2\pi} \sqrt{\frac{M_H k p}{J_M}} \tag{1.44}$$

Es gilt $k = 1$, $p = p_s$ für PM-Motoren, $k = 2$, $p = Z_R/2$ für VR-Motoren und $k = 1$, $p = Z_R$ (Rotorzähnezahl) für HY-Motoren.

2 Reluktanzmotoren und Sonderbauarten

E. Rummich

2.1 Reluktanzmotoren

Reluktanzschrittmotoren sind vom Prinzip her Synchronmotoren mit unerregtem Läufer, wobei es für die Bildung des Drehmomentes erforderlich ist, daß der Läufer in Umfangsrichtung unterschiedliche magnetische Leitfähigkeit aufweist, wie bei der klassischen Synchronmaschine die Ausführung als Schenkelpolmaschine. Dies bedeutet in der Praxis, daß Rotoren von VR-Motoren eine „Zahnstruktur" besitzen, wobei die Zähne für gute und die dazwischenliegenden Nuträume für schlechte magnetische Leitfähigkeit sorgen. Wie bereits in Abschnitt 1.2.1 ausgeführt, haben die Ständer konzentrierte Wicklungen, die entweder auf einzelnen „Zähnen" bzw. auf Polen mit Zahnstruktur (für hochauflösende Motoren) angeordnet sind. Erwähnt sei nochmals, daß nur Ständerwicklungen mit $m_s \geqslant 3$ möglich sind, da nur mit solchen eine definierte Drehbewegung erreicht wird.

2.1.1 Einständerbauweise

Wie aus dem Namen ersichtlich, besitzen diese Motoren nur einen Ständer. Bild 2.1 zeigt eine Ausführung eines derartigen Motors mit m_s = 3 Strängen, einem Ständerpolpaar p_s = 1 (im Sinne der klassischen Theorie elektrischer Maschinen), deren Wicklung auf Z_s = 6 Ständerzähnen (Pole) angeordnet sind. Zu einem Strang gehören zwei im Bild räumlich gegenüberliegende Wicklungsteile. Die Anzahl der Ständerzähne pro Ständerpolpaar beträgt Z_s = 2 m_s somit allgemein

$$Z_s = 2\, p_s m_s \qquad (2.1)$$

Der Rotor dieser einfachen Ausführung hat Z_R = 2 „Zähne".
In Bild 2.1 ist die Bestromung der Stränge A, B, C als Schrittfolge dargestellt (1 aus 3 Vollschrittbetrieb), wobei der Fortschaltwinkel des Ständerfeldes von 60° identisch dem Rotorverdrehwinkel ist. Die Umlaufrichtungen von Ständerfeld und Rotor stimmen überein. Wäre die Bestromung in der Weise A, C, B erfolgt, hätte das Ständerfeld und damit auch der Rotor die umgekehrte Drehrichtung. Für eine derartige Ausführung ergibt sich der Schrittwinkel α zu

$$\alpha = \frac{1}{p_s} \frac{\pi}{m_s} \qquad (2.2)$$

Strang A

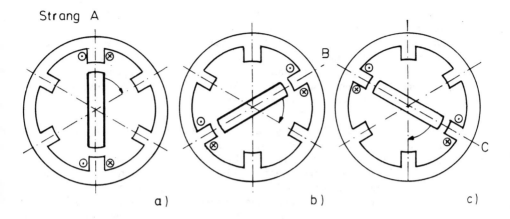

Bild 2.1: Dreisträngiger Reluktanzmotor in Einständerbauweise

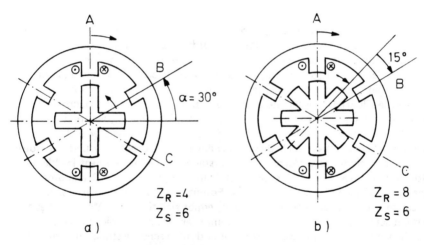

Bild 2.2: Dreisträngiger Reluktanzmotor mit a) 4 Rotorzähnen, b) 8 Rotorzähnen

für Vollschrittbetrieb und der halbe Wert für Halbschrittbetrieb. Da man mit einer Anordnung nach Bild 2.1 mit zwei Rotorzähnen zur Erzielung kleiner Schrittwinkel hohe Ständerpolzahlen benötigt, und außerdem kleine Motormomente entstehen, weisen praktische Ausführungen höhere Rotorzähnezahl auf.[1)-3)] Bild 2.2 zeigt zwei einfache Ausführungen von 3-strängigen VR-Moto-

43

ren, wobei die eine Ausführung vier und die andere acht Rotorzähne besitzt. Die zugehörigen Schrittwinkel α betragen bei Vollschrittbetrieb 30° bzw. 15°, was auch leicht aus den Bildern 2.2a und b) zu ersehen ist. Weiters erkennt man, daß die Umlaufgeschwindigkeiten von Ständerfeld und Rotor nicht mehr übereinstimmen (Fortschaltwinkel des Ständerfeldes $\neq$ Schrittwinkel), ja daß diese sogar entgegengesetzt gerichtet sein können (Bild 2.2a). Allgemeine Aussagen über Schrittwinkel und Drehrichtung siehe Abschnitt 2.1.3.

Die soeben behandelte Bauform gestattet bei Rotorzähnezahlen $2 \leqslant Z_R \leqslant 10$, wobei aus magnetischen Gründen nur gerade Zahlen ausgeführt werden und Strangzahlen $m_s = 3$ oder 4 Schrittwinkel im Bereich von $60° \geqslant \alpha \geqslant 9°$ wie sie auch mit PM-Motoren erzielt werden. Höhere Winkelauflösung erreicht man durch größere Rotorzähnezahlen $20 \leqslant Z_R \leqslant 100$ (120), die dann allerdings Ständerpole mit gezahnten Ständerpolschuhen bedingen. Übliche Ausführungsformen weisen $Z_p = 4 \ldots 10$ Zähne je Einzelpol auf. Bild 2.3 zeigt einen 3-strängigen hochauflösenden Motor mit $Z_p = 4$ Zähnen je Pol.

2.1.2 Mehrständerausführung

Bei Mehrständer-VR-Motoren sind die einzelnen Stränge ($m_s \geqslant 3!$) nicht tangential in Umfangsrichtung des Motors angeordnet, sondern axial hintereinander, jedem Strang entspricht eine „Teilmaschine". Bild 2.4 zeigt die Prinzipskizze eines 3-strängigen Motors mit $p_s = 2$, somit 4 Einzelpolen je Strang und Teilständer, die heteropolar erregt werden. In Bild 2.4 ist Strang A erregt, die Pfeile zeigen die Flußrichtung für die angegebene Bestromung. Die benachbarten „Rotorscheiben" sind gegeneinander um den Winkel $\pm 2\pi/m_s Z_R$ verdreht, wie auch aus Bild 2.4 zu erkennen ist. Die Teilständer sind gegeneinander nicht versetzt. Grundsätzlich könnten auch diese gegeneinander verdreht sein und die Rotorscheiben fluchten. Der Vorteil der Mehrständer-VR-Motoren liegt im kleineren Rotordurchmesser bei höheren Strangzahlen und gefordertem Drehmoment. Da das Rotorträgheitsmoment mit der 4. Potenz des Rotordurchmessers, aber nur linear mit der axialen Abmessung steigt, ergibt sich für solche Motoren, bezogen auf ein gefordertes Motormoment, in Summe ein kleineres Trägheitsmoment und damit nach Gleichung (1.36) eine erhöhte dynamische Leistung und damit bessere dynamische Eigenschaften. Weitere betriebliche Vorteile ergeben sich auch daraus, daß die Stränge magnetisch und elektrisch entkoppelt sind, die gegenseitigen Induktivitäten zwischen den Strängen sind vernachlässigbar. Selbstverständlich können auch hier zur Erzielung höherer Winkelauflösungen die Ständerpolschuhe gezahnt ausgeführt werden. Bild 2.5 zeigt einen Teilständer (nur einen Strang) mit $p_s = 2$ und $Z_p = 3$ Zähnen je Pol. Im erregten Zustand stehen sich alle Rotor- und Ständerzähne gegenüber (gleiche Zahnteilung, maximaler magnetischer Leitwert), da alle Pole dem gleichen Strang angehören. Für den gegenseitigen Verdrehwinkel der „Teilmotoren" gilt auch hier $\pm 2\pi/m_s Z_R$, der auch gleich

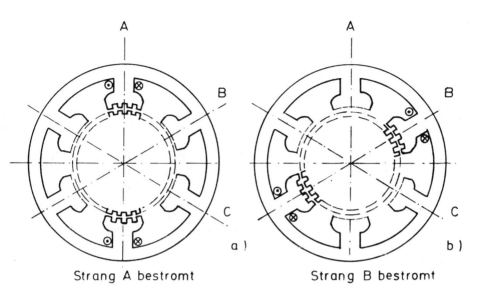

Bild 2.3: Dreisträngiger hochauflösender VR-Motor
a) Strang A bestromt, b) Strang B bestromt

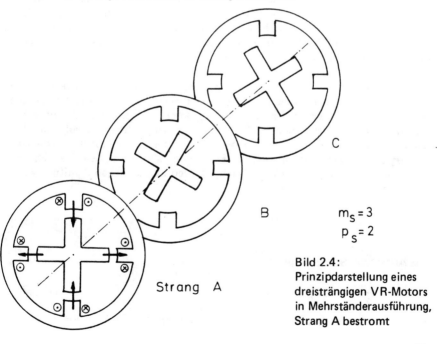

$m_s = 3$
$p_s = 2$

Bild 2.4:
Prinzipdarstellung eines
dreisträngigen VR-Motors
in Mehrständerausführung,
Strang A bestromt

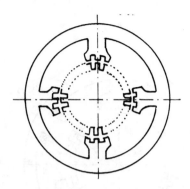

Bild 2.5:
Teilständer eines hochauflösenden Mehrständer-VR-Motors

dem mechanischen Schrittwinkel α des Motors bei Vollschrittbetrieb ist. Bedingt durch die höheren Herstellungskosten sind Mehrständer-VR-Motoren praktisch aus der Produktion genommen, sie werden vielfach durch Hybridmotoren (siehe Kapitel 4) ersetzt.

2.1.3 Schrittwinkel und Ausführbarkeitsbedingungen

Im folgenden wird angenommen, daß das Ständerfeld immer durch Bestromung benachbarter Stränge (siehe auch Abschnitt 1.3) weitergeschaltet wird; bei Vollschrittbetrieb um den elektrischen Winkel Γ_s. Ferner wird über den Ständerumfang eine symmetrische Anordnung der Ständerwicklungen vorausgesetzt (Zahn- bzw. Polkonfiguration).

Für die Einzelpole (bzw. Zähne) ν und $(\nu + m_s)$ innerhalb eines Polpaares p_s sollen dabei gleiche magnetische Verhältnisse vorliegen, was zur Folge hat, daß die Rotorzähnezahl Z_R ein Vielfaches von $2 \, p_s$, somit eine gerade Zahl wird. Wenn nun das Ständerfeld zwischen den Polen ν und $(\nu + m_s)$ einen mechanischen Winkel von π/p_s zurücklegt, so erfolgt dies in m_s Teilschritten (Vollschrittbetrieb vorausgesetzt). Dabei bewegt sich der Rotor ebenfalls mit m_s Schritten um eine Rotorzahnteilung $\alpha_R = 2\pi/Z_R$ weiter. Für den mechanischen Schrittwinkel α ergibt sich

$$\alpha = \frac{2\pi}{m_s Z_R} \qquad (2.3)$$

Die Anzahl der Schritte z pro Umdrehung beträgt

$$z = \frac{2\pi}{\alpha} = m_s Z_R \qquad (2.4)$$

für Vollschrittbetrieb, bei Halbschrittbetrieb verdoppelt sich dieser Wert.

Dem mechanischen Schrittwinkel α entspricht der elektrische Fortschaltwinkel $\Gamma_s = \pi/m_s$ des Ständerfeldes. Somit besteht zwischen beiden die Beziehung

$$\frac{\alpha}{\Gamma_s} = \frac{2}{Z_R} \quad \text{bzw.} \quad \alpha = \frac{1}{Z_R/2} \Gamma_s$$

und die in Gleichung (1.5) definierte Größe p ist für VR-Motoren $p = Z_R/2$.

2.1.3.1 Einständer-VR-Motoren mit Einzelzähnen im Ständer

Beispiele hiefür zeigen die Bilder 2.1 und 2.2. Da hier die Zähnezahl von Ständer und Rotor verschieden sein müssen, sind die Zahnteilung von Ständer α_s und Rotor α_R ungleich, es gilt

$$\alpha_s = \frac{2\pi}{Z_s}, \quad \alpha_R = \frac{2\pi}{Z_R} \tag{2.5}$$

Für die Ständerzähnezahl Z_s gilt

$$Z_s = 2 m_s p_s \tag{2.6}$$

und ist somit eine gerade Zahl.

Als geometrische Bedingung für die Ausführbarkeit eines derartigen VR-Motors mit vorgegebenem Schrittwinkel α gilt für den Ständer- bzw. Rotorumfang

$$(k_p \alpha_R \pm \alpha) m_s 2 p_s = 2\pi, \quad \alpha_R Z_R = 2\pi \tag{2.7}$$

mit $k_p = (0), 1, (2, 3 \ldots)$.

Bild 2.6 zeigt zur Veranschaulichung die Verhältnisse für eine einfache Motorkonfiguration wie sie dem Bild 2.2b entspricht ($m_s = 3$, $p_s = 1$, $Z_s = 6$, $Z_R = 8$, $k_p = 1$).

Werden nun in die Gleichung (2.7) für die Größen α und α_R die entsprechenden Beziehungen eingesetzt, so ergibt sich für die Rotorzähnezahl Z_R

$$Z_R = 2 p_s (k_p m_s \pm 1) \tag{2.8}$$

wobei das positive Vorzeichen für Gleichlauf von Ständerfeld- und Rotorbewegung und das Minuszeichen für Gegenlauf gilt. Die Ständerzähnezahl Z_s ergibt sich aus der Beziehung (2.6) und für den Schrittwinkel α erhält man

$$\alpha = \frac{2\pi}{Z_R m_s} = \frac{\pi}{m_s p_s (k_p m_s \pm 1)} \qquad (2.9)$$

2.1.3.2 Einständer-VR-Motoren mit hoher Schrittauflösung

In Bild 2.3 wurde bereits eine derartige Anordnung dargestellt. Auch hier folgt aus ähnlichen Überlegungen wie im vorigen Abschnitt aus geometrischen Bedingungen für eine symmetrische Wicklungsanordnung und einem Schrittwinkel α nach Gleichung (2.3)

$$(k_p \alpha_R \pm \alpha) m_s 2 p_s = 2\pi, \quad \alpha_t m_s 2 p_s = 2\pi \qquad (2.10)$$

Die Zahnteilungen von Rotor und Ständerpolen sind gleich ($\alpha_R = \alpha_s$). Als minimale Polbreite b_{min} ergibt sich bei Z_p Zähnen pro Ständerpol und der Nutbreite b_N (im Bogenmaß)

$$b_{min} = Z_p \alpha_R - b_N$$

k_p ist eine ganze Zahl, wobei $k_p \geq Z_p$.

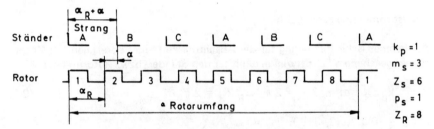

Bild 2.6: Anordnung der Ständer- und Rotorzähne für eine einfache VR-Motor-konfiguration (ungleiche Zahnteilung in Ständer und Rotor)

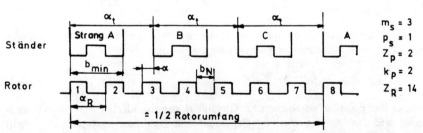

Bild 2.7: Anordnung der Ständer- und Rotorzähne für eine hochauflösende VR-Motorkonfiguration (gleiche Zahnteilung in Ständer und Rotor)

Bild 2.7 zeigt zur Illustration der Gleichung (2.10) eine einfache Motoranordnung mit $m_s = 3$, $p_s = 1$, $Z_p = 2$, $k_p = 2$, $Z_R = 14$, aus der auch die Bedeutung der einzelnen Größen hervorgeht.

Für die Rotorzähnezahl Z_R ergibt sich wiederum die Beziehung (2.8), der Schrittwinkel α und die Zahl der Einzelpole im Ständer, die hier Z_s entspricht, können nach den Gleichungen (2.9) bzw. (2.6) berechnet werden.

Es bestehen somit enge Beziehungen (Ausführbarkeitsbedingungen) zwischen den einzelnen Größen eines VR-Motors, wie Schrittwinkel, Rotorzähnezahl, Strangzahl etc., die bei der praktischen Auslegung beachtet werden müssen. Ähnliche Ausführbarkeitsbedingungen existieren auch für PM- und HY-Motoren, die in den entsprechenden Abschnitten behandelt werden.

Für Mehrständermotoren gilt für den Schrittwinkel α ebenfalls die Gleichung (2.3).

2.1.4 Optimale Zahn- und Nutform

Grundsätzlich kann die „Zahnstruktur" bei VR-Motoren in drei Gruppen eingeteilt werden: Erstens in die Gruppe nach Bild 2.4 mit gleichen Zähnezahlen in Rotor und Ständer, wie sie bei Mehrständer-VR-Motoren anzutreffen sind. Zweitens in die in Bild 2.1 oder 2.2 dargestellte Zahnstruktur mit unterschiedlicher Zähnezahl in Rotor und Ständer. Diese Konfiguration wird bei VR-Motoren in Einständerausführung bei größeren Schrittwinkeln ausgeführt. Schließlich die dritte Gruppe mit ausgeprägten Polen mit Zahnstruktur für hochauflösende VR-Motoren (Bild 2.3).

Erwähnt sei, daß in Hybridmotoren ähnliche Zahnkonfigurationen anzutreffen sind wie in Bild 2.5, mitunter wird dort die Ständerzahnteilung etwas größer als die Rotorzahnteilung ausgeführt, um die Rastmomente zu verkleinern bei gleichzeitig höherer Positioniergenauigkeit.

Moderne VR- und HY-Motoren mit Zahnstrukturen nach Bild 2.8 weisen folgende Eigenschaften auf:[2]

— das Verhältnis der Ständerzahnbreite zu Zahnteilung τ_z liegt nahe bei 0,5
— die Ständernuttiefe t_N ist etwa gleich der halben Zahnteilung τ_z
— das Verhältnis von Rotorzahnbreite b_z zu Zahnteilung τ_z variiert von 0,38 bis 0,45
— die Nutform ist meist halbkreisförmig für den Rotor und rechteckig oder halbkreisförmig für den Ständer
— die Luftspaltlänge δ_L wird so klein wie herstellungstechnisch möglich gewählt (0,05 mm, in Sonderfällen 0,02 mm).

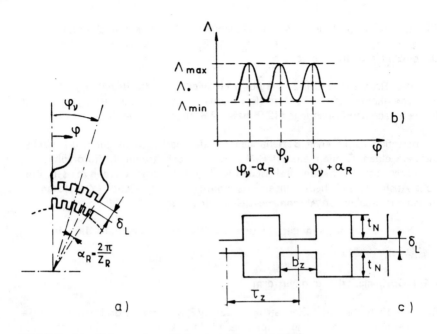

Bild 2.8: Nut-Zahnstruktur für hochauflösende VR-Motoren

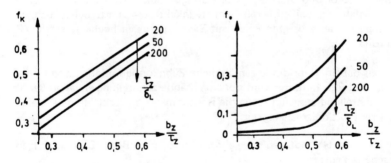

Bild 2.9: Faktoren f_k und f_o zur Ermittlung der magnetischen Leitwerte [3], [4]

Es liegen auch theoretische Untersuchungen zu dieser Fragestellung vor. Bei der Betrachtung der Drehmomentbildung wurde bereits darauf hingewiesen, daß für Reluktanzmotoren die Änderung des magnetischen Leitwertes im Luftspalt maßgebend ist und diese hängt von der Zahnstruktur im Luftspaltbereich ab. In Bild 2.8a ist der Luftspaltraum für einen Polbereich dargestellt, wie es dem Bild 2.3 entspricht. Die Zähne von Ständer und Rotor liegen in der gezeichneten

Stellung einander gegenüber, der magnetische Leitwert Λ besitzt ein Maximum (Λ_{max}). Wird der Rotor um eine halbe Zahnteilung verdreht, so nimmt Λ ein Minimum (Λ_{min}) an. Bild 2.8b zeigt den Verlauf des Leitwertes Λ in Abhängigkeit des mechanischen Verdrehwinkels. In Bild 2.8c sind die Abmessungen, soweit sie für die weitere Betrachtung nötig sind, eingetragen. Für unendlich tiefe Nuten und idealen Eisenkreis ($\mu \to \infty$) werden in der Literatur[4] Formeln für die Leitwerte angegeben. Es gilt unter den obigen Voraussetzungen und mit der Zähnezahl pro Ständerpol Z_p und einer axialen Eisenlänge l für den Maximalwert Λ_{max} und den Minimalwert Λ_{min}

$$\Lambda_{max} = Z_p \mu_o \frac{\tau_z l}{\delta_L} f_k$$

$$\Lambda_{min} = Z_p \mu_o \frac{\tau_z l}{\delta_L} f_o$$

wobei die Faktoren f_k und f_o dem Bild 2.9 entnommen werden können; $\mu_o = 4\pi 10^{-7}$ Vs/Am ... Permeabilitätskonstante des Vakuums.
Der Grundwellenverlauf des magnetischen Leitwertes für einen Polbereich (Polposition φ_ν Bild 2.8a), b)) kann daher wie folgt beschrieben werden:

$$\Lambda(\varphi, \varphi_\nu) = \Lambda_0 + \Lambda_1 \cos Z_R (\varphi - \varphi_\nu)$$

mit $$\Lambda_0 = \frac{\Lambda_{max} + \Lambda_{min}}{2}$$

$$\Lambda_1 = \frac{\Lambda_{max} - \Lambda_{min}}{2}$$

Die Amplitude Λ_1 hängt damit von der Differenz ($f_k - f_o$) ab. Optimale Verhältnisse findet man für $0,4\, \tau_z < b_z < 0,45\, \tau_z$.
Wie bereits erwähnt, gelten diese Betrachtungen für ungesättigten Eisenkreis. Bei Berücksichtigung der Sättigung verschiebt sich das Optimum zu kleineren Zahnbreiten, sodaß $0,38\, \tau_z < b_z < 0,45\, \tau_z$ gesetzt werden kann.[5]

2.1.5 Betriebsarten von Reluktanzmotoren

Wie bereits in der Einführung erwähnt, wird normalerweise eine Strangwicklung aus zwei Teilwicklungen ausgeführt, die sich auf den Polen (Zähnen) ν und ($\nu + m_s$) befinden. Bei $p_s > 1$ wiederholt sich die Anordnung periodisch am Ständerumfang. Da bei Reluktanzmotoren die Drehmomentbildung nur von den Schwankungen des Luftspaltfeldes, hervorgerufen durch unterschiedliche magnetische Leitwerte, abhängig ist, nicht aber von der Richtung der Magnetfelder, besteht bei VR-Motoren auch die Möglichkeit, diese Teilspulen nicht wie im Elektromaschinenbau üblich und bei PM- und HY-Motoren zur Erzeugung eines heteropolaren Feldes notwendig, so zu schalten, daß sich die Durchflutungen hinsichtlich der beiden Pole unterstützen (Reihenschaltung), Bild 2.10a), sondern so wie in Bild 2.10b). Hier wirken die Teildurchflutungen einander entgegen (Gegenschaltung). Anwendung findet diese Ausführungsform, wie im folgenden gezeigt, bei unipolarer Anspeisung von 4-strängigen VR-Motoren[3]. In den Bildern 2.10a), b) sind strichpunktiert die Strangflußverteilungen eingezeichnet, und man erkennt, daß die Flußausbildung im Falle b) ungünstiger ist, außerdem schließt sich der Fluß über Nachbarpole, was zu magnetischen Kopplungen führt.

Bei bipolarer Speisung von VR-Motoren mit Reihenschaltung der Teilspulen treten keinerlei Probleme auf, außer den höheren Kosten für die aufwendigere Ansteuerelektronik. Aus letztgenanntem Grund werden gerne VR-Motoren mit unipolarer Stromversorgung ausgeführt, eine Änderung der Polarität der einzelnen Pole ist, wie bereits mehrfach erwähnt, bei VR-Motoren nicht notwendig.

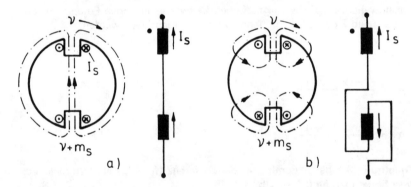

Bild 2.10: Schaltungsmöglichkeiten der Teilwicklungen eines Stranges bei VR-Motoren
a) Reihenschaltung, b) Gegenschaltung

Bild 2.11 zeigt Beispiele für die Strangstromverläufe i_A, i_B, i_C für 3-strängige und $i_A \ldots i_D$ für 4-strängige VR-Motoren für Vollschrittbetrieb bei Unipolaranspeisung.

Bezüglich der Anzahl der bestromten Stränge und auf die Bildung des resultierenden Drehmomentes wurde bereits in Kapitel 1 eingegangen. Praktisch werden für $m_s = 3$ nur 1 aus 3 und 2 aus 3 Betrieb für Halbschrittbetrieb und ebenso für $m_s = 4$ 1 aus 4 und 2 aus 4 Betrieb gewählt.

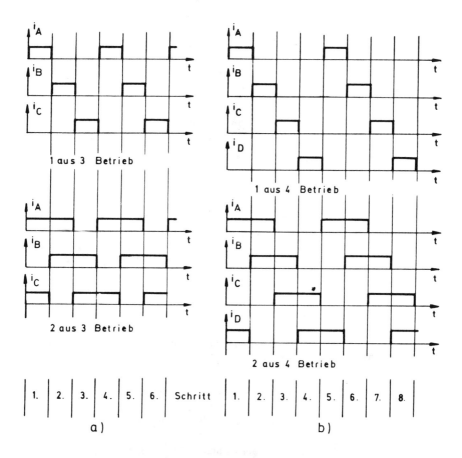

Bild 2.11: Stromverläufe bei Unipolarbetrieb
a) $m_s = 3$, b) $m_s = 4$

Bild 2.12a) zeigt die Wicklungsanordnung mit positiven Stromrichtungen für den 1 aus 3 Betrieb bei Unipolaranspeisung mit Strömen nach Bild 2.11a) bei Schaltung der Stränge nach Bild 2.12b). Bild 2.12c) zeigt die Schaltfolge der elektronischen Schalter, hier als einfache mechanische Kontakte dargestellt. In Bild 2.12d) ist die Feldausbildung während einer vollen Rotorumdrehung aufgezeichnet. Man erkennt, daß beim Übergang von Schritt 3 zu Schritt 4 ein Sprung in der zyklischen Abfolge der Feldausbildung auftritt, der zu Laufunruhe führt. Bild 2.13a) zeigt die modifizierte Schaltung der Wicklungsstränge A, B, C, wobei Strang B entgegengesetzt vom Strom durchflossen wird und die Feldausbildung bei 1 aus 3 (Bild 2.13b) bzw. bei 2 aus 3 (Bild 2.13c) Betrieb. Hier treten keine

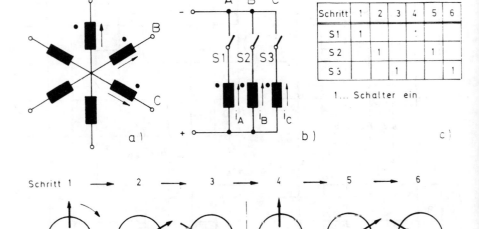

Bild 2.12: Verhältnisse bei dreisträngigem VR-Motor bei Reihenschaltung der Teilwicklungen der Stränge in der gezeichneten Weise

Störungen in der zyklischen Abfolge der Feldausbildung auf, was sich durch entsprechende Laufruhe auszeichnet. Dreisträngige VR-Motoren werden daher ausschließlich mit Reihenschaltung der Teilwicklungen betrieben.[3]

Aus Bild 2.14 ist die Anordnung der Stränge A bis D bei 4-strängigen VR-Motoren ersichtlich. In Bild 2.14a) ist eine Reihenschaltung, in Bild 2.14b) die Gegenschaltung der Teilwicklungen dargestellt, in Bild 2.14c) die Schaltung der einzelnen Stränge und deren Bestromung. Bild 2.15 zeigt die Feldverhältnisse bei Reihenschaltung (a, b) und Gegenschaltung (c, d) bei Unipolarbetrieb eines 4-strängigen Motors für 1 aus 4 und 2 aus 4 Betrieb entsprechend den Stromverläufen nach Bild 2.11b).

Bei der Reihenschaltung treten beim 1 aus 4 Betrieb beim Übergang von Schritt 4 nach 5 und 8 nach 9 (Bild 2.15a) und beim 2 aus 4 Betrieb (Bild 2.15b) zwischen den Schritten 1 – 2, 4 – 5, 5 – 6 und 8 – 9 Störungen in der zyklischen Abfolge der Feldausbildung auf, die zu Laufunruhe führen. Bei Gegenschaltung der Teilwicklungen (Bilder c, d) treten diese Störungen nicht auf und dies ist der Grund für die Verwendung der Gegenschaltung bei 4-strängigen VR-Motoren bei Unipolaranspeisung.[3]

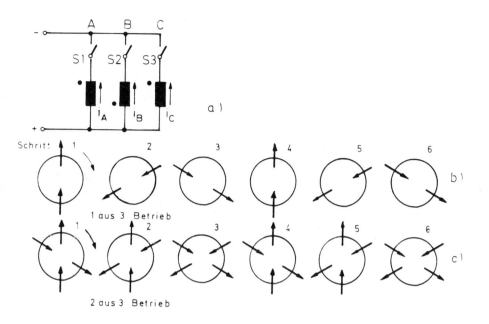

Bild 2.13: Modifizierte Ständerwicklungsanspeisung zu Bild 2.12

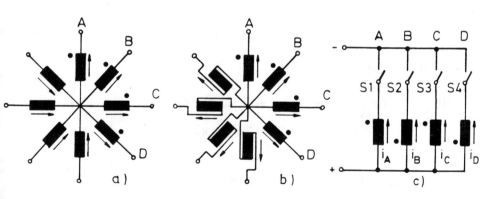

Bild 2.14: Wicklungsanordnung bei viersträngigen VR-Motoren
a) Reihen-, b) Gegenschaltung der Teilwicklungen,
c) Schaltung der Stränge

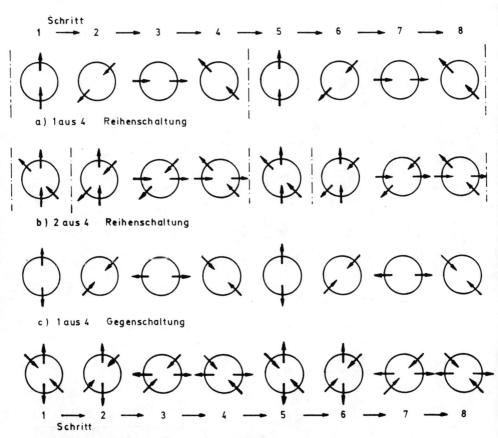

Bild 2.15: Feldverhältnisse bei viersträngigen VR-Motoren bei Unipolarbetrieb
a), b) Reihenschaltung
c), d) Gegenschaltung der Teilwicklungen der Stränge

2.2 Scheibenmagnet-Schrittmotoren

Diese gehören zur Gruppe der PM-Motoren und werden praktisch nur 2-strängig ausgeführt. Den grundsätzlichen Aufbau eines solchen Motors zeigt Bild 2.16.[6] Der Rotor besitzt Scheibenform und ist aus permanentmagnetischem Werkstoff, z. B. Samarium-Kobalt gefertigt, wobei die Scheibe in Umfangsrichtung mit wechselnder Polarität in axialer Richtung magnetisiert ist. Der Abstand aufein-

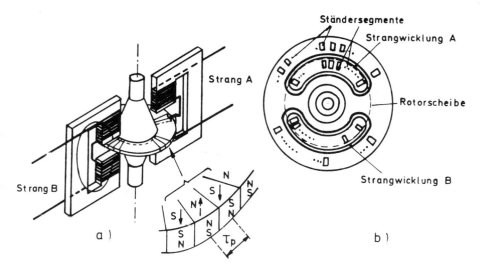

Bild 2.16: Grundsätzlicher Aufbau eines Scheibenmagnet-Schrittmotors (Fa. Portescape[6])

anderfolgender Abschnitte entspricht der Polteilung τ_p einer konventionellen Synchronmaschine. In Bild 2.16a) werden die beiden Stränge A und B durch jeweils ein C-förmiges Ständersegment mit zugehöriger geteilter Erregerwicklung dargestellt. Praktisch besitzt jeder Strang mehrere Ständersegmente, die gegeneinander um zwei Polteilungen des Rotors in Umfangsrichtung versetzt sind und von einer gemeinsamen Strangwicklung erregt werden. Wichtig ist, daß die Ständersegmente von Strang B Lagen gegenüber der Rotorscheibe einnehmen, die in Umfangsrichtung um $\tau_p/2$ gegenüber jenen von Strang A verschoben sind.

Durch Stromumkehr in einem Strang ändert sich auch die Polarität des Ständerfeldes in den zugehörigen Ständersegmenten und damit erfolgt eine Weiterschaltung des Rotors um einen Schritt (siehe Bild 2.17c). Aus Fertigungsgründen ist der Ständer in axialer Richtung geteilt, sodaß praktisch zwei Teilspulen (in jeder Ständerhälfte eine), die dann elektrisch in Serie oder parallel geschaltet werden können, den Strang gemeinsam erregen.

Bild 2.16b) zeigt einen Schnitt durch den Motor normal zur Motorwelle. Es sind die beiden Strangwicklungen, die die zugehörigen Ständersegmente erregen, dargestellt; die Rotorscheibe ist strichliert angedeutet.

In Bild 2.17 ist eine Schrittfolge für 1 aus 2-Vollschrittbetrieb dargestellt. Man erkennt einen Ausschnitt der Rotorscheibe mit abwechselnd magnetisierten Teil-

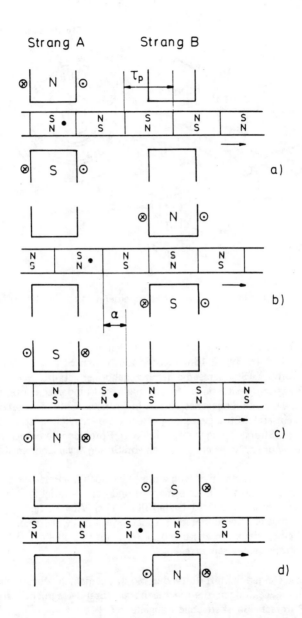

Bild 2.17: Schrittfolge für einen zweisträngigen Scheibenmagnet-Schrittmotor

bereichen (Polen), ferner zwei Ständersegmente, die die beiden Stränge A und B repräsentieren. In Bild 2.17a) ist Strang A bestromt, die Rotorscheibe wird die gezeichnete Stellung einnehmen. Der nächste Schritt erfolgt durch Bestromen von Strang B. Bei der angenommenen Stromrichtung wird der Rotor einen Schritt nach rechts ausführen (bei umgekehrter Polarität nach links). Um den nächsten Schritt in die gleiche Richtung einzuleiten, wird wieder Strang A bestromt, allerdings in umgekehrter Richtung wie in Bild 2.17a) (Bild 2.17c). Die weiteren Schritte ergeben sich analog. Für die Schrittfortschaltung ist eine Flußumkehr in den einzelnen Strängen nötig und dies erfordert, wie bei allen PM-Motoren entweder eine bipolare Anspeisung der Ständerwicklungen oder bei unipolarer Anspeisung bifilar ausgeführte Strangwicklungen.

Bild 2.18 zeigt den Grundwellenverlauf des Haltemomentes und den Verlauf des Selbsthaltemomentes. Einem elektrischen Winkel von 2π entsprechen $2 m_s$-Schritte, hier 4 Schritte, da $m_s = 2$. Die Anzahl der Schritte pro Umdrehung z ergibt sich somit zu

$$z = 2 m_s p \qquad (2.11)$$

und für den Schrittwinkel α folgt

$$\alpha = \frac{2\pi}{2 m_s p} = \frac{\pi}{m_s p} \qquad (2.12)$$

p ist die Polpaarzahl der Rotorscheibe.

2.3 Einsträngige PM-Schrittmotoren

Bei allen bisher behandelten Motortypen war die Strangzahl $m_s \geqslant 2$, da für eine Momentenbildung mit definierter Bewegungsrichtung bei PM-Motoren mindestens zwei, bei VR-Motoren mindestens drei Stränge notwendig sind. Auf diese Tatsache wurde bereits in Kapitel 1 hingewiesen und geht auch aus der Gleichung (1.15) für das Fortschaltmoment hervor ($k\Gamma_s = \pi$ bei $m_s = 1$).

In der Praxis finden einsträngige PM-Motoren mit kleinsten Drehmomenten und Leistungen als Antriebe in Uhren, Zeitgebern und Zählgeräten mit nur einer motorspezifischen Drehrichtung Verwendung. Der Einsatz von Permanentmagneten ergibt sich daraus, daß bei Anwendung des Reluktanzprinzips mindestens drei Stränge nötig wären, außerdem ist ein vernünftiger Wirkungsgrad bei Kleinstmotoren nur bei Verwendung von Dauermagneten möglich.

Im folgenden soll nun untersucht werden, unter welchen Bedingungen eine Drehmomentbildung bei Vorhandensein nur eines Stranges möglich ist. [1] – [3]

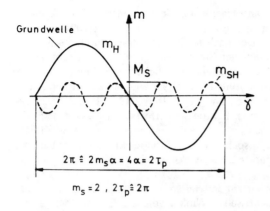

Bild 2.18: Drehmomentenverläufe beim Scheibenmagnet-Schrittmotor

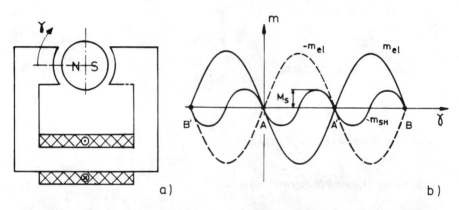

Bild 2.19: Einsträngiger PM-Motor ohne magnetische Unsymmetrie im Ständer

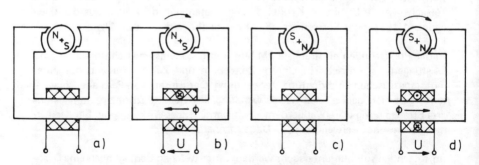

Bild 2.20: Einsträngiger PM-Motor mit asymmetrischen Ständerpolen

In Bild 2.19a) ist ein einsträngiger Motor mit zweipoligem PM-Rotor und symmetrisch ausgeführten Ständerpolen dargestellt, in Bild 2.19b) die Grundwellen der Momentenverläufe zufolge der Erregung der Ständerspule m_{el} (elektromagnetisch erzeugtes Moment) und zufolge des Selbsthaltemomentes m_{SH}. Die Summe aus beiden ergibt den Haltemomentenverlauf. Die stabilen Gleichgewichtslagen befinden sich in den Punkten A und B. Wird nun die Stromrichtung durch die Erregerwicklung umgekehrt, so ergibt sich der Verlauf des elektromagnetischen Momentes $-m_{el}$ (strichliert eingezeichnet), die stabilen Lagen verschieben sich nach A' und B'. Es wirkt auf den unbelasteten Rotor ($M_L = 0$, Stellung in stabiler Lage A) kein Fortschaltmoment. Befindet sich der Motor in einer von der stabilen Lage A abweichenden Position, z. B. durch ein Lastmoment M_L oder durch Reibung bedingte Winkelfehler, so erfolgt ein Schritt um 180°, wobei die Drehrichtung nicht definiert, sondern vom Lastzustand bzw. von der zufälligen Winkellage abhängig ist. Eine derartige Ausführung eines einsträngigen Motors ist unbrauchbar.

Um eine definierte Bewegungsrichtung zu erzeugen und ein Fortschaltmoment unabhängig von der Rotorlage zu erhalten, ist es notwendig, die stabilen Punkte des elektromagnetisch erzeugten Drehmomentes und die des Selbsthaltemomentes gegeneinander zu verschieben, was in der Praxis am einfachsten durch asymmetrische Formgebung der Ständerpole erzielt wird (Bild 2.20).

In Bild 2.20 ist der Bewegungsvorgang eines derart ausgebildeten Motors verdeutlicht. Im unbestromten Zustand befindet sich der Rotor in Lage a). Durch Bestromung der Erregerwicklung in der gezeichneten Richtung (Bild b), bewirkt der entstehende magnetische Fluß ein Drehmoment in der angegebenen Richtung und der Rotor nimmt nach Abschalten des Stromes die neue Lage (Bild c) ein, er hat einen Schritt um 180° ausgeführt. Der nächste Schritt erfolgt durch Bestromung der Wicklung in umgekehrter Richtung zu Bild b) (Bild d), der Rotor führt den nächsten Schritt aus und stellt sich in die Lage von Bild a) usw. Wäre im zweiten Schrittintervall die Stromrichtung gleich geblieben wie in Bild b), so hätte der magnetische Fluß ein Drehmoment bedingt, das den Rotor etwas zurückgedreht hätte, bei Abschalten des Stromes wäre der Rotor aber wieder in die Ausgangslage vor Schrittbeginn zurückgekehrt. Der Motor hätte dadurch wohl einen Schritt verloren, an der Drehrichtung ändert sich aber nichts. Um Schrittverluste der vorhin erwähnten Art zu vermeiden, muß die Rotorlage mittels geeignetem Sensor (z. B. Hallsonde) erfaßt werden. Die Schrittfortschaltung erfolgt durch bipolare Bestromung der Strangwicklung.

In Bild 2.21 ist die Schrittfortschaltung für einen einsträngigen PM-Motor mit unsymmetrischen Ständerpolen und damit einem Selbsthaltemomentverlauf m_{SH}, dessen stabile Punkte gegenüber jenen der Grundwelle des elektromagnetischen Momentes m_{el} verschoben sind, dargestellt. Im unerregten Zustand nimmt der Rotor je nach Belastung ($M_L \gtreqless 0$) die Punkte 1 oder 1* ein. Bei

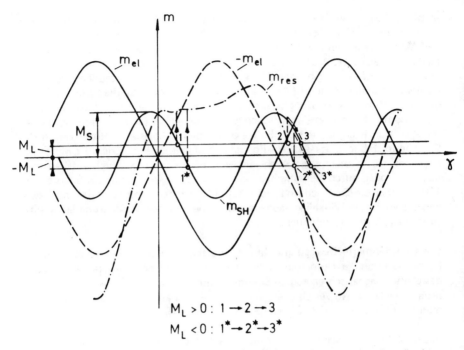

Bild 2.21: Drehmomentenverläufe bei Schrittfortschaltung beim einsträngigen PM-Motor mit asymmetrischen Ständerpolen

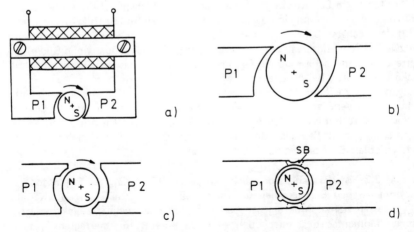

Bild 2.22: Gebräuchliche Bauformen von einsträngigen PM-Motoren

Erregung der Spule ergibt sich der um 180° verschobene elektromagnetische Drehmomentenverlauf $-m_{el}$ und damit der strichpunktierte resultierende Drehmomentenverlauf. Der Rotor nimmt die neue Lage 2 oder 2* ein und nach Abschalten des Wicklungsstromes die stabilen Punkte 3 bzw. 3*. Ein Schritt mit definierter Fortschaltrichtung wurde ausgeführt. Aus dem Bild ist auch ersichtlich, daß das Lastmoment M_L stets kleiner als das Selbsthaltemoment M_s sein muß, somit eignen sich einsträngige PM-Motoren nur für Kleinantriebe. Durch Ausführung des Rotors mit $p > 1$ Polpaaren können kleinere Schrittwinkel als 180° erzeugt werden.

Bild 2.22a) zeigt eine gebräuchliche Bauform von einsträngigen Motoren für Uhrenantriebe (Lavete-Motor) und entsprechend geometrisch geformte Ständerpole (Bild b, c) zur Erzeugung des Selbsthaltemomentes. Bild 2.22d) zeigt eine Variante, wo durch Ausführung von Sättigungsbereichen (SB) die Wirkung der geometrischen Unsymmetrie verstärkt wird. Außerdem ist diese Variante einfacher in der Montage, da die Lage der Ständerpole zueinander fixiert ist.

2.4 Linearschrittantriebe

Vorzugsweise werden geradlinige Schrittbewegungen durch Umsetzen rotierender Bewegung mittels Zahnriemen, Spindeln etc. erzeugt, allerdings wirkt sich hier das Getriebspiel nachteilig aus. Es gibt eine Reihe von Anwendungsfällen, wo jedoch der direkte lineare Antrieb Vorteile bringt und für solche Fälle existieren eigens entwickelte Linearmotorantriebe. Im folgenden soll kurz auf zwei Grundtypen näher eingegangen werden.

2.4.1 Elektromagnetische Linearschrittantriebe

Grundsätzlich sind alle Funktionsprinzipe, wie sie für rotierende Schrittmotoren Anwendung finden, auch für Linearmotoren geeignet. Besonders bewährt haben sich Hybridmotoren.[7], [8]

Bild 2.23 zeigt das Grundprinzip eines derartigen zweisträngigen Motors. Der Motor besteht aus einer beweglichen Baugruppe (Läufer) und einem feststehenden Teil (Ständer), an dessen Oberfläche entlang der gesamten Bewegungsstrecke in Bewegungsrichtung Zähne und Nuten angeordnet sind, die sich über die aktive Breite des Motors erstrecken. Für die Ausbildung der Zähne und Nuten gelten ähnliche Überlegungen wie für Reluktanzmotoren, übliche Zahnbreiten liegen zwischen 0,3 und 1,5 mm. Die bewegliche Baugruppe besteht aus zwei Elektromagnetkernen, die über einen Dauermagneten (z. B. $SmCo_5$ oder NdFeB) miteinander verbunden sind. Die beiden U-förmigen Kerne der Elektromagnete tragen die Strangwicklungen und besitzen im Polschuhbereich eine Zahn- und Nutstruk-

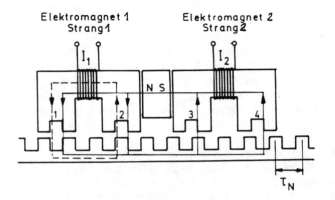

Bild 2.23:
Grundanordnung eines zweisträngigen Hybrid-Linearmotors

tur, die gleich ausgebildet ist wie die des Ständers. Die Zähne an den beiden Polen eines Kernes sind gegeneinander um eine halbe Nutteilung ($\tau_N/2$) verschoben und die beiden Kerne gegeneinander um $\tau_N/4$. Die Beweglichkeit des Läufers wird durch Wälzlager oder mittels Luftkissen erzielt.

Der Motor entwickelt eine Kraft zufolge der Änderung der magnetischen Feldenergie im Luftspalt während eines Schrittes und für diese ist wieder die Änderung des magnetischen Leitwertes maßgebend. Die Kraftberechnung kann somit grundsätzlich mit den in Kapitel 1 gezeigten Methoden durchgeführt werden.

Im Bild 2.24 ist die Schrittfolge eines Motors dargestellt, wobei die Strangwicklungen der beiden Kerne abwechselnd mit positiven und negativen Stromimpulsen (Bipolarbetrieb) beaufschlagt werden (1 aus 2 Vollschrittbetrieb). Der Läufer begibt sich in jene Position, wo sich das Feld des Permanentmagneten zu dem des jeweils erregten Kernes addiert und damit das Feld in dem Polbereich den Maximalwert annimmt. Selbstverständlich ist auch hier Halbschritt- und Mikroschrittbetrieb möglich. Der Motor besitzt durch die Anwesenheit des Dauermagneten und die Zahnstruktur eine „Selbsthaltekraft", die den Motor auch bei Abschaltung der Erregung in der zuletzt eingenommenen stabilen Stellung hält.

2.4.2 Piezoelektrische Schrittmotoren

Piezoelektrizität ist die Fähigkeit bestimmter kristalliner Materialien, bei Aufbringen von Druck- oder Zugkräften und damit verbundenen Längenänderungen in definierten Richtungen, elektrische Ladungen zu erzeugen. Der umgekehrte Effekt, nämlich durch Anlegen von elektrischen Spannungen Längenänderungen hervorzurufen, wird in modernen piezoelektrischen Schrittantrieben verwendet.[9],[10]

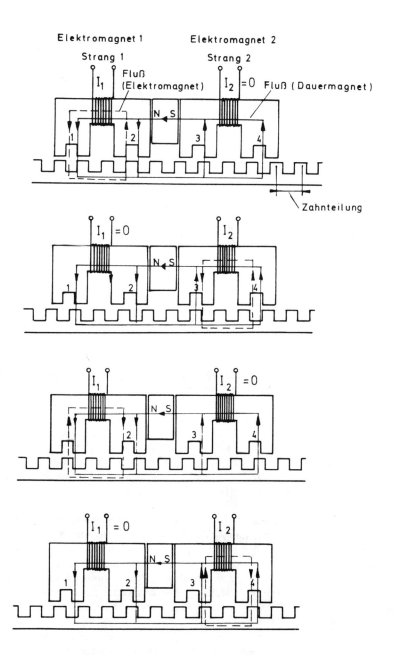

Bild 2.24: Schrittfolgen eines zweisträngigen Hybrid-Linearmotors

Bis vor wenigen Jahren beschränkten sich die piezoelektrischen Materialien auf in der Natur vorkommende Kristalle, wie z. B. Quarz oder Turmalin. Der Nachteil dieser Einkristalle ist, daß sie in Richtung bestimmter Achsen geschnitten werden müssen. Mit dem Aufkommen polykristalliner piezoelektrischer Keramiken wurde der Einsatzbereich des piezoelektrischen Effektes wesentlich erweitert. Erwähnt seien hier Anwendungen in Geräten wie Zündeinrichtungen, Tastaturen, Tonabnehmern, Mikrofonen, Sensoren, Schallgebern etc. und schließlich auch in Positionierantrieben.

Der Grund für den vielfachen Einsatz von Piezokeramiken, die meist auf Bariumtitanat bzw. Blei-Zirkonat-Titanat basieren, liegt in folgenden Vorteilen

- die physikalischen Eigenschaften können durch die chemische Zusammensetzung der Materialien beeinflußt werden
- Piezokeramiken können in verschiedensten Formen und Größen hergestellt werden
- Piezokeramiken haben ähnliche Eigenschaften wie keramische Isolierstoffe. Sie sind hart, chemisch inaktiv und unempfindlich gegen Feuchtigkeit und besitzen eine hohe mechanische Festigkeit.

Für den praktischen Einsatz sind folgende Punkte zu berücksichtigen:

- Piezomaterialien besitzen analog zu ferromagnetischen Materialien ein Hystereseverhalten, das das Verhältnis von Materialausdehnung zu angelegter elektrischer Feldstärke beeinflußt. So ist bei schmaler Hysterese auch die Längenänderung geringer.
- Das Anlegen einer Spannung parallel zur Polarisationsrichtung bewirkt eine Ausdehnung des Materials in dieser Richtung, eine Spannungsumpolung, eine Verkürzung, wobei hier die Gefahr der Depolarisation des Elementes besteht. Diese ist auch bei hohen mechanischen Beanspruchungen gegeben.
- Wichtig für den Einsatz solcher Materialien ist die Curie-Temperatur, oberhalb der das Material die piezoelektrischen Eigenschaften verliert.

Für den Einsatz in Positionierantrieben ist es oft wünschenswert, möglichst große Verstellwege zu erhalten, die Längenänderungen der Piezokeramiken bei Anlegen einer Spannung sind jedoch meist sehr gering. Beispielsweise ist eine Spannung von mehreren Kilovolt notwendig, um einige Mikrometer zu erzielen. Dies führt jedoch beim praktischen Einsatz zu Problemen der Spannungsfestigkeit derartiger Antriebe und zu erhöhten Gefahren. Man verwendet daher nicht ein einzelnes piezoelektrisches Element, sondern fügt mehrere dünnere Elemente meist in Scheiben- oder Plattenform aneinander (Sandwichbauweise), die dann elektrisch parallel, mit entsprechend niedrigerer Spannung und mechanisch in Serie geschaltet sind (Bild 2.25a). Auf diese Weise ist es möglich, mit Spannungen von einigen 100 Volt die gewünschten größeren Längenänderungen zu erzielen.

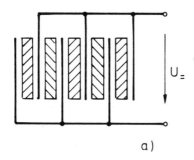

a)

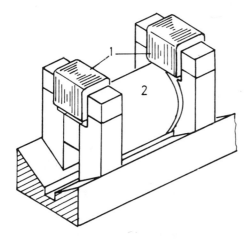

b)   1 Erregerwicklungen
       2 piezoelektrisches Keramikrohr

Bild 2.25: Piezoelektrische Schrittmotoren
           a) Anordnung der piezoelektrischen Elemente zur Vergrößerung der Längenänderung
           b) Microstep-Linearmotor

Bild 2.25b) zeigt einen sogenannten Microstep-Linearmotor, basierend auf der Längenänderung eines piezoelektrischen Keramikrohres bei Anlegen einer elektrischen Spannung.[10] Die Bewegung erfolgt schrittweise entlang einer präzis hergestellten V-förmigen Schiene. Hiebei wird ein Magnetpol erregt, der dadurch gegen die ferromagnetische Schiene gepreßt wird, das andere unerregte Ende wird durch die Längenänderung des piezoelektrischen Rohres verschoben. Dann wird der verschobene Magnetschenkel erregt, der andere abgeschaltet und bei Längenänderung des Rohres erfolgt eine Verschiebung des ursprünglich erregten Schenkels usw. Die variablen Schrittlängen, erzielt durch Änderung der angelegten Spannungsamplitude, betragen 0,1 bis 4 μm.

3 Permanentmagnetisch erregte Schrittmotoren

Friedrich Traeger

3.1 Einleitung

Schrittmotoren werden in sehr großem Umfang als Antriebe für feinmechanische Geräte in der Massenproduktion eingesetzt. Der Grund ist vor allem das günstige Kosten-/Leistungsverhältnis des Systems Elektronik-Schrittmotor, durch das eine direkte Umsetzung digitaler Steuerbefehle möglich ist.

Die am häufigsten eingesetzte Bauform des Schrittmotors ist die mit Permanentmagnetläufer.

Aus dieser Gruppe werden die Motoren mit Wechselpolläufer ausführlich beschrieben.

Die Ausführungen zur Funktionsweise der Schrittmotoren sind grundsätzlich auch auf Schrittmotoren anderer Konstruktionen übertragbar.

Aus der Zahl von Anwendungen werden einige herausgestellt, bei denen Schrittmotoren in großen Stückzahlen für Seriengeräte eingesetzt werden.

3.2 Aufbau der Schrittmotoren mit Wechselpolläufer

Die Bilder 3.1 und 3.2 zeigen den prinzipiellen Aufbau. Der Läufer ist mehrpolig am Umfang magnetisiert und in einem Ständer mit z. B. Zwei- oder Dreiphasenwicklung angeordnet. Bild 3.1 zeigt einen Zweiphasenschrittmotor mit den Phasen A und B, bei dem die beiden Magnetkreise getrennt sind und in axialer Richtung versetzt auf jeweils der halben Läuferlänge einwirken. Der Motor nach Bild 3.2 hat eine Polwicklung für jeden Einzelpol des Ständers, wobei jeder Pol des Ständers auf der gesamten Läuferlänge wirkt.

3.3 Klauenpolschrittmotor

Der Klauenpolschrittmotor (andere Bezeichnung: Dosenmotor, tincan-Motor) ist die Bauform mit den größten Fertigungsstückzahlen. Diese dominierende Stellung konnte in den letzten Jahren durch wesentliche Verbesserungen (Magnetmaterial, höhere mechanische Präzision) noch gefestigt werden[4, 5].

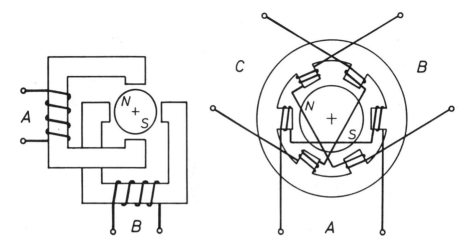

Bild 3.1   Bild 3.2

Das im Bild 3.1 dargestellte Bauprinzip eines Schrittmotors mit getrennten Magnetkreisen ermöglicht eine besonders kostengünstige Konstruktion. Bild 3.3 zeigt diesen Motor nach dem sogenannten Klauenpolprinzip (die Polzähne greifen klauenförmig ineinander). Der Magnetkreis jeder Phase besteht aus einem Rückschlußring und zwei gleichen Polblechen, die in Ausnehmungen des Rückschlußringes fixiert sind. Zwischen den Polblechen ist die als einfache Ringwicklung ausgeführte Spule angeordnet.

Die beiden gleichen Baugruppen jeder Phase sind durch Buckelschweißen miteinander verbunden. Dabei ist die erforderliche Verdrehung zueinander um 90° el. berücksichtigt.

Der Läufer besteht aus einem Bariumferrit-Magnetring mit mehrpoliger Magnetisierung am Umfang. Er erstreckt sich in axialer Richtung über die Polgruppen beider Phasen.

Der im Bild 3.3 dargestellte Motor hat eine Polpaarzahl p = 8, d. h. einen Läufer mit 8 Nord- und 8 Südpolen. Der Ständer jeder Phase hat ebenfalls 8 Polpaare mit 8 Einzelpolen in jedem Ständerteil. Der Motor hat einen Schrittwinkel von $\alpha = 11{,}25°$.

Schrittwinkel $\alpha = \dfrac{360}{2p \cdot m}$ p = Polpaarzahl

m = Phasenzahl

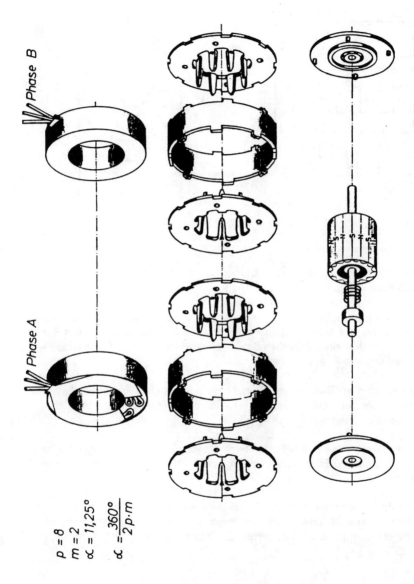

$p = 8$
$m = 2$
$\alpha = 11{,}25°$
$\alpha = \dfrac{360°}{2 p \cdot m}$

Bild 3.3: Schrittmotor SO 25/32 (2 Phasen, 8 Polpaare)

3.3.1 Konstruktive Details

Am Beispiel eines Klauenpolschrittmotors, der in großen Stückzahlen gefertigt wird, sollen einige konstruktive Details erläutert werden (Bild 3.4).

Läufer: Ein geringes Läuferträgheitsmoment wird durch die Verwendung dünnwandiger Magnete erreicht. Die sichere Verbindung mit der Motorwelle erfolgt über eine Stahlbuchse, eine Kunststoff-Läufernabe und eine Klebeverbindung Läufernabe—Magnet.

Bei einer anderen Konstruktionslösung wird die Kunststoff-Läufernabe nach Einlegen des Magneten und der Welle in die Form durch

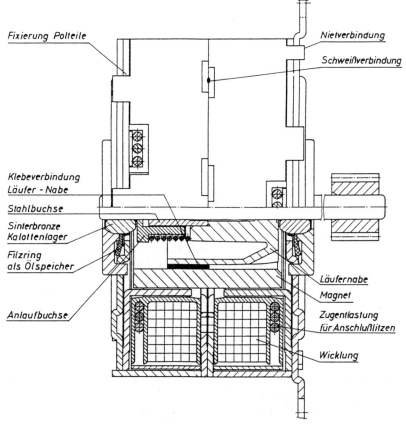

Bild 3.4: Schnitt durch einen Klauenpolschrittmotor

Spritzgießen erzeugt. Die verdrehsichere Verbindung Welle—Läufernabe wird durch einen Anschliff im Bereich der Einspritzung erreicht.

Zur Vermeidung axialer Schwingungen ist auf der Welle eine Dämpfungsfeder mit Anlaufbuchse angeordnet. Die Anlaufbuchse gleitet verdrehsicher auf der Vierkant-Stahlbuchse, damit Unsymmetrien durch den Wickelsinn der Feder bei Rechts- und Linkslauf des Motors vermieden werden.

Lager: Sinterbronze-Kalottenlager. Durch einen ölgetränkten Filzring wird das Öldepot vergrößert.
Die Lebensdauer kann bei Einsatz von Kugellagern erhöht werden.

Magnetkreis: Zur Erreichung einer guten Positioniergenauigkeit werden Stanzteile mit hoher Genauigkeit eingesetzt. Die exakte Winkellage aller Teile zueinander ist durch Ausnehmungen in den Ständerringen, in die die Polteile eingreifen, gewährleistet. Die Verbindung der Ständerringe erfolgt durch Buckelschweißen, die der Lagerplatten mit den Ständerringen durch Kerbnieten.

3.3.2 Magnetqualität

Die bisher hauptsächlich verwendeten Barium-/Strontiumferrit-Magnete werden in drei Varianten, ohne Vorzugsrichtung (isotrop), radial vorzugsgerichtet oder polorientiert vorzugsgerichtet (beide anisotrop) eingesetzt. Bild 3.5 zeigt die für Klauenpolmotoren typischen Ringmagnete mit hoher Polpaarzahl. Dargestellt ist die Magnetisierungsrichtung und die Art der Polorientierung bei den anisotropen Magneten. (Bild 3.5)

Für den hier beschriebenen Einsatzfall, mit hoher Polzahl am Umfang der Magnetringe, sind die magnetischen Werkstoffangaben (Entmagnetisierungskennlinien) nicht ausreichend zur Beurteilung der erreichbaren Induktion im Motorluftspalt. In Bild 3.6 ist deshalb für die genannten drei Magnetqualitäten die maximale Induktion am Läuferumfang dargestellt. Man erkennt, daß bei einer bestimmten Polzahl (z. B. 24) erheblich geringere Induktionswerte bei kleinerem Läuferdurchmesser (geringerer Polabstand) erreichbar sind. Diese Kennlinien werden anstelle der normalen Entmagnetisierungskennlinien von einigen Magnetherstellern veröffentlicht.

Eine weitere Erhöhung der Drehmomentwerte bei Schrittmotoren kann durch den Einsatz von Magneten auf Selten-Erden-Kobalt-Basis erreicht werden[4]. Diese Entwicklung ist aber zur Zeit noch am Anfang, da Probleme wie Temperaturverhalten, Oxydation, Magnetisierung und nicht zuletzt Kosten gelöst werden müssen.

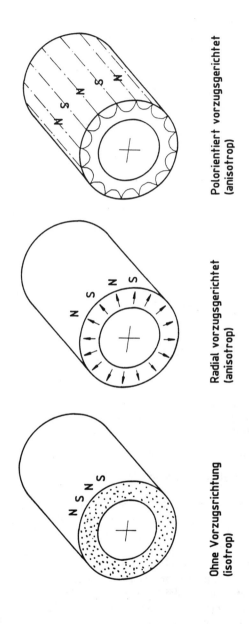

Bild 3.5: Barium-/Strontiumferrit-Magnetringe

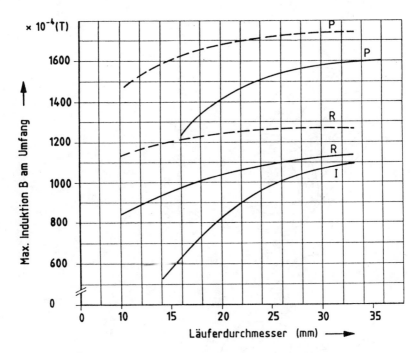

I : isotrop
P : anisotrop polorientiert vorzugsgerichtet
R : anisotrop radial vorzugsgerichtet
– – – 12-polig
——— 24-polig

Bild 3.6: Bariumferrit-Ringmagnete
Maximale Induktion am Umfang in Abhängigkeit von Magnetdurchmesser und Polzahl

3.3.3 Drehmoment und Schrittwinkelbereich

Bild 3.7 zeigt eine Übersicht der am Markt angebotenen Klauenpol-Schrittmotoren. Motoren dieser Bauform werden fast ausschließlich als Zweiphasenmotoren gefertigt.

Die untere Grenze für den Schrittwinkel liegt zur Zeit bei ca. 7,5°, da bei kleineren Werten Schwierigkeiten beim Stanzen der Polzähne auftreten. Sondermotoren werden aber bereits mit Schrittwinkeln von 3,6° gefertigt. Es ist zu erwarten, daß durch optimierte Fertigungsverfahren in Zukunft auch Klauenpolmotoren mit Schrittwinkeln von 1,8° realisiert werden. Hierbei wird es sich um Motoren mit größerem Läuferdurchmesser, d. h. der Baugröße mit 65 – 68 mm Außendurchmesser handeln.

Baugröße		Maximales Drehmoment	Schrittwinkel
Durchmesser [mm]	Länge [mm]	M_m [Ncm]	
25	20	0,3	$\boxed{7,5°}$
35	22	1,6	9°
42 – 50	25	4	11,25°
			$\boxed{15°}$
55 – 57	25 30	8	18°
65 – 68	37	18	☐ bevorzugte Werte

Zweiphasenmotoren

Bild 3.7: Übersicht Klauenpol-Schrittmotoren (Typische Daten)

3.4 Schrittmotor mit Polwicklung

Ein Motor dieser Bauform ist in Bild 3.8 dargestellt.

Bild 3.8:
Schrittmotor
1 BS 1845
(3 Phasen, 2 Polpaare)

Der Magnetkreis wird gebildet vom Gehäusemantel und den 12 zum Läufer gerichteten Ständerpolen. In die Nuten zwischen den Polen sind die einzelnen Wicklungen der 3-Phasenwicklung eingelegt und vergossen. Die Wicklungsstränge sind um 120° el. versetzt angeordnet (s. Bild 3.2). Der Läufer ist 4-polig am Umfang magnetisiert (p = 2) und wirkt in seiner ganzen Länge auf die 12 Einzelpole des Ständers. Der Schrittwinkel beträgt 30°.

Bei Schrittmotoren mit Polwicklung ist die Übersicht der am Markt angebotenen Ausführungen schwieriger. Diese Motoren sind im Aufbau aufwendiger und werden in kleineren Stückzahlen für Spezialanwendungen gefertigt. Die Bandbreite der Möglichkeiten ist im Bild 3.9 dargestellt.

Abmessungen :	Durchmesser 19 mm bis 60 mm
	Baulängen 20 mm bis 120 mm
Maximales Drehmoment M_m :	0,3 bis 15 Ncm
Schrittwinkel	: 30°, 45°, 90°
Phasenzahl	: 2 , 3

Bild 3.9: Schrittmotoren mit Polwicklung (Magnetläufer)
Bandbreite der Ausführungen am Markt

3.5 Funktionsweise

Wie im Bild 3.10 dargestellt, besteht ein Antriebssystem mit Schrittmotor aus der Stromversorgung, der Steuerschaltung und dem Schrittmotor. Mit Hilfe der elektronischen Steuerschaltung werden die einzelnen Motorwicklungen mit einer festgelegten Impulsfolge angesteuert. Eingangssignale für die Steuerschaltung sind die Schrittfrequenz und das Drehrichtungssignal.

3.5.1 Vollschritt-Halbschritt-Minischrittbetrieb

Die Funktionsweise eines Zweiphasen-Schrittmotors im Vollschrittbetrieb ist in Bild 3.11 dargestellt. Die beiden Phasen sind mit A und B gekennzeichnet. Der Läufer ist zweipolig magnetisiert.

Jeder Ständer hat eine Wicklung mit Mittelanzapfung (Unipolarwicklung), die durch einen Umschalter gesteuert wird.

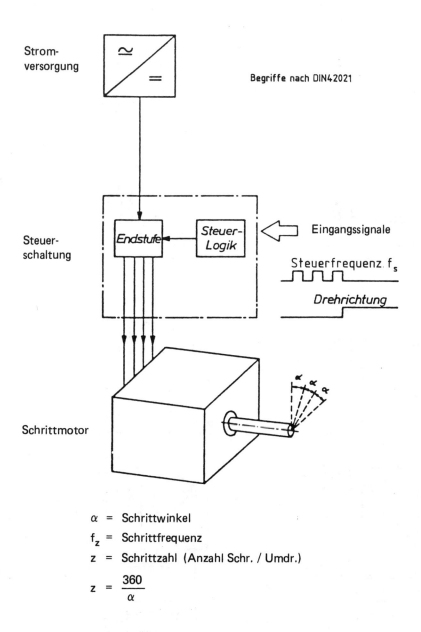

α = Schrittwinkel
f_z = Schrittfrequenz
z = Schrittzahl (Anzahl Schr. / Umdr.)

$$z = \frac{360}{\alpha}$$

Bild 3.10: Schrittmotorsystem

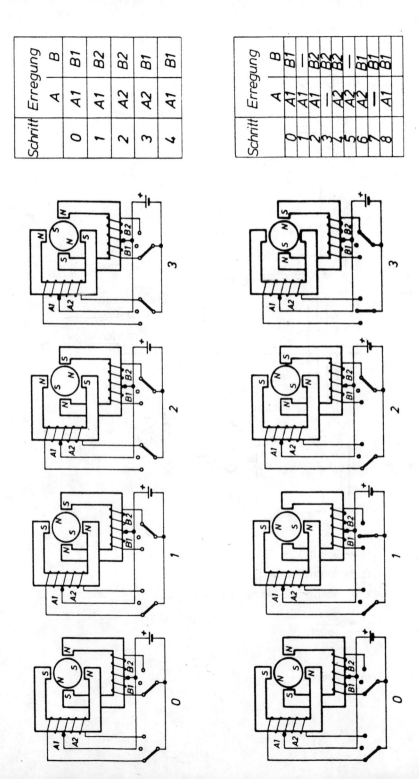

Bild 3.11: Funktion Vollschritt-, Halbschrittbetrieb

Im ersten Bild sind die Stränge A1 und B1 erregt. Im Ständer bilden sich dadurch zwei Nord- und zwei Südpole, und der Läufer stellt sich in die dargestellte Rastlage ein. Dieser Schaltzustand ist in der Tabelle mit 0 gekennzeichnet.

Durch Umschalten von B1 auf B2 (Tabelle Schritt 1) wird die Flußrichtung der Phase B umgekehrt, und der Läufer führt den ersten Schritt mit dem Schrittwinkel $\alpha = 90°$ aus.

Die weiteren Schritte werden entsprechend der Bestromungstabelle (Vollschrittbetrieb) gesteuert.

Linksdrehung wird erreicht, wenn die Bestromungstabelle in umgekehrter Richtung (von Schritt 4 nach 0) ausgeführt wird.

Die zweite Tabelle in Bild 3.11 zeigt das Bestromungsschema für Halbschrittbetrieb. Bei dieser Betriebsart wird zwischen den Vollschritten jeweils eine Phase abgeschaltet, und der Läufer stellt sich direkt auf die Pole der bestromten Phase ein. Der Läufer führt Halbschritte (im Beispiel 45°-Schritte) aus.

Eine andere Darstellung der Impulstabellen zeigt Bild 3.12. Die Bestromung der beiden Phasen A und B des Schrittmotors ist als Kennlinie dargestellt. Neben dem Vollschritt- und Halbschrittbetrieb ist als weitere Möglichkeit die Mini- oder Mikroschrittsteuerung angegeben. Hierbei werden durch stufenweise Verringerung der Erregung in einer Phase bei gleichzeitiger Erhöhung der Erregung in der zweiten Phase Zwischenschritte erzeugt, die den Vollschritt des Motors in Einzelschritte unterteilen. Problematisch hierbei ist die exakte Steuerung der Phasenströme, durch die natürlich die Positioniergenauigkeit stark beeinflußt wird.

3.5.2 Steuerschaltungen des Schrittmotors

Die einzelnen Stränge des Schrittmotors werden durch die Endtransistoren der Steuerschaltung gesteuert. Man unterscheidet die unipolare und die bipolare Steuerung (Bild 3.13).

Beim Unipolarbetrieb hat jede Phase zwei getrennte Wicklungen (Bilder 3.11 und 3.13), von denen jeweils nur eine eingeschaltet ist. Wird von der einen auf die andere Wicklung umgeschaltet, so ergibt sich dadurch eine Umkehr des Magnetfeldes in der jeweiligen Phase. Der gleiche Effekt kann bei der Bipolarwicklung nur durch Umpolung der Anschlüsse erreicht werden. Die Bipolarwicklung ist als Einfachwicklung pro Phase ausgeführt und benötigt für die erforderliche Umpolung, im Vergleich zur Unipolarschaltung, den doppelten Schaltungsaufwand (4 Endtransistoren/Phase). Der Strom fließt abwechselnd in beiden Richtungen durch die Spule, d. h. der gesamte Wickelraum ist ständig bestromt. Die Kupfer-

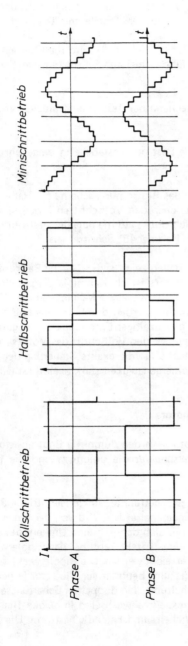

Bild 3.12: Bestromungskennlinien

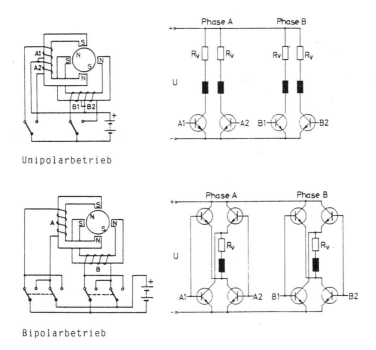

Unipolarbetrieb

Bipolarbetrieb

Bild 3.13: Betriebsarten Unipolar/Bipolar

verluste sind bei dieser Schaltung geringer. Bei gleicher Leistungsaufnahme und Motorerwärmung ergibt sich eine um den Faktor $\sqrt{2}$ höhere Motorerregung und dadurch eine Drehmomenterhöhung um ca. 30 %.

Die Steuerung eines Dreiphasen-Schrittmotors ist in Bild 3.14 dargestellt. Durch die Dreieckschaltung kann der Motor mit Bipolarwicklung und 6 Endtransistoren gesteuert werden. Jeweils zwei Spulen (im Bild A und B) sind erregt. Die dritte Spule wird über die Ansteuerung kurzgeschlossen und verbessert dadurch das Dämpfungsverhalten des Antriebes. Die Bestromungskennlinie in Bild 3.14 zeigt das System der Umschaltung. Die Schaltstellung „Phasen A und B ein" ist in der Kennlinie gekennzeichnet.

3.5.3 Haltemoment

Eine der wichtigsten Kennlinien des Schrittmotors ist die Haltemomentkennlinie. Diese statische Kennlinie entsteht, wenn der Rotor eines mit Gleichstrom erregten Schrittmotors gedreht und das dafür erforderliche Drehmoment ge-

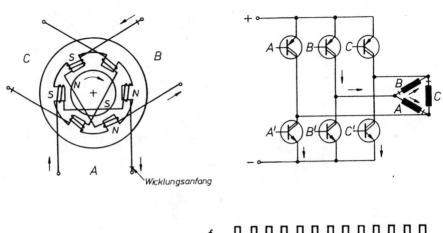

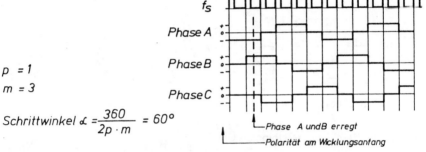

$p = 1$
$m = 3$

Schrittwinkel $\alpha = \dfrac{360}{2p \cdot m} = 60°$

Bild 3.14: Steuerung Dreiphasen-Schrittmotor

messen wird. Bild 3.15 zeigt die Haltemomentkennlinie eines Schrittmotors mit den stabilen und labilen Haltepunkten. Man kann das statische Verhalten des Schrittmotors mit dem eines Pendels vergleichen. Die entsprechenden Pendelstellungen sind im Bild dargestellt. Bei Erregung der Einzelständer A oder B ergeben sich die gestrichelt gezeichneten Kennlinien, die bei Halbschrittbetrieb wirksam werden.

$$M_H = \sqrt{2} \cdot M_{H1} \text{ (bei Zweiphasenmotoren)}$$

Mit Hilfe der statischen Haltemomentkennlinie kann auch die Entstehung des Drehmomentes und damit die Ausführung eines Schrittes beim Umpolen einer Phase erläutert werden. Bild 3.16 zeigt hierzu die Kennlinien aus Bild 3.15, ergänzt durch die Kennlinie A'. Diese Kennlinie entsteht durch Umpolen der Phase A und addiert sich mit der Kennlinie B zum neuen Haltemoment M_H'. Der stabile Haltepunkt der M_H'-Kurve ist um den Schrittwinkel α zur M_H-Kurve verschoben. Der Läufer wird deshalb in diesen neuen stabilen Haltepunkt einschwingen.

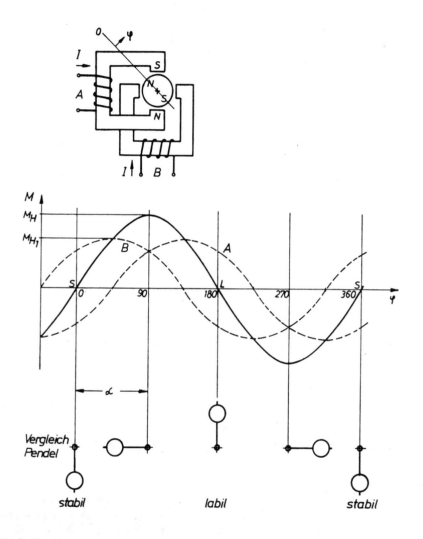

Bild 3.15: Haltemoment eines Zweiphasen-Schrittmotors

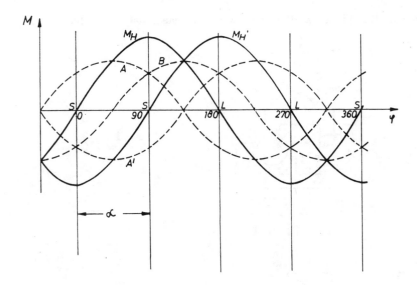

Bild 3.16: Entstehung des Drehfeldes

3.5.4 Positioniergenauigkeit

Nach DIN 42021, Teil 2 sind folgende Werte für die Positioniergenauigkeit eines Schrittmotors definiert:

Systematische Winkeltoleranz je Schritt: $\Delta\alpha_s$
Größte Abweichung vom Nennschrittwinkel zwischen zwei benachbarten Positionen.

Größte systematische Winkelabweichung: $\Delta\alpha_m$
Größte Abweichung einer magnetischen Raststellung zu einer beliebigen anderen bei einer Umdrehung.

Das Verfahren der Berechnung der Werte $\Delta\alpha_s$ und $\Delta\alpha_m$ soll anhand der Darstellung in Bild 3.17 erläutert werden. Dargestellt sind auf der Kreisteilung die exakten Sollpositionen eines Schrittmotors mit Schrittwinkel α = 45°. Die dicken Pfeile markieren die wirklichen Positionen eines Schrittmotors. In der Tabelle ist die jeweilige Abweichung von der Sollposition eingetragen. Dabei ergibt sich als höchste Differenz zwischen zwei benachbarten Positionen $\Delta\alpha_s$ = 30 % (Pos. 3 und 4) und zwischen beliebigen Positionen $\Delta\alpha_m$ = 40 % (Pos. 4 und 8).

Position	Abweichung %	Differenz %
1	0	10
2	−10	20
3	+10	30
4	−20	10
5	−10	20
6	+10	10
7	0	20
8	+20	20
1'	0	

$\Delta\alpha_s = 30\ \%$

$\Delta\alpha_m = 40\ \%$

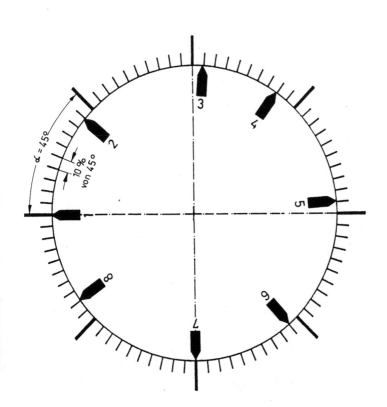

Bild 3.17: Berechnung Schrittwinkelabweichung

Die hier zur Erläuterung des Berechnungsverfahrens angegebenen Werte ($\Delta\alpha_s$ = 30 %, $\Delta\alpha_m$ = 40 %) werden von praktisch ausgeführten Klauenpolschrittmotoren weit unterschritten. Übliche Schrittwinkelabweichungen sind für den Wert $\Delta\alpha_s$: 5 % und $\Delta\alpha_m$: 7 %. Meßprotokoll eines Schrittmotors: Bild 3.18.

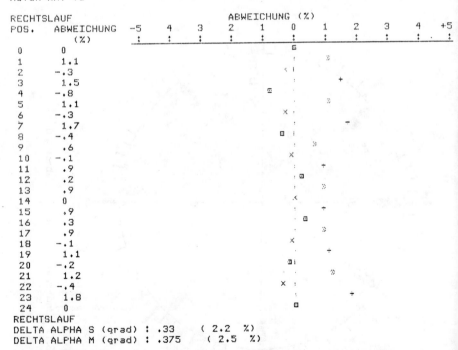

Bild 3.18: Meßprotokoll Schrittwinkelabweichung Serienmotor Typ SO 21/24

Einen Ausschnitt aus der Haltemomentkennlinie eines Schrittmotors im Bereich des stabilen Haltepunktes zeigt Bild 3.19. Das Reibmoment M_R der Motorlager verursacht bei der Positionierung einen Fehler, der bei Rechts- und Linkslauf den Wert $\Delta \alpha$ erreicht.

Ein äußeres Lastmoment von der Größe M_L hat eine Winkelabweichung von β zur Folge. Durch den statischen Lastwinkel β, bei einem festgelegten äußeren Lastmoment M_L, wird die Steilheit der Haltemomentkurve im magnetischen Rastpunkt definiert.

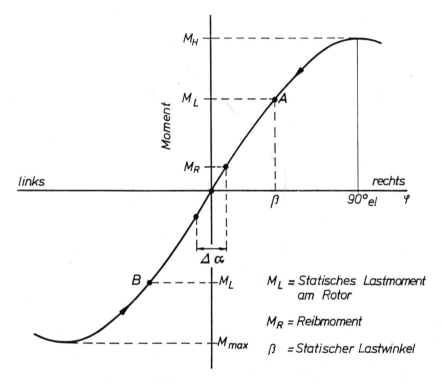

Bild 3.19: Statischer Lastwinkel, Reibmoment

Eine weitere Einflußgröße für die Positioniergenauigkeit ist die Größe der Erregung in den beiden Phasen des Schrittmotors. Eine ungleiche Erregung kann entstehen durch unterschiedliche Windungszahlen oder Widerstände der Wicklungen, durch ungleiche Magnetkreise oder Luftspalte. Bild 3.20 zeigt die Auswirkungen auf die Lage der magnetischen Raststellungen des Motors. Die obere Kennlinie ist die Haltemomentkennlinie des Schrittmotors bei gleicher Erregung

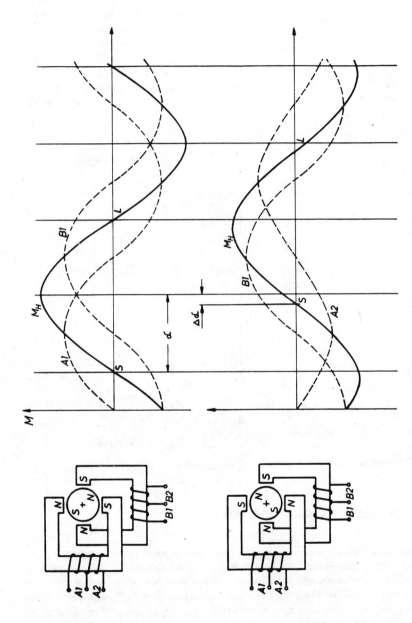

Bild 3.20: Schrittwinkelabweichung, Einfluß unterschiedlicher Phasenerregung

der Stränge A1 und B1. Die gestrichelt gezeichneten Linien sind die Haltemomentkennlinien mit gleicher Amplitude der Phasen A und B. Die untere Kennlinie zeigt die Situation nach Umschaltung der Phase A von A1 auf A2. Da die Erregung der Phase A (z. B. durch geringere Windungszahl im Strang A2) jetzt geringer ist, ist auch die Amplitude der Haltemomentkennlinie A2 kleiner. Dadurch ergibt sich bei Addition mit der Haltemomentkennlinie B1 eine Verschiebung des stabilen Haltepunktes S um $\Delta\alpha$, d. h. der Sollschritt wird um den Betrag $\Delta\alpha$ zu klein ausgeführt.

Bild 3.21 zeigt den Einfluß der Winkelstellung zwischen den Phasen auf die Positioniergenauigkeit im Halbschrittbetrieb. Bei der Halbschrittposition erfolgt die Positionierung des Läufers direkt über den Polen der entsprechenden Ständerphase. Ein Winkelfehler zwischen den Phasen hat hierbei unmittelbaren Einfluß auf die Positioniergenauigkeit.

Die zweite Darstellung in Bild 3.21 zeigt, daß dieser Einfluß bei den Vollschrittpositionen nicht besteht, da sich der Läufer zwischen den Polen beider Phasen einstellt und die Winkelverschiebung dadurch ausgeglichen wird.

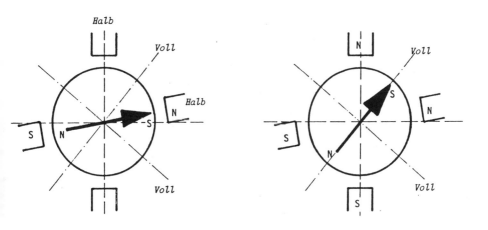

Halbschrittbetrieb   Vollschrittbetrieb

Bild 3.21: Positioniergenauigkeit, Einfluß mechanischer Abweichungen am Motor

3.5.5 Betriebskennlinien

Wir unterscheiden beim Schrittmotor zwei Betriebskennlinien, die Anlaufgrenzfrequenz-Kennlinie (Start-Stop-Kennlinie), Kennlinien 2 + 3 und die Betriebsfrequenz-Kennlinie, Kennlinie 1 (Bild 3.22), die den Start- bzw. Beschleunigungsbereich des Schrittmotors begrenzen.

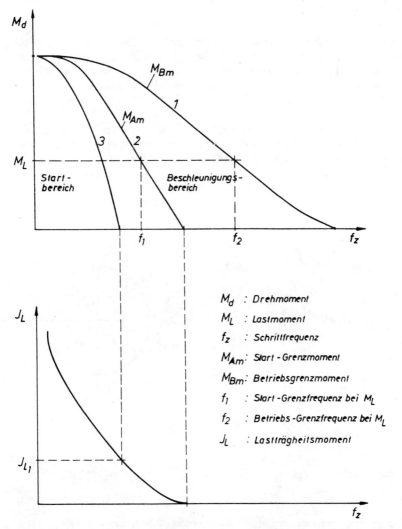

Bild 3.22: Anlauf- und Betriebsgrenzfrequenz-Kennlinien eines Schrittmotors

Im Startbereich kann der Schrittmotor ohne Schrittverluste gestartet und gestoppt werden. Nach Bild 3.22 beispielsweise mit dem Lastmoment M_L (ohne Lastträgheitsmoment) und der Start-Grenzfrequenz f_1.

Ein Arbeitspunkt im Beschleunigungsbereich kann danach durch Erhöhung der Frequenz angefahren werden, bis die maximale Frequenz f_2, die Betriebsgrenzfrequenz, für die angenommene Last M_L erreicht ist. Der Schrittmotor kann ohne Schrittfehler erst wieder gestoppt werden, wenn die Frequenz auf einen Wert innerhalb des Startbereichs heruntergefahren wurde.

Der Startbereich verkleinert sich (Kennlinie 3) bei Erhöhung des Lastträgheitsmomentes, da ein Teil des zur Verfügung stehenden Motordrehmomentes für die Beschleunigung der Zusatzmasse erforderlich ist. Die maximale Start-Grenzfrequenz in Abhängigkeit vom Lastmoment und die Beziehung zu den Drehmomentkennlinien des Schrittmotors sind ebenfalls in Bild 3.22 dargestellt.

Bedingt durch die begrenzte Stromanstiegsgeschwindigkeit in den Motorwicklungen sinkt die Stromaufnahme eines Schrittmotors bei Erhöhung der Frequenz, und das Drehmoment fällt entsprechend stark ab. Bei Konstantstrombetrieb wird der Strom bei Frequenzänderung konstant gehalten, wodurch eine Erhöhung der Drehmomente bei hohen Schrittfrequenzen erreicht wird.

3.5.6 Messung der Betriebskennlinien

Die Messung an Schrittmotoren wird u. a. erschwert durch das Schwingungsverhalten der Motoren, durch die Bedingung „Anlauf unter Last" beim Startgrenzmoment und den Einfluß der Kupplung (besonders bei kleinen Motoren) zwischen Meßaufnehmer und Motor.

Eine Meßmethode, die sich in der Praxis bewährt hat, wird im folgenden beschrieben. Der Meßaufbau ist im Bild 3.23 dargestellt.

Auf der Abtriebswelle des Prüflings P wird eine Seilscheibe befestigt. Das zur Erzeugung des Bremsmomentes erforderliche Seil wird — wie dargestellt — um die Seilscheibe und die Gegenrolle G geführt und an der Meßscheibe M befestigt. Die Fadenspannung und damit das Belastungsmoment, kann über einen Stellmotor verändert werden. Die im Faden auftretenden Kräfte F_1 und F_2 werden als Differenzwert über den Zug-Druck-Sensor ermittelt. Die Motordrehzahl (Schrittfrequenz f_z) wird über die Lichtschranke L kontrolliert.

Vor jeder Messung werden die Steuerfrequenzwerte f_s festgelegt, bei denen die Drehmomentwerte ermittelt werden sollen.

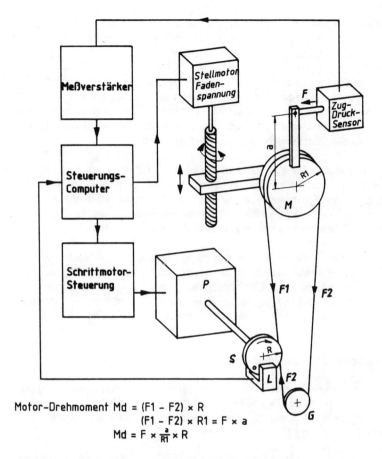

Motor-Drehmoment $M_d = (F1 - F2) \times R$
$(F1 - F2) \times R1 = F \times a$
$M_d = F \times \frac{a}{R1} \times R$

P: Prüfling
L: Lichtschranke
G: Gegenrolle zur Teilkompensation der Radiallast an der Motorwelle
S: Seilrolle
M: Meßscheibe mit festgelegtem Faden

Bild 3.23

Meßablauf Betriebs-Grenzmoment (M_{Bm}):

— Einstellung Last 0 für den Motor (Faden entspannt).
— Beschleunigung auf den größten vorgegebenen Frequenzwert.
— Erhöhung des Lastmomentes (M_d) (durch Fadenspannung), bis der Motor außer Tritt fällt.
— Der letzte Md-Wert, bei dem die Umdrehungszeit der Seilscheibe mit der Steuerfrequenz f_s übereinstimmt, wird als M_{Bm}-Wert registriert.

Meßablauf Start-Grenzmoment (M_{Am}):

- Positionierung der Seilscheibe auf die Lichtschranke.
- Ausgehend vom M_{Bm}-Wert, Anlaufversuch mit Z + 1 Schritten (Z = Schrittzahl = Schritte/Umdr.).
- Bei nicht erfolgreichem Anlauf: Wiederholung mit jeweils in Stufen verringertem Moment, bis die Seilscheibe eine Umdrehung ausführt.
- Mit dem ermittelten M_d-Wert muß der Motor viermal anlaufen. Durch die Festlegung Z + 1, d. h. jeweils plus 1 Schritt beim neuen Start, erfolgt der Anlauf aus jeder der vier möglichen Bitmusterstellungen (A1 B1, A1 B2, A2 B2, A2 B1 gem. Bild 3.11) im Vollschrittbetrieb.
- Bei viermal (achtmal bei Halbschrittbetrieb) sicherem Anlauf, mit dem eingestellten M_d-Wert, wird der Wert als M_{Am} registriert.

Ein mit der beschriebenen Meßvorrichtung erstelltes Meßprotokoll zeigt Bild 3.24.

```
=================================================================
     AEG                    SCHRITTMOTOR
  S25 T15-B                 Drehmoment-Messung
=================================================================

Motortyp                  : S027/100
Kunde                     :
TOK                       : 1456
Wicklung(Wdg./Durchm.)    : 200/0.375
Widerstand       (Ohm)    : 2
Prüfschaltung             : Bipolar, Vollschritt
                          : 61Sk3068    61Sk4220 (GS-D200)
Vorwiderstand    (Ohm)    : 0
Spannung         (V)      : 12
Strom/Phase      (A)      : 0.75
Bemerkungen               : .
                          : .
Meßprogramm               : moment basic 8
Bearbeiter                : Fahrentholz
Datum                     : 14.2.90


          Betriebsgrenzmoment   (Ncm)

f (Hz)   150   300   450   600   750   900  1050  1200  1350  1500
-------------------------------------------------------------------
   1    7.10  7.08  6.95  6.68  6.37  5.86  5.22  3.61  0.48  0.00


          Startgrenzmoment   (Ncm)

f (Hz)   150   300   450   600   750   900
-------------------------------------------
   1    7.41  7.41  7.24  6.34  5.17  3.04
```

Bild 3.24

3.6 Klauenpolschrittmotor mit Lagegeber

Schrittmotoren werden normalerweise im gesteuerten Betrieb eingesetzt. Das System Motor-Steuerung ist dabei so sicher ausgelegt, daß der Antrieb unter allen auftretenden Belastungen ohne Schrittverluste arbeitet. Um diese Bedingungen zu erfüllen (s. auch Kapitel 5 und 6), kann der Schrittmotor nicht bis zu seinem maximalen Drehmoment belastet werden, d. h. es muß ein ausreichender Sicherheitsabstand berücksichtigt werden.

Wird der Schrittmotor mit einem inkrementalen Geber ausgerüstet, so wird ein Betrieb im geschlossenen Regelkreis möglich. Die Steuerimpulse werden vom Geber vorgegeben, und der Motor arbeitet wie ein elektronisch kommutierter Gleichstrommotor.

Im Betrieb kann die Anzahl der ausgeführten Schritte über die vom Geber abgegebenen Impulse kontrolliert werden.

Gegenüber einem elektronisch geregelten Gleichstrommotor behält der Schrittmotor mit Geber, bei entsprechender Bestromung, sein Haltemoment im Stillstand. Er kann deshalb, unabhängig von der Genauigkeit des inkrementalen Gebers, so exakt wie ein Schrittmotor positioniert werden.

Im folgenden wird der Aufbau eines Klauenpolschrittmotors mit Geber beschrieben:

Bild 3.25 zeigt einen Klauenpolschrittmotor (Schrittwinkel $\alpha = 15°$) mit optischem Geber. Der Geber ist mit zwei Lichtschranken und einer Schlitzscheibe, die auf dem zweiten Wellenende befestigt ist, aufgebaut.

Die zugehörige Tabelle „Taktfolge" (Bild 3.26) gibt Auskunft über die Bestromung der beiden Phasen des Bipolarmotors (Drehrichtung rechts/links) und den entsprechenden Zustand der Lichtschranken in den jeweils stabilen Haltepunkten.

Bild 3.27 zeigt eine Prinzipdarstellung des Schrittmotors mit Encoder. Der Encoder hat zwei Lichtschranken im Abstand des Schrittwinkels α mit einer Schlitzscheibe (Schlitzbreite = 2α). Zu der dargestellten Rotorlage gehört die Haltemomentkurve mit dem stabilen Haltepunkt S1. Die Rotor- und Lichtschrankenposition entspricht dem in der Tabelle Taktfolge (Bild 3.26) unter Schritt 1 angegebenen Zustand.

Für den Anlauf mit Drehrichtung rechts muß die Steuerlogik so programmiert werden, daß zu dem dargestellten Lichtschrankenzustand (Schritt 1) die Bestromung der Statoren gemäß Schritt 2 erfolgt. Dieser Zustand hat eine Umpolung

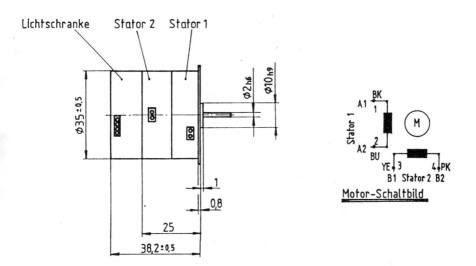

Bild 3.25: Schrittmotor SO21/24AE (mit Encoder)

Taktfolge								
Drehrichtung		Schritt	Stator 1		Stator 2		Lichtschranken	
links	rechts		A1	A2	B1	B2	L1	L2
↓	↑	1	−	+	−	+	L	H
		2	+	−	−	+	H	H
		3	+	−	+	−	H	L
		4	−	+	+	−	L	L
		1'	−	+	−	+	L	H

Lichtschranken-Schaltbild

Bild 3.26: Schrittmotor SO21/24AE, Taktfolge und Lichtschrankenzustand in den stabilen Rotorstellungen

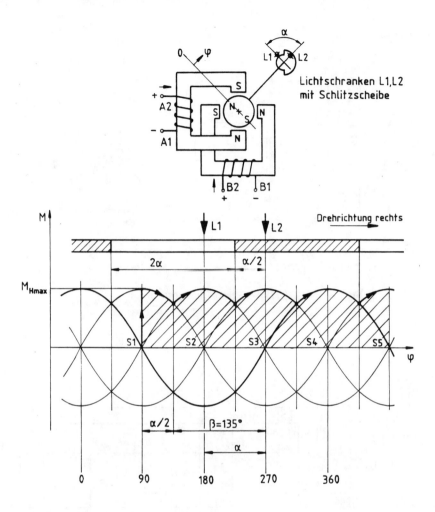

Bild 3.27: Schrittmotor mit Lagesensor, Funktionsprinzip

im Stator 2 zur Folge, und der Rotor dreht sich — beginnend mit dem Drehmoment Mhmax — in Richtung des Haltepunktes S2. Nach dem Drehwinkel α ändert sich der Zustand der Lichtschranke L2 von H in L, und es erfolgt eine Umpolung im Stator 1 und damit eine weitere Drehung in Richtung S3. Jede weitere Zustandsänderung der Lichtschranke löst eine Änderung der Motorbestromung gemäß Takttabelle (Bild 3.26) aus, d. h. der Motor erzeugt sein Schrittprogramm selbst.

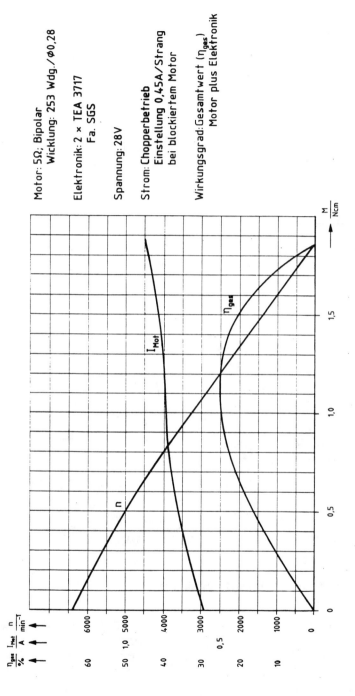

Bild 3.28: Schrittmotor mit Encoder Typ SO 21/24 AE

Durch den hier beschriebenen Motoraufbau, mit der dargestellten Winkelanordnung der Lichtschranken, arbeitet der Motor im Betrieb mit einem Lastwinkel von $\beta = 135°$. Dieser Lastwinkel ist für beide Drehrichtungen gleich, und man erreicht bei dieser Einstellung die höchsten Drehmomentwerte (s. schraffierte Fläche, Bild 3.27). Zur Einleitung eines Bremsvorganges kann der Lastwinkel durch Zeitverschiebung der Gebersignale elektronisch entsprechend verändert werden.

Die Drehmoment-Drehzahl-Kennlinie des Schrittmotors mit Encoder entspricht der eines Gleichstrommotors (Bild 3.28). Der angegebene Wirkungsgrad ist der Gesamtwirkungsgrad des Motors einschließlich Elektronik.

3.7 Anwendungsgebiete

Schrittmotoren werden in einer Vielzahl von Geräten eingesetzt, so daß hier nur ein grober Überblick über die Hauptanwendungsgebiete mit einigen Beispielen gegeben werden kann (Bild 3.29).

Anwendergruppe	Gerät	Antrieb
Datentechnik	Schreibmaschinen	Typenrad
	Fernschreiber	Walze
	Drucker	Wagen
		Farbband
	Plattenspeicher	Positionierung
	Floppy	der Abtastköpfe
	Fotokopierer	Objektivverstellung
	Fax-Geräte	Papiervorschub
Registriertechnik	Schreiber	Papierantrieb
Kraftfahrzeugtechnik	Fahrtenschreiber	Wegstreckenanzeige
	Tachometer	
	Vergaser	Leerlaufregelung
	Einspritzsystem	
	Heizung	Klappenverstellung
	Abgasrückführung	Klappenverstellung
Automaten	Geldspielgeräte	Antrieb Spielwalzen

Bild 3.29: Schrittmotoren, Anwendungsbeispiele

Der Einsatz von Schrittmotoren erreicht immer größere Bedeutung, weil mechanische Lösungen durch die Elektronik abgelöst werden. Der Schrittmotor ist ein kostengünstiger Antrieb für Einsatzfälle, bei denen digitale Impulsfolgen direkt in mechanische Bewegungsabläufe umgesetzt werden sollen, wobei hohe Positioniergenauigkeiten erreicht werden. Durch den einfachen Aufbau ohne Verschleißteile — mit Ausnahme der Lager — ist der Schrittmotor auch für den störungsfreien Betrieb unter extremen Bedingungen (z. B. Rüttelbeanspruchung, hohe Umgebungstemperatur) geeignet.

4 Hybrid-Schrittmotoren

R. Gfrörer

4.1 Einleitung

Schrittmotoren werden seit Jahren in unterschiedlichen Bauformen als robuste und preiswerte Positionierantriebe in vielen Bereichen der Technik eingesetzt.

Die stückzahlmäßig erfolgreichste Bauform ist ohne Zweifel der Klauenpolmotor. Mit seinem einfachen Aufbau und seiner verhältnismäßig geringen Auflösung ist er vor allem in einfachen Geräten der Datentechnik (z. B. Schreibmaschinen, Drucker) zu Hause.

Der Hybridmotor ist dagegen eher am oberen Ende der Preis-Leistungsskala angesiedelt: Mit ihm lassen sich nicht nur die größten Auflösungen und die höchsten Genauigkeiten realisieren (z. B. für hochwertige Datengeräte, optische oder medizinische Geräte), er kann auch wirtschaftlich für wesentlich höhere Drehmomente gefertigt werden (z. B. für Anwendungen im Maschinen- und Anlagenbau).

Hybridmotoren gehören zur Klasse der permanentmagnetisch erregten Schrittmotoren, d. h. das für die Funktion eines jeden Elektromotors erforderliche Erregerfeld wird hier von einem Permanentmagneten verlustlos erzeugt. Dies bedeutet einen vom Prinzip her höheren Wirkungsgrad bei der elektromechanischen Energiewandlung gegenüber z. B. den sogenannten Reluktanzmotoren.

Hybridmotoren können — wie andere Motoren auch — mit unterschiedlichen Strangzahlen ausgeführt sein. Am häufigsten findet man heute die Strangzahlen zwei und fünf als Zweiphasen- bzw. Fünfphasen-Schrittmotoren.

In den nachfolgenden Abschnitten werden Aufbau und Funktionsweise des Hybrid-Schrittmotors beschrieben. Auf seine technischen Eigenschaften wird allgemein sowie im Vergleich zwischen Zweiphasen- und Fünfphasenmotoren ausführlich eingegangen.

4.2 Aufbau und Funktion des Hybrid-Schrittmotors

4.2.1 Grundfunktion — Erhöhung der Schrittzahl

Schrittmotoren sind im Prinzip Synchronmotoren, bei denen die Wicklungsspannungen nicht sinusförmig verlaufen, sondern in der Regel durch elektronisches

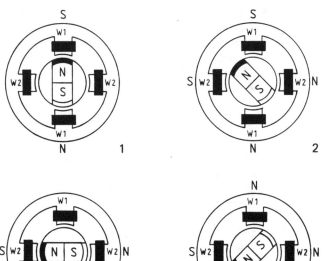

Bild 4.1:
Zweipoliges
Modell eines
Schrittmotors

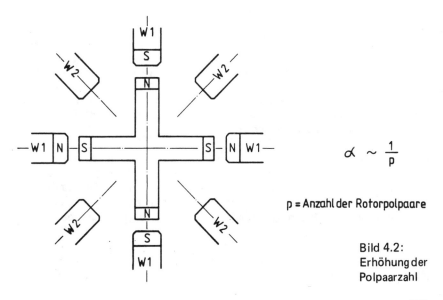

$$\alpha \sim \frac{1}{p}$$

p = Anzahl der Rotorpolpaare

Bild 4.2:
Erhöhung der
Polpaarzahl

Anlegen und Umschalten von Gleichspannungen rechteckförmigen Charakter haben. Das Luftspaltfeld bewegt sich daher nicht kontinuierlich als Drehfeld, sondern „springt" gewissermaßen bei jedem Schaltvorgang um einen bestimmten Winkel weiter. Als Reaktion bewegt sich der Rotor ebenfalls um diesen Winkel, „er führt Schritte aus". In Bild 4.1 ist dies anhand einer schematischen Darstellung eines Synchronmotors gezeigt.

Als Positionierantrieb ist der Motor umso wertvoller, je kleiner dieser Schrittwinkel ist.

Der Schrittwinkel eines Motors läßt sich verkleinern, indem die Polpaarzahl des Motors vergrößert wird, wie dies am Beispiel von Bild 4.1 in Bild 4.2 dargestellt ist. Beim Übergang der Polpaarzahl von eins auf zwei halbiert sich der Schrittwinkel α, die Schrittauflösung verdoppelt sich.

Es ist leicht ersichtlich, daß bei der dargestellten Bauform mit einzeln bewickelten, ausgeprägten Statorpolen die Polpaarzahl nicht beliebig erhöht werden kann. In der Praxis wird man daher andere Bauformen wählen, die eben genau diese Möglichkeit bieten.

Allgemein kann gesagt werden:

Schrittmotoren sind Sonderbauformen von kleinen Synchronmotoren mit besonders hoher Polpaarzahl.

4.2.2 Klauenpolprinzip – Aufbau des Rotors

Eine bekannte Möglichkeit zur Erzeugung hochpoliger Magnetfelder ist das sogenannte Klauenpolprinzip. Es läßt sich für elektrisch erregte sowie für permanentmagnetisch erregte Anordnungen anwenden. Eine Ringspule oder ein ringförmiger, in axialer Richtung magnetisierter Permanentmagnet werden an den Stirnseiten von klauenartig ausgebildeten Weicheisenteilen umfaßt (Bild 4.3). Man erhält so außen oder innen abwechselnd radial gerichtete Magnetpole, die als Stator oder Rotor Verwendung finden können.

Aber auch bei diesem Prinzip ist die Anzahl der sinnvollerweise zu erzeugenden Pole begrenzt. Üblich sind Polpaarzahlen zwischen 3 und 12 (bei größeren Durchmessern können es natürlich auch mehr sein). Wenn nämlich die Spaltbreiten zwischen den Polen zu gering werden, wird der sich zwischen den einzelnen Polen in tangentialer Richtung ausbildende Streufluß zu groß gegenüber dem in radialer Richtung (über den Luftspalt) verlaufenden, gewünschten Nutzfluß.

Abhilfe schafft hier eine leicht abgewandelte Konstruktion (Bild 4.4): Statt der Klauenpolschuhe werden an den Enden des Magneten gezahnte Scheiben ver-

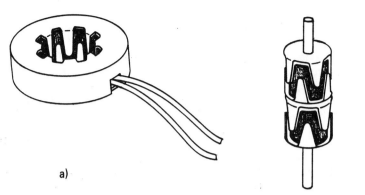

Bild 4.3: Klauenpolprinzip
a) am Stator
b) am Rotor

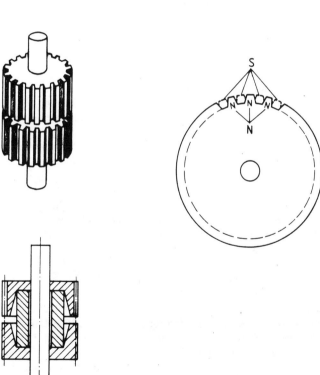

Bild 4.4:
Rotoraufbau des Hybrid-Schrittmotors

verwendet, die jeweils um eine halbe Zahnteilung versetzt zueinander angebracht sind. Man erhält so auf der einen Seite des Magneten eine Vielzahl von Nordpolen und auf der anderen Seite eine Vielzahl von Südpolen.
Betrachtet man den Rotor in axialer Richtung, so erkennt man durch den Versatz der Scheiben am Umfang abwechselnd Nord- und Südpole in üblicher Weise. Für die Wechselwirkung dieses Rotors mit einer sich über die gesamte Länge des Stators erstreckenden Wicklung ist dieser axiale Versatz der Rotorpole unerheblich.

Mit dieser Bauweise des Rotors lassen sich nun wesentlich höhere Polpaarzahlen erzielen, üblich sind 25, 50, 100, 125.

4.2.3 Stator des Hybrid-Schrittmotors

Zu einem Stator mit ebenfalls hoher Polpaarzahl kann man z. B. durch folgende Überlegung gelangen:
Man stelle sich den in Bild 4.1 gezeigten, zweisträngigen Motor in hochpoliger Ausführung vor. Die vier auf den gesamten Umfang verteilten, ausgeprägten Pole von Bild 4.1 wiederholen sich dann p mal am Umfang (Bild 4.5a).

Nun lasse man an einem Viertel des Umfangs nur noch die Pole des ersten Stranges mit gleichem (z. B. „positivem") Wicklungssinn (1) stehen, am zweiten Viertel des Umfangs lediglich die Pole des Stranges 2 mit positivem Wicklungssinn (2), am dritten Viertel die Pole von Strang 1 mit negativem Wicklungssinn usw. (Bild 4.5b). Man erhält so gewissermaßen einen segmentierten Stator, bei dem jedes Segment (oft als „Statorpol" bezeichnet) genau einem Strang zugeordnet werden kann.

Die zu einem Strang gehörenden Pole mit gleichem Wicklungssinn können nun auch mit einer gemeinsamen Wicklung, die alle Pole des Segments umfaßt, erregt werden (Bild 4.5c). Die einzelnen Pole können dabei durchaus auch etwas breiter sein, wesentlich ist nur ihr Abstand: $360°/p$.

Die Erregung am Stator und am Rotor des Hybridmotors ist an für sich niederpolig. Erst durch die Zahnung auf beiden Seiten entsteht ein Feld mit der hohen Polpaarzahl 2p. (Die gezahnten Scheiben verteilen den Rotorfluß ähnlich wie der Finger den Zündfunken im Verteiler eines Verbrennungsmotors.) Das Luftspaltfeld befindet sich vornehmlich dort, wo sich die Zähne von Stator und Rotor gegenüberstehen, d. h. wo der magnetische Widerstand (Reluktanz) zwischen Stator und Rotor minimal ist. Der Motor arbeitet also mit einer Kombination von Permanentmagnet-Erregung und Reluktanzeffekten, die ihm letztlich den Namen „Hybrid-Motor" eingebracht haben.

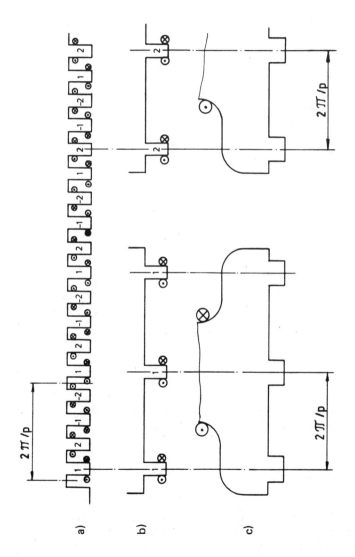

Bild 4.5: Überlegung zum Statoraufbau des Hybrid-Schrittmotors

4.2.4 Einfluß der Strangzahl

Die Segmentierung des Stators kann auf verschiedene Weise geschehen. Bei dem in Bild 4.6a gezeigten Blechschnitt eines Zweiphasenmotors gehören von den acht Statorsegmenten jeweils vier (im Abstand von je 90°) zu einem Strang. Auch die Anzahl der Stränge eines solchen Motors kann unterschiedlich sein: In Bild 4.6b ist ein Blechschnitt mit m_s = 5 Strängen dargestellt. Dieser hat die gleiche Polpaarzahl, nämlich p = 50. Von den 10 Statorsegmenten gehören jeweils zwei gegenüberliegende zu einem Strang. Bemerkenswert ist hier, daß beide zu einem Strang gehörende Statorsegmente den gleichen Wicklungssinn aufweisen, der magnetische Rückschluß für das Statorfeld eines Stranges durch die übrigen Statorsegmente gebildet wird.

Zu erkennen ist außerdem, daß die mit je vier Zähnen versehenden Statorsegmente am Luftspalt nicht gleichmäßig verteilt sind, während dies in Bild 4.5a der Fall ist. Es handelt sich in Bild 4.6b um einen sogenannten „unsymmetrischen", in Bild 4.6a um einen „symmetrischen" Blechschnitt.

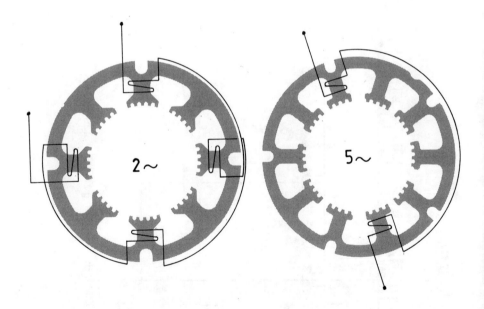

Bild 4.6: Blechschnitt und Wickelschema von Hybrid-Schrittmotoren
    a) Zweiphasenmotor mit 8 Statorsegmenten
    b) Fünfphasenmotor mit 10 Statorsegmenten

4.2.5 Magnetisches Modell

Aufgrund des segmentierten Aufbaus des Hybridmotors kann man seine Funktion sehr einfach erklären und berechnen anhand eines magnetischen Netzwerkes mit konzentrierten Elementen:

Einer magnetischen Erregung entspricht eine magnetische Spannungsquelle, der Luftspalt zwischen jedem Statorpol und dem Rotor wird durch einen (von der Stellung des Rotors abhängigen) magnetischen Widerstand modelliert. Die „Ströme" in den Zweigen des Netzes stellen den magnetischen Fluß dar. Die „Leistung" in den magnetischen Widerständen entspricht der magnetischen Energie in den jeweiligen Lufträumen, aus deren Änderung bezüglich der Rotorstellung man das Drehmoment ermittelt.

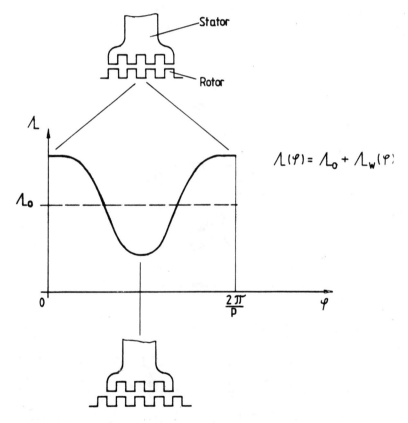

Bild 4.7: Prinzipipieller Verlauf des magnetischen Leitwerts unter einem Statorsegment

Bild 4.7 zeigt den prinzipiellen Verlauf des magnetischen Leitwerts unter einem Statorsegment. Einem Mittelwert Λ_0 ist eine Schwankung mit der Periode $2\pi/p$ überlagert. An der Bildung des Drehmoments ist vor allem dieser schwankende Anteil beteiligt, dessen Amplitude durch geeignete Wahl der Luftspaltweite sowie der Zahnbreiten an Stator und Rotor vom Konstrukteur des Motors beeinflußt werden kann.

In Bild 4.8 und Bild 4.9 sind die magnetischen Netzwerke für einen Zweiphasen- und einen Fünfphasenmotor mit den Blechschnitten nach Bild 4.6 dargestellt. Wegen der Symmetrie der Anordnungen sind jeweils die gegenüberliegenden Statorsegmente zu einer gemeinsamen Erregung mit gemeinsamem Luftspaltleitwert zusammengefaßt.

Mit Hilfe dieses Modells kann man viele Eigenschaften des Hybridmotors leicht erklären und qualitativ berechnen. Außer den grundsätzlichen Eigenschaften kann man auch gewisse mechanische Unsymmetrien (Fertigungstoleranzen) in das Modell einbringen und deren Einfluß z. B. auf die Schrittwinkelgenauigkeit studieren.

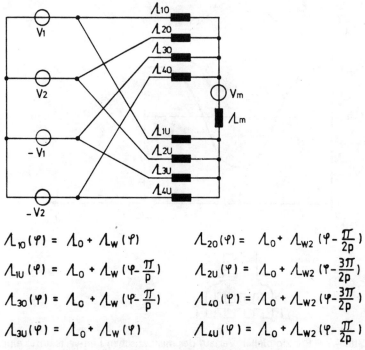

$$\Lambda_{10}(\varphi) = \Lambda_0 + \Lambda_W(\varphi) \qquad \Lambda_{20}(\varphi) = \Lambda_0 + \Lambda_{W2}(\varphi - \frac{\pi}{2p})$$

$$\Lambda_{1U}(\varphi) = \Lambda_0 + \Lambda_W(\varphi - \frac{\pi}{p}) \qquad \Lambda_{2U}(\varphi) = \Lambda_0 + \Lambda_{W2}(\varphi - \frac{3\pi}{2p})$$

$$\Lambda_{30}(\varphi) = \Lambda_0 + \Lambda_W(\varphi - \frac{\pi}{p}) \qquad \Lambda_{40}(\varphi) = \Lambda_0 + \Lambda_{W2}(\varphi - \frac{3\pi}{2p})$$

$$\Lambda_{3U}(\varphi) = \Lambda_0 + \Lambda_W(\varphi) \qquad \Lambda_{4U}(\varphi) = \Lambda_0 + \Lambda_{W2}(\varphi - \frac{\pi}{2p})$$

Bild 4.8: Magnetischer Kreis des Zweiphasenmotors von Bild 4.6a

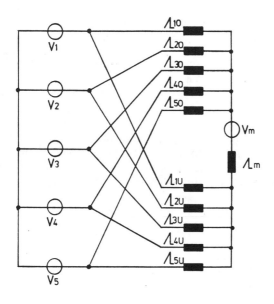

$$\Lambda_{io}(\varphi) = \Lambda_0 + \Lambda_{Wi}(\varphi)$$

$$\Lambda_{iu}(\varphi) = \Lambda_0 + \Lambda_{Wi}(\varphi - \frac{\pi}{p})$$

$$\Lambda_{Wi}(\varphi) = \Lambda_W(\varphi - i\frac{2\pi}{5p}) \qquad i = 1\ldots 5$$

Bild 4.9: Magnetischer Kreis des Fünfphasenmotors von Bild 4.6b

Für eine ausführlichere Betrachtung oder für quantitative Berechnungen ist es jedoch unerläßlich, das Modell zu erweitern, indem man auch die nicht beliebig guten magnetischen Leitwerte der Eisenteile sowie einige Streuleitwerte berücksichtigt.

4.3 Eigenschaften von 2-Phasen- und 5-Phasen-Schrittmotoren

4.3.1 Anzahl der Schrittpositionen

Für die Schrittzahl z eines jeden permanentmagnetisch erregten Schrittmotors gilt allgemein:

$$z = k \cdot p,$$

wobei p die Polpaarzahl und k ein Faktor ist, der angibt, in wieviele Abschnitte (Schaltzustände) eine Periode der Statorströme unterteilt ist.

Es gilt für Vollschrittbetrieb: $\quad k = 2 \cdot m_s$
und für Halbschrittbetrieb: $\quad k = 4 \cdot m_s$,

wobei m_s die Anzahl der Stränge ist.

Die Schrittzahl ist folglich nicht nur der Polpaarzahl sondern auch der Strangzahl proportional. Dies ist unter anderem ein Grund, Hybrid-Schrittmotoren mit mehr als zwei Strängen herzustellen, obwohl zu deren Betrieb ein gewisser Mehraufwand an Ansteuerelektronik erforderlich ist.

Für den Schrittwinkel α gilt dann:

$$\alpha = 360°/z.$$

Mit einer üblichen Polpaarzahl von p = 50 ergibt sich danach für den Zweiphasenmotor eine Schrittzahl von

$$z = 200\ (400),$$

bzw. ein Schrittwinkel von

$$\alpha = 1{,}8°\ (0{,}9°).$$

Bei einem Fünfphasenmotor mit gleicher Polpaarzahl erhält man

$$z = 500\ (1000),$$

bzw. einen Schrittwinkel von

$$\alpha = 0{,}72°\ (0{,}36°).$$

Will man bei einem Zweiphasenmotor die Schrittzahl auf den gleichen Wert erhöhen, so muß man die Polpaarzahl um den Faktor 2,5 erhöhen auf p = 125. Dabei ist jedoch zu beachten, daß sich mit der Polpaarzahl auch die Frequenzen der Spannungen und Ströme bei einer bestimmten Drehzahl erhöhen. Dies wiederum führt zu vermehrten Wirbelstromverlusten und damit zu höherer Erwärmung im oberen Drehzahlbereich. Abgesehen davon sinkt auch das Drehmoment mit zunehmender Drehzahl schneller ab.

4.3.2 Haltemoment – Zeigerdarstellung

Läßt man durch einen Strang des Motors einen Gleichstrom fließen, so ergibt sich bei permanentmagnetisch erregten Schrittmotoren ein mehr oder weniger sinusförmiger Verlauf des sogenannten Haltemoments. Dies ist in Bild 4.10 idealisiert für alle Stränge und Stromflußrichtungen für einen Zweiphasen- und einen Fünfphasenmotor dargestellt.

In der Praxis werden meist mehrere Stränge gleichzeitig mit Strom versorgt. Das dabei resultierende Haltemoment läßt sich näherungsweise (unter Vernachlässi-

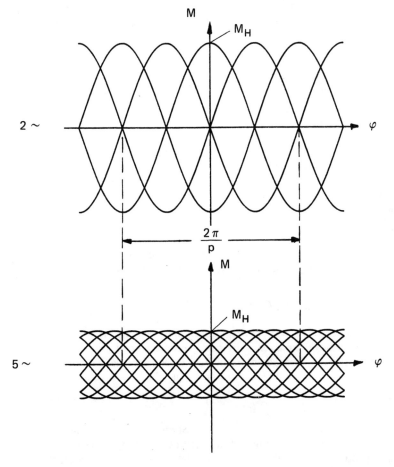

Bild 4.10: Verläufe des Haltemoments bei Erregung einzelner Stränge

gung von Sättigungserscheinungen) aus der Überlagerung der Einzel-Haltemomente bestimmen. Wenn man sich dabei auf den sinusförmigen Anteil der Haltemomentverläufe beschränkt, kann man die Überlagerung sehr einfach und anschaulich durchführen.

Dazu macht man von der Möglichkeit Gebrauch, Sinusverläufe (gleicher Periode) durch Zeiger, d. h. durch ihre Amplitude und Phasenlage, zu beschreiben. Die gesuchten Verläufe erhält man dann durch Vektoraddition. Dies ist in Bild 4.11 wieder im Vergleich zwischen einem Zwei- und einem Fünfphasenmotor gezeigt.

Die Länge der resultierenden Zeiger im Diagramm entspricht dem jeweils zugehörigen maximalen Haltemoment, deren Winkel entsprechen den zugehörigen Schrittpositionen multipliziert mit der Polpaarzahl p. Ein Umlauf im Zeigerdiagramm entspricht somit einer Bewegung des Statorfeldes um $360°/p$.

Werden von Schritt zu Schritt stets die gleiche Anzahl von Strängen erregt (m_s oder m_s-1), so liegen die Endpunkte der Zeiger auf einem Kreis (Vollschrittbetrieb). Beim Halbschrittbetrieb, bei dem von Schritt zu Schritt zwischen m_s und m_s-1 erregten Strängen gewechselt wird, wechselt auch die Amplitude des Haltemoments bei jedem Schritt.

Man erkennt in Bild 4.11, daß diese Schwankungen bei Motoren mit größerer Strangzahl kleiner werden. Wegen des geringen Unterschieds der Haltemomente zwischen einer Erregung mit 4 oder 5 Strängen, wird bei Fünfphasen-Schrittmotoren der Vollschrittbetrieb mit nur 4 erregten Strängen durchgeführt (geringere Kupferverluste).

Anhand des Zeigerdiagramms kann man auch sehr anschaulich den Einfluß gewisser Unsymmetrien auf die Schrittwinkelfehler erkennen, etwa bedingt durch ungleiche Ständerströme oder mechanische Fertigungstoleranzen.

4.3.3 Vergleich der Haltemomente

Man betrachte zwei Hybrid-Schrittmotoren mit gleichen Hauptabmessungen (Motorlänge, Rotordurchmesser, Luftspalt, Kupfervolumen usw.), die sich lediglich in der Anzahl der Stränge unterscheiden. Erregt man die Stränge mit Gleichströmen derart, daß sich für beide Motoren die gleiche Gesamtverlustleistung

$$P_v = m_s \cdot I^2 \cdot R_w$$

einstellt, so ist theoretisch die *arithmetische Summe* ihrer Einzel-Haltemomente gleich. Zum Vergleich ist es sinnvoll, die sich bei Vollschritt- bzw. Halbschritterregung einstellenden Haltemomente auf diese arithmetische Summe zu beziehen.

a) 2 ∼

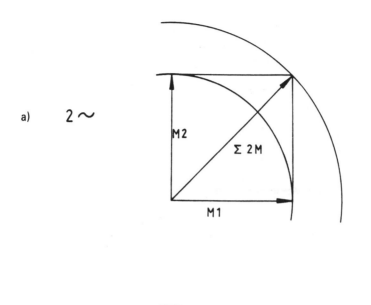

b) 5 ∼

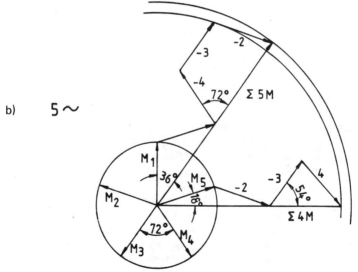

Bild 4.11: Zeigerdarstellung des Haltemoments

Es ist dann

$$M_H' = \frac{\text{geometrische Summe}}{\text{arithmetische Summe}} \text{ der Einzel-Haltemomente.}$$

Dies ergibt

für 2-Phasen-Vollschritt: $\quad M_H' = \dfrac{2 \cdot \cos 45°}{2} = 0{,}71;$

für 2-Phasen-Halbschritt: $\quad M_H' = \dfrac{1}{2} = 0{,}5;$

für 5-Phasen-Vollschritt: $\quad M_H' = \dfrac{2 \cdot \cos 18° + 2 \cdot \cos 54°}{5} = 0{,}62;$

für 5-Phasen-Halbschritt: $\quad M_H' = \dfrac{1 + 2 \cdot \cos 36° + 2 \cdot \cos 72°}{5} = 0{,}65.$

Das maximale Haltemoment ist beim Fünfphasen-Motor zwar etwas geringer, dafür unterscheiden sich die Haltemomente im Voll- und Halbschrittbetrieb nur unwesentlich.

4.3.4 Rastmoment

Permanentmagnetisch erregte Motoren weisen im allgemeinen auch bei stromlosen Wicklungen ein sogenanntes *Selbsthalte-* oder *Rastmoment* auf. Ursache ist der mit der Rotorbewegung (leicht) periodisch schwankende Rotorfluß.

Für viele Anwendungen ist dieser Effekt sogar erwünscht: gibt er dem Antrieb doch im abgeschalteten Zustand eine gewisse Selbsthemmung gegen unbeabsichtigte Bewegung. Nachteilig ist, daß das Rastmoment auch bei Lauf vorhanden ist und sich dabei als Pendelmoment störend bemerkbar macht.

Bei Hybrid-Schrittmotoren ist das Rastmoment konstruktionsbedingt relativ gering. Sofern die Leitwertschwankung unter den Statorsegmenten exakt sinusförmig verlaufen würde, wäre überhaupt kein Rastmoment vorhanden. Die Wechselanteile der Leitwerte würden sich gegenseitig vollständig aufheben. Dies kann man auch aus dem magnetischen Modell nach Bild 4.8 und 4.9 entnehmen.

Erst harmonische Anteile höherer Ordnung im Leitwertverlauf nach Bild 4.7 bewirken eine Leitwertschwankung für den Rotorfluß und somit ein Rastmoment.

Beim Zweiphasenmotor nach Bild 4.8 ist es die Ordnung 4 (und höher), die für ein Rastmoment mit einem Viertel der Periode des Haltemoments sorgt. Dies ist in den gemessenen Verläufen von Bild 4.12 deutlich zu erkennen. Sichtbar ist das Rastmoment auch im Haltemomentverlauf, deren sinusförmigen Charakter es verformt.

Beim Fünfphasenmotor nach Bild 4.9 ist es erst die Ordnung 10 im Leitwertverlauf, die ein Rastmoment bewirkt. Die Harmonischen höherer Ordnung haben naturgemäß eine sehr kleine Amplitude, so daß das zugehörige Rastmoment mit der 10-fachen Periode des Haltemoments im gemessenen Verlauf in Bild 4.13 praktisch nicht zu erkennen ist.

Allgemein sind es die Harmonischen der Ordnung $2 \cdot m_s$ und höher, die ein Rastmoment der Periode $2\pi/(2 m_s p)$ und kleiner erzeugen.

Der Verlauf des Leitwerts unter einem Statorsegment wird wesentlich bestimmt durch die Breite der Zähne und deren Gestalt am Luftspalt. So ist es möglich, durch Variation dieser Parameter Größe und Lage des Rastmoments in gewissen Grenzen beim Entwurf des Blechschnitts zu beeinflussen.

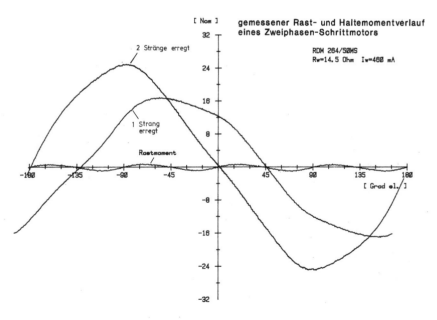

Bild 4.12: Gemessener Rast- und Haltemomentverlauf eines Zweiphasen-Schrittmotors

115

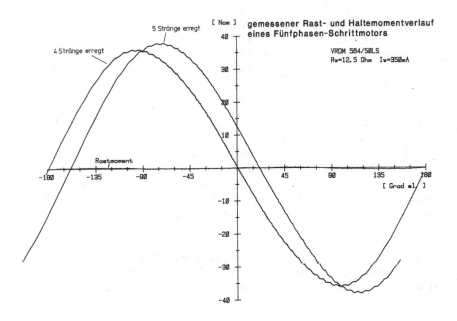

Bild 4.13: Gemessener Rast- und Haltemomentverlauf eines Fünfphasen-Schrittmotors

Dies wird in der Praxis zur Optimierung von Motoren für eine bestimmte Betriebsart angewendet:

Beim Motor nach Bild 4.12 ist die Phasenlage des Rastmoments derart, daß es die Steigung des Haltemoments in den Halbschrittpositionen verstärkt und in den Vollschrittpositionen abschwächt. Dadurch erhält der Motor in den Vollschritt- und Halbschrittpositionen näherungsweise das gleiche mechanische Einschwingverhalten.

In Gegensatz dazu liegt das Rastmoment beim Zweiphasenmotor nach Bild 4.14 gerade so, daß die Vollschrittpositionen gestärkt werden. Dieser Motor ist praktisch nur für den Vollschrittbetrieb geeignet.

Durch geschickte Wahl der Zahnbreitenverhältnisse ist es auch möglich, das Rastmoment zum Verschwinden zu bringen. Dies ist insbesondere dann interessant, wenn der Motor im sogenannten Mikroschrittbetrieb arbeiten soll. Beim Fünfphasenmotor ist dies nicht erforderlich, da das Rastmoment hier ohnehin sehr gering ist.

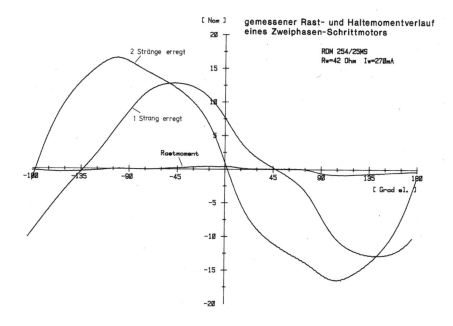

Bild 4.14: Gemessener Rast- und Haltemomentverlauf eines Zweiphasen-Schrittmotors

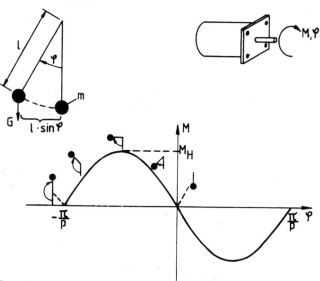

Bild 4.15: Schrittmotor als schwingungsfähiges System

Diese Betrachtungen werden in der Praxis von zwei Effekten gestört:

1. Unvermeidbare Fertigungstoleranzen bewirken, daß sich die Leitwertschwankungen niedriger Ordnung für den Rotorfluß nicht vollständig kompensieren.
2. Die Sättigung des Eisens bewirkt ebenfalls eine Beeinflussung des Leitwerts und damit zusätzliche Leitwertschwankungen. Zusätzliche Rastmomente sowie Verformungen der Haltemomentverläufe sind die Folge.

4.3.5 Schrittmotor als schwingungsfähiges System

Der mit Gleichströmen erregte Schrittmotor weist, wie bereits ausgeführt, einen in etwa sinusförmigen Verlauf des Haltemoments bezüglich der Rotorstellung auf. Bei einer geringfügigen Bewegung des Rotors aus einer stabilen Position heraus, wirkt das Haltemoment dieser Bewegung entgegen. Frei losgelassen wird sich der Rotor wieder in die alte Position zurückbewegen, i. a. in Form einer schwach gedämpften Schwingung.

Der Haltemomentverlauf ist direkt vergleichbar mit dem Rückstellmoment eines mechanischen Pendels, das der Schwerkraft ausgesetzt ist (Bild 4.15):

Eine Bewegung des Rotors um $90°/p$ aus der Ruhelage entspricht einer Auslenkung des Pendels um $90°$. Hier ist das Rückstellmoment am größten. Bei einer weiteren Auslenkung sinkt das Rückstellmoment wieder und wird bei $180°$ zu Null (instabile Ruhelage). Bereits eine geringfügige weitere Auslenkung wird das Pendel zum Überschlag bringen, bzw. den Rotor in die nächste stabile Ruhelage, $360°/p$ neben der Ausgangslage. Da die elektrische Erregung dazu nicht verändert wurde, ist der Motor „außer Tritt gefallen".

Die Frequenz, mit der der Rotor um die Ruhelage pendeln kann, läßt sich näherungsweise aus dem Haltemoment und dem Massenträgheitsmoment des Rotors berechnen. Es gilt:

$$f_e = 1/(2\pi) \cdot \sqrt{(c/J)},$$

wobei c die Steigung der Haltemomentkennlinie und J das Massenträgheitsmoment des Rotors ist.

Mit $\quad M(\varphi) = -M_H \cdot \sin(p \cdot \varphi)$

folgt $\quad c(\varphi) = -dM/d\varphi = p \cdot M_H \cdot \cos(p \cdot \varphi).$

Für kleine Bewegungen um die Ruhelage kann die Steifigkeit zu

$$c = p \cdot M_H$$

angenähert werden. Man erhält dann für die sogenannte *Eigenfrequenz* des Motors:

$$f_e = 1/(2\pi) \cdot \sqrt{(p \cdot M_H/J)}.$$

Beim Hybrid-Schrittmotor üblicher Baugröße liegt die Eigenfrequenz des unbelasteten Motors im Bereich

$$f_e = 80 \text{ bis } 200 \text{ Hz}.$$

Das Vorhandensein einer derartigen Eigenfrequenz ist eine gemeinsame Eigenschaft aller Synchronmotoren. Eigenfrequente Pendelungen treten nicht nur bei Gleichstromerregung sondern auch bei Speisung des Motors mit Wechselströmen, d. h. beim synchronen Lauf auf. Die Pendelungen, die der Rotor ausführen kann, sind dann der gleichmäßigen Bewegung des Rotors überlagert: Statt um die stabile Ruhelage schwingt der Rotor um die augenblickliche Lage des Statorfeldes.

Für die Anregung von Pendelungen während des Laufs eines Schrittmotors gibt es prinzipiell zwei Mechanismen:

1. *Parametrische (periodische) Anregung*, etwa durch die schrittweise Bewegung des Statorfeldes, durch ein pendelndes Lastmoment oder durch das Rastmoment.
Diese Anregungen führen immer dann zu verstärkten Schwingungen des Rotors, wenn deren Frequenz in etwa gleich der Eigenfrequenz des Motors ist.

2. *Selbsterregte Pendelungen* („negative Dämpfung"): Diese werden durch die Bewegung des Rotors selbst ausgelöst. Seine Schwingungen machen sich als Schwankungen der induzierten Spannungen bemerkbar, die die Ströme und damit das Drehmoment beeinflussen: Der pendelnde Rotor bewirkt selbst ein anregendes Pendelmoment.

4.3.5.1 Parametererregte Pendelungen

Von den möglichen periodischen Anregungen seien im folgenden nur die wichtigsten aufgezählt.

1. Schrittweise Bewegung des Statorfeldes

Zu jedem Erregungsmuster der Statorwicklungen des Schrittmotors gehört ein bestimmter Verlauf des Haltemoments. Bei einer gleichmäßigen Drehbewegung des Rotors wirkt das Haltemoment als Pendelmoment, der Zeitverlauf dieses Pendelmoments ist identisch mit dem Verlauf des Haltemoments über der Rotorlage.

Beim schrittweisen Fortschalten des Statorfeldes, wechselt der zugehörige Haltemomentverlauf von Schritt zu Schritt. Das dabei auf den Rotor wirkende Drehmoment besteht aus zusammengesetzten Abschnitten der einzelnen Haltemomentverläufe (Bild 4.16). In Abhängigkeit der Zeitpunkte, zu denen das Statorfeld umgeschaltet wird, bzw. in Abhängigkeit von der relativen Lage des Rotors zum Statorfeld kann der resultierende Verlauf des Drehmoments recht unterschiedlich sein:

Im Leerlauf stellt sich der Rotor zum Statorfeld derart ein, daß der Mittelwert des Drehmoments verschwindet (Bild 4.16 links). Der Verlauf des Drehmoments entspricht in etwa einem Sägezahn. Dabei ist angenommen, daß sich der Rotor gleichmäßig bewegt z. B. erzwungen durch eine große Schwungmasse und daß die Ströme in den Statorwicklungen beliebig schnell umgeschaltet werden können, wie es näherungsweise für sehr kleine Drehzahlen bei Konstantstromspeisung gilt.

Bei Belastung des Rotors mit einem bestimmten Drehmoment, bleibt der Rotor etwas hinter dem Statorfeld zurück. Das resultierende Drehmoment des Motors wird nun aus jeweils etwas weiter links liegenden Abschnitten der Haltemomentverläufe gebildet, so daß das mittlere Motormoment gleich dem Lastmoment ist. Bei der maximalen Drehmomentabgabe des Motors besteht der Zeitverlauf des Drehmoments nur noch aus den Kuppen der Haltemomentverläufe (Bild 4.16 rechts).

Der Schrittmotor gibt also im Lauf stets ein mit einem mehr oder weniger starken Pendelanteil überlagertes Drehmoment ab. Die Grundfrequenz der Pendelungen ist gleich der Schrittfrequenz

$$f_p = f_s,$$

daneben existieren höherfrequente Anteile mit

$$f_p = 2 \cdot f_s, \ 3 \cdot f_s, \ 4 \cdot f_s \text{ usw.}$$

Die Amplitude der Pendelanteile hängt von der Belastung, von der Art der Speisung der Wicklungen aber auch von der Strangzahl ab: Motoren mit höherer Strangzahl weisen grundsätzlich geringere Pendelmomente auf (Bild 4.16 unten).

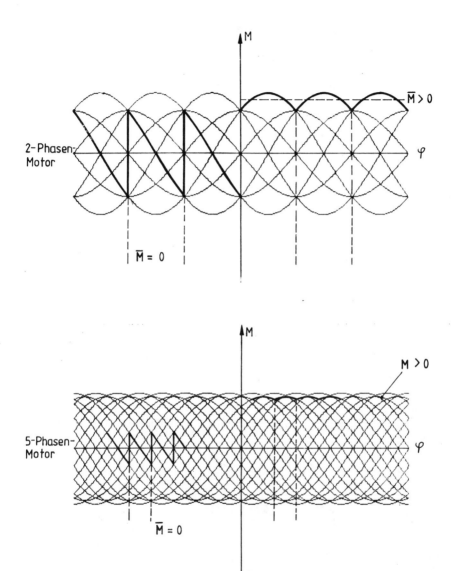

Bild 4.16: Drehmomentwelligkeit bei sehr kleiner Drehzahl im Vollschrittbetrieb

Bedingt durch diese Pendelmomente wird der Rotor vor allem dann zu Pendelschwingungen angeregt („Resonanzstellen"), wenn die Frequenz eines Pendelmomentanteils f_p gleich der Eigenfrequenz f_e des Motors ist, d. h. die Grundschwingung erzeugt eine Resonanz bei

$$f_s = f_e \text{ (Hauptresonanz),}$$

die erste Harmonische bei

$$f_s = f_e/2,$$

die zweite bei

$$f_s = f_e/3 \text{ usw.,}$$

mit jeweils abnehmender Amplitude.

Beim Halbschrittbetrieb ergibt sich eine weitere Resonanzstelle: Hier ändert sich von Schritt zu Schritt die Amplitude des Haltemoments (vor allem beim Zweiphasenmotor). Die tiefste auftretende Frequenz ist hier

$$f_p = f_s/2,$$

die zugehörige Resonanzstelle liegt folglich bei

$$f_s = 2 \cdot f_e.$$

Trägt man die Amplitude der eigenfrequenten Pendelschwingungen des Motors über der Schrittfrequenz auf, so erhält man z. B. den in Bild 4.17 gezeigten Verlauf.

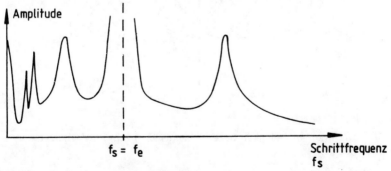

Bild 4.17: Eigenfrequente Pendelungen im Lauf („Resonanzen")

2. Rastmoment

Das konstruktionsbedingte Rastmoment des Hybridmotors hat wie bereits erwähnt die Periode $2\pi/(2\,m_s p)$. Es erzeugt infolgedessen bei der Drehung des Rotors mit der Drehzahl n ein Pendelmoment der Frequenz

$$f_p = 2 \cdot m_s \cdot p \cdot n.$$

Beim synchronen Lauf des Schrittmotors gilt

$$n = f_s/z$$

und somit

$$f_p = (2 \cdot m_s \cdot p/z) \cdot f_s.$$

Im Vollschrittbetrieb ($z = 2 \cdot m_s \cdot p$) resultiert daraus eine Resonanzstelle bei

$$f_s = f_e,$$

im Halbschrittbetrieb ($z = 4 \cdot m_s \cdot p$) entsprechend bei

$$f_s = 2 \cdot f_e.$$

Rastmomentanteile mit größerer Periode, wie sie bei mechanischen Unsymmetrien im Motor entstehen, regen Resonanzen oberhalb dieser Schrittfrequenzen an.

3. Mechanische Unsymmetrien

Mechanische Unsymmetrien im Motor, wie z. B. eine elyptische Statorbohrung oder ein schief stehender Rotor, haben nicht nur Einfluß auf das Rastmoment, sondern bewirken auch direkt eine Veränderung von Amplitude und Lage der Haltemomentverläufe.

Je nach Art dieser Unsymmetrien ergeben sich Pendelfrequenzen von

$$f_p = p \cdot n,\ 2p \cdot n,\ 3p \cdot n\ \ldots,$$

aber auch sehr niederfrequente Anteile mit

$$f_p = n,\ (2n,\ 3n,\ 4n\ldots),$$

die sich jedoch in Regel nur als Schwebungen der Resonanzschwingungen bemerkbar machen.

Die ersteren führen zu Resonanzstellen bei

$$f_s = 2 \cdot m_s \cdot f_e,$$
$$2 \cdot m_s \cdot f_e/2 = m_s \cdot f_e,$$
$$2 \cdot m_s \cdot f_e/3,$$
$$2 \cdot m_s \cdot f_e/4 = m_s \cdot f_e/2, \ldots$$

im Vollschrittbetrieb und bei

$$f_s = 4 \cdot m_s \cdot f_e,$$
$$4 \cdot m_s \cdot f_e/2 = 2 \cdot m_s \cdot f_e,$$
$$4 \cdot m_s \cdot f_e/3,$$
$$4 \cdot m_s \cdot f_e/4 = m_s \cdot f_e, \ldots$$

im Halbschrittbetrieb.

4. Unsymmetrie der Strangströme

Eine Unsymmetrie in den Strangströmen (z. B. ungleiche Amplituden oder ungleiche, überlagerte Gleichströme (Offset)) bewirken Pendelmomente der Frequenzen

$$f_p = f_N \text{ (Offsetfehler)},$$

$$f_p = 2 \cdot f_N, 3 \cdot f_N, 4 \cdot f_N, \ldots \text{ (Amplitudenfehler)},$$

mit der „Netzfrequenz" (Grundfrequenz der Motorströme)

$$f_N = p \cdot n = p \cdot f_s/z.$$

Man erhält folglich prinzipiell Resonanzen an den gleichen Schrittfrequenzen, wie durch die mechanischen Unsymmetrien. Dies ist auch der Grund für die Tatsache, daß man z. B. durch eine gezielt eingestellte Unsymmetrie in den Strangströmen (Abgleich der Elektronik) mechanisch bedingte Resonanzen auslöschen bzw. zumindest verringern kann.

5. Harmonische der Strangströme

Auch ein Abweichen der Strangströme von der Sinusform führt zu Pendelmomenten der Frequenzen

$$f_p = (k-1) \cdot f_N, \text{ mit } k = 2, 3, 4, \ldots,$$

d. h. $f_p = f_N, 2 \cdot f_N, 3 \cdot f_N, \ldots$

Die magnetische Eisensättigung hat einen ähnlichen Einfluß wie die ungeraden Harmonischen der Ströme. Dieser Effekt spielt aber eher bei den oft hoch gesättigten Klauenpol-Schrittmotoren eine bedeutende Rolle.

In Bild 4.18 ist der gemessene Amplitudenverlauf der eigenfrequenten Pendelungen eines Hybrid-Schrittmotors dargestellt. Deutlich erkennt man die typischen Resonanzstellen im unteren Frequenzbereich bedingt durch parametrische Anregung. Die im Bild zusätzlich zu erkennenden feinen Spitzen im Bereich zwischen 2 und 6 kHz rühren von der (nichtlinearen) Stromregelung her.

Die parametrisch erregten, eigenfrequenten Pendelungen machen sich vorwiegend im unteren Drehzahlbereich bemerkbar:

Betrachtet man einen üblichen relativ kleinen Hybrid-Schrittmotor mit einer Polpaarzahl p von 50 und einer typischen Eigenfrequenz f_e von ca. 200 Hz und die niederfrequente Pendelanregung f_p von p · n, so wird die zugehörige Resonanzstelle bei

$n = f_e/p = 4$ U/s $= 240$ U/min

liegen.

Man erkennt in Bild 4.18 sehr deutlich, daß die von der schrittweisen Bewegung des Statorfeldes herrührenden Resonanzen, vor allem die Hauptresonanz, wesentlich größere Amplituden aufweisen als die übrigen Pendelungen.

Bei normalen Positioniervorgängen spielen diese Resonanzen eher eine untergeordnete Rolle. Die niedrigen Drehzahlen werden so rasch durchfahren, daß sich keine Resonanz aufbauen kann. Ausnahme: Bahnfahrten in mehreren Achsen. Hier müssen oft auch die niedrigsten Drehzahlen sehr langsam durchfahren werden. Abhilfe kann man sich dabei durch mechanische Dämpfungsmaßnahmen oder eine Leistungsansteuerung mit sinusförmigem Stromverlauf („Mikroschrittbetrieb") verschaffen.

Die übrigen eigenfrequenten Pendelungen, die durch Unsymmetrien hervorgerufen werden, haben relativ geringe Amplituden. Sie stören gelegentlich in optischen Geräten, bei denen oft ein besonders guter Gleichlauf auch im unteren Drehzahlbereich gefordert ist.

4.3.5.2 Selbsterregte Pendelungen

Obwohl die praktische Bedeutung selbsterregter Pendelungen gering ist, ist ihre Kenntnis dennoch wichtig. Diese Pendelungen treten nur bei nahezu unbelaste-

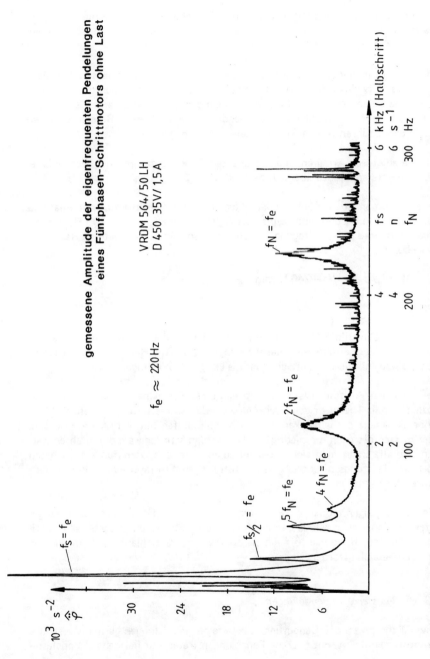

Bild 4.18: Gemessene Amplitude der eigenfrequenten Pendelungen eines Fünfphasen-Schrittmotors ohne Last im unteren Drehzahlbereich

tem Motor im mittleren Drehzahlbereich auf, weswegen sie in der englischsprachigen Literatur auch als „midrange resonances" bezeichnet werden.

Ihre Entstehung läßt sich aus der Rückwirkung des permanentmagnetischen Rotors auf die Statorströme und damit auf das Drehmoment erklären:

Während mechanische Belastungen in aller Regel mit zunehmender Drehzahl ansteigen und damit dämpfend wirken (Bild 4.19a), kann die Rückwirkung der Rotorbewegung je nach Drehzahl und Art der elektrischen Ansteuerung sowohl dämpfend als auch anregend sein.

Den Einfluß der Rotorbewegung kann man sich am einfachsten anhand folgender Überlegung klar machen: Ein Hybrid-Schrittmotor werde bei kurzgeschlossenen Wicklungen fremd angetrieben, das dabei auftretende Bremsmoment gemessen. Über der Drehzahl ergibt sich dabei in etwa der in Bild 4.19b dargestellte Verlauf.

Bei niedrigen Drehzahlen steigt das Bremsmoment mit der Drehzahl zunächst proportional an, weil die induzierte Spannung proportional mit der Drehzahl wächst und der in den Wicklungen entstehende Strom allein durch deren ohmsche Widerstände bestimmt ist.

Bei höheren Drehzahlen machen sich wegen der steigenden Frequenz der induzierten Spannung auch die induktiven Widerstände bemerkbar. Die Ströme nehmen nicht mehr drehzahlproportional zu.

Bei hohen Drehzahlen bestimmen die induktiven Widerstände allein den Stromfluß. Da deren Größe genau wie die Amplitude der induzierten Spannungen proportional mit der Frequenz (Drehzahl) zunimmt, streben die Ströme einem festen Endwert, dem Kurzschlußstrom, zu. Die dabei in den Wicklungen auftretenden Verluste sind dann von der Drehzahl unabhängig, das Bremsmoment nimmt mit der Drehzahl ab.

Bei einer Ansteuerung des Motors mit Gleichspannung (Konstantspannungsbetrieb) sind die Wicklungen wegen des geringen Innenwiderstands der Spannungsquelle quasi kurzgeschlossen, die durch die induzierten Spannungen in den Wicklungen verursachten Verluste treten wie oben erläutert tatsächlich auf. Dies bedeutet eine „innere Belastung" durch den in Bild 4.19b prinzipiell angedeuteten Momentenverlauf.

In den Drehzahlbereichen, in denen das durch die induzierten Spannungen verursachte Bremsmoment mit der Drehzahl abfällt, stellt dieses eine „negative Dämpfung" dar, die für überlagerte Pendelbewegungen des Rotors anfachend wirkt.

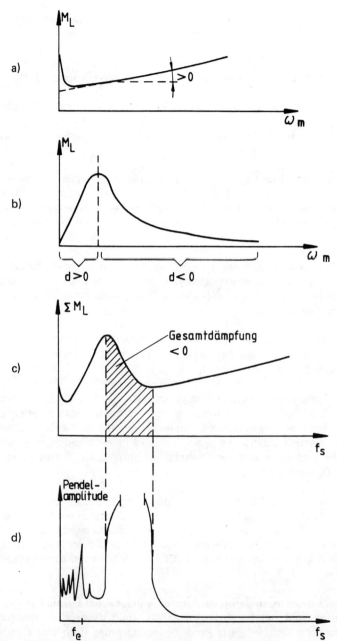

Bild 4.19: Entstehung eigenfrequenter Pendelungen durch „negative Dämpfung"

Zu selbsterregten Schwingungen wird es genau dort kommen, wo die Summe aller mechanischen Belastungen und der „inneren Belastung" mit der Drehzahl fällt, wie dies in Bild 4.19c und d skizziert ist.

In der Praxis wird der Konstantspannungsbetrieb bei Hybrid-Schrittmotoren nur selten angewandt, es kommen häufiger stromgeregelte Ansteuerungen zum Einsatz, deren vom jeweiligen Betriebspunkt abhängiger Innenwiderstand die Rückwirkungen der induzierten Spannungen und damit das „innere Bremsmoment" beeinflußt. Dadurch kann es auch in mehreren nicht zusammenhängenden Drehzahlbereichen zu selbsterregten Pendelungen kommen.

Bei den häufig verwendeten nichtlinearen Schaltreglern kommt es auch zu Rückwirkungen der induzierten Spannungen auf den Regler. Als Reaktion auf eine durch Drehzahlschwankungen hervorgerufene Welligkeit in den Strömen entstehen Pendelmomente, die die Drehzahlschwankungen noch verstärken.

In Bild 4.20a und b sind gemessene Verläufe der Pendelbeschleunigungen über einen größeren Drehzahlbereich gezeigt. Deutlich erkennt man die großen „Resonanzen", die auf selbsterregte Pendelungen zurückgehen.

Für den praktischen Einsatz von Schrittmotoren sind die selbsterregten Pendelungen kaum von Bedeutung. In der Regel reicht bereits eine geringe zusätzliche mechanische Dämpfung, die fast immer z. B. durch Reibung vorhanden ist, um diese Pendelungen wirksam zu unterdrücken.

4.4 Kennlinien und Kenngrößen

Die für die Beurteilung und für die Auswahl eines Schrittmotors allgemein gebräuchlichen Kenngrößen und Kennlinien sind in der DIN 42021 ausführlich beschrieben. Nachfolgend einige ergänzende Bemerkungen, die vor allem für Hybrid-Schrittmotoren bedeutsam sind.

4.4.1 Darstellung der Betriebskennlinien

Unter den Betriebskennlinien versteht man die Darstellung des Betriebsgrenzmoments über der Schrittfrequenz, sowie die Abhängigkeit der Start-Stop-Grenzfrequenz von Drehmoment und Massenträgheitsmoment einer direkt angekuppelten Last (sog. Start-Stop-Kennlinien).

Üblicherweise werden alle drei Verläufe mit der Schrittfrequenz als Abzisse dargestellt. Bei Hybrid-Schrittmotoren im Konstantstrom-Betrieb empfiehlt sich die logarithmische Teilung der Frequenzachse (Bild 4.21). Dies erleichtert den Um-

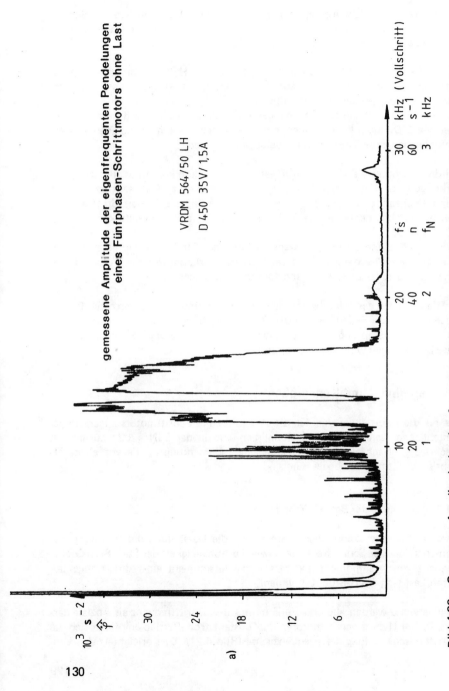

Bild 4.20: Gemessene Amplitude der eigenfrequenten Pendelungen eines Fünfphasen-Schrittmotors ohne Last
a) im Vollschrittbetrieb

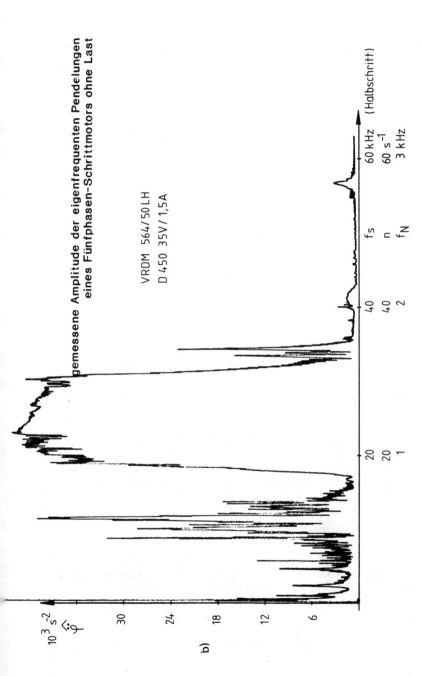

Bild 4.20: Gemessene Amplitude der eigenfrequenten Pendelungen eines Fünfphasen-Schrittmotors ohne Last
b) im Halbschrittbetrieb

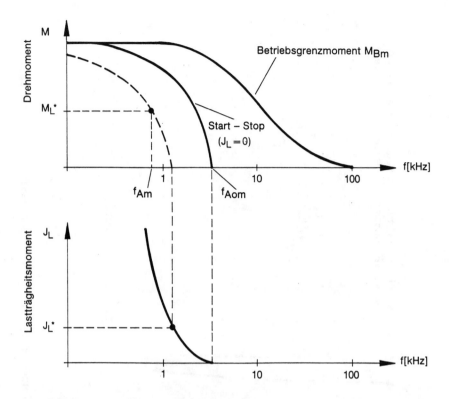

Bild 4.21: Darstellung der Betriebskennlinien

gang mit den Kennlinien, insbesondere die Ermittlung der zulässigen Startfrequenz bei gleichzeitigem Vorhandensein von Lastdrehmoment und Lastträgheit. Der gesuchte Zusammenhang kann dann näherungsweise durch einfaches Verschieben der Start-Stop-Kennlinien gefunden werden (siehe Kapitel 7).

4.4.2 Lastwinkel/Schleppfehler

Eine wichtige Größe für den Einsatz von Schrittmotoren als Positionierantrieb ist der sogenannte Lastwinkel. Dieser entspricht in seiner Bedeutung in etwa dem Polradwinkel der mit Drehstrom gespeisten Synchronmaschine.

Definition:

Unter dem Lastwinkel versteht man den Winkel zwischen der augenblicklichen

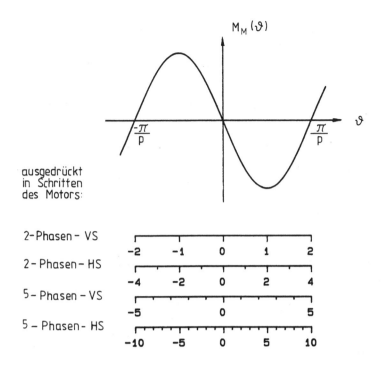

Bild 4.22: Zusammenhang zwischen Drehmoment und Lastwinkel bei kleinen Drehzahlen

Rotorlage und seiner stabilen Ruhelage, die zum augenblicklichen Erregungszustand gehört.

Als „augenblicklicher Erregungszustand" wird dabei der durch die Schrittvorgabe am Eingang der Leistungsansteuerung bestimmte Erregungszustand verstanden. Dieser unterscheidet sich in der Regel von der tatsächlich vorhandenen Statorerregung, da die Ströme beim Ein- und Umschalten eine gewisse Zeit zum Aufbau benötigen.

Nur beim Konstantstrombetrieb und bei niedrigen Schrittfrequenzen ist der Lastwinkel nahezu identisch mit der mechanischen Winkeldifferenz zwischen den Luftspaltfeldern von Stator und Rotor. In diesem Fall entspricht das Drehmoment des Motors in Abhängigkeit des Lastwinkels in etwa dem Verlauf des Haltemoments (Bild 4.22). Zweckmäßigerweise drückt man dabei den Lastwinkel in Schritten des Motors aus.

In Bild 4.22 erkennt man unter anderem, daß das maximale Drehmoment beim Zweiphasenmotor im Vollschrittbetrieb bei einem Lastwinkel von einem Schritt, beim Fünfphasenmotor im Halbschrittbetrieb bei einem Lastwinkel von fünf Schritten entsteht.

Vergrößert sich der Lastwinkel während des Betriebs über den Betrag π/p hinaus, so wechselt das Drehmoment seine Richtung, d. h. der Motor fällt „außer Tritt".

Der Lastwinkel kann auch als „Schleppfehler" betrachtet werden, da er definitionsgemäß die Abweichung der aktuellen Rotorlage („Ist-Position") von der Schrittimpulsvorgabe („Soll-Position") angibt. Diese Betrachtung ist vor allem bei geregelten Positionierantrieben (Servo-Antrieben) gebräuchlich. Bei mehrachsigen Antrieben ist der Schleppfehler ein Maß für die sog. „Bahntreue".

Vergleicht man die in der Praxis auftretenden Lastwinkel von Hybrid-Schrittmotoren mit den üblichen Schleppfehlern von Servomotoren gleicher Leistung, so können Schrittmotoren als ausgesprochen „bahntreu" bezeichnet werden.

Bei höheren Schrittfrequenzen kann die Zeit für den Stromaufbau der Statorströme nicht mehr vernachlässigt werden. Daher vergrößert sich der Lastwinkel (betragsmäßig) mit zunehmender Drehzahl bei gleichem abgegebenem Drehmoment, der Verlauf des Drehmoments über dem Lastwinkel verschiebt sich nach links (Bild 4.23).

Die Zeit zwischen der Schrittimpulsvorgabe und dem darauf folgenden Umschalten der Wicklungen an die Versorgungsspannung kann vernachlässigt werden. So

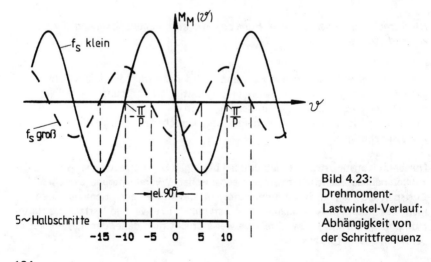

Bild 4.23:
Drehmoment-Lastwinkel-Verlauf: Abhängigkeit von der Schrittfrequenz

beträgt die Phasenverschiebung der Ströme zu den Spannungen bei hohen Frequenzen maximal 90° elektrisch. Der Drehmomentverlauf verschiebt sich damit über dem Lastwinkel ebenfalls um maximal 90°/p entsprechend fünf Halbschritten beim Fünfphasenmotor.

4.4.3 Verhältnis von Geschwindigkeit zu Auflösung

Eine häufige Forderung an einen Positionierantrieb ist, daß das Verhältnis der maximalen Verfahrgeschwindigkeit zur Auflösung des Antriebs möglichst groß sein soll:

$$\xi = \frac{\text{max. Verfahrgeschwindigkeit}}{\text{Auflösung}} \quad [Hz]$$

Beispiel:

Linearantrieb mit einer Auflösung 1 μm und einer maximalen Geschwindigkeit von 10 m/min:

ξ = 166 kHz.

Bei Schrittmotoren ist dieses Verhältnis identisch mit der maximalen Schrittfrequenz. Typische Werte sind

$f_{s\,max}$ = 20 ... 40 kHz für Zweiphasenmotoren und

$f_{s\,max}$ = 50 ... 100 kHz für Fünfphasenmotoren.

Im Vergleich zu üblichen Servomotoren liegen diese Werte nicht allzu hoch, sie lassen sich jedoch durch elektronische Maßnahmen wie „Mikroschrittbetrieb" oder eine Lageregelung steigern.

Liste der verwendeten Formelzeichen und Symbole

p	Polpaarzahl
m_s	Strangzahl (Stator)
z	Schrittzahl
N/S	Nordpol/Südpol
W_1, W_2	Bezeichnung für Wicklungsstränge im Motor
α	Schrittwinkel
φ	Drehwinkel des Rotors
Λ_{xx}	Magnetischer Leitwert
V_{xx}	Magnetische Spannung
k	Motor- und ansteuerungsspezifische Größe (Anzahl der Schaltzustände pro Periode)
P_v	Verlustleistung
M	Drehmoment (allgemein)
M_H	Haltemoment (Maximalwert)
M_H'	Bezogenes Haltemoment
R	Ohmscher Widerstand (allgemein)
R_w	Wicklungswiderstand eines Stranges
I	Strom (allgemein)
I_w	Wicklungsnennstrom (Gleichstrom, Strangwert)
c	Torsionssteifigkeit
J	Massenträgheitsmoment (z. B. des Rotors)
f_e	Eigenfrequenz (mechanisch) des Schrittmotors

$\bar{M}$	Zeitlicher Mittelwert des Drehmoments
f_s	Schrittfrequenz (Steuerfrequenz)
f_p	Frequenz mechanischer Pendelungen
n	Drehzahl
f_N	Netzfrequenz ($= p \cdot f_s/z$)
$\hat{\varphi}$	Amplitude der (Dreh-) Winkelbeschleunigungsschwankungen
M_L, J_L	Lastdrehmoment, Lastträgheitsmoment
M_L^*, J_L^*	Auf die Motordrehzahl bezogene Größen
M_{Bm}	Betriebsgrenzmoment
f_{Am}, f_{Aom}	Startgrenzfrequenz (mit, ohne Belastung)
ϑ	Lastwinkel
M_M	Motordrehmoment
ξ	Kenngröße für einen Positionierantrieb (max. Geschwindigkeit zur Auflösung)

5 Leistungselektronik und Signalverarbeitung

R. Gfrörer

5.1 Einleitung

Während Schrittmotoren grundsätzlich schon sehr lange bekannt sind, konnte ihr wirtschaftlicher Einsatz erst mit der Verfügbarkeit preiswerter Leistungshalbleiter in größerem Stil beginnen.

Dabei haben sich im Laufe der Zeit grundsätzlich zwei Entwicklungsrichtungen herauskristallisiert:

Zum einen findet man universell einsetzbare integrierte Bausteine, die es ermöglichen, besonders preiswerte Schrittmotoransteuerungen aufzubauen. Diese werden zumeist in die elektronische Steuerung eines Gerätes (Schreibmaschine, Massenspeicherlaufwerke . . .) integriert. Die Leistungsfähigkeit derartiger Schaltungen ist begrenzt und beschränkt sich auf den Betrieb von Motoren mit Abgabeleistungen von kleiner 50 Watt.

Auf der anderen Seite stehen vollständige Ansteuerungen in Form von bestückten Karten oder kompletten Geräten z. B. in 19"-Technik. Sie werden in größeren Maschinen oder Anlagen eingesetzt, bei denen neben höheren Motorleistungen vor allem die Betriebssicherheit im Vordergrund steht. Dabei steht der elektronische Aufwand für Schutz- und Überwachungsfunktionen, Potentialtrennung usw. dem für die eigentliche Betriebsaufgabe selten nach.

Im ersten Teil des sich anschließenden Kapitels finden sich die Grundlagen und unterschiedlichen Arten der elektrischen Speisung von Schrittmotoren. Schaltungsbeispiele mit integrierten Bausteinen sowie die üblichen Komponenten von kompletten Schrittmotoransteuerungen sind Inhalt des zweiten Teils. Abschließend wird auf die technischen Möglichkeiten eingegangen, die sich ergeben, wenn die Rotorlage des Motors ständig erfaßt und für die Ansteuerung als zusätzliche Information verwendet wird („geregelter Betrieb").

5.2 Betrieb von Schrittmotoren

5.2.1 Elektrisches Ersatzschaltbild

Um den Betrieb und die elektrische Ansteuerung von Schrittmotoren prinzipiell zu verstehen, genügt ein relativ einfaches Modell. Jeder Motorstrang kann dabei durch das in Bild 5.1 gezeigte Schaltbild ersetzt werden. Es gilt im Grunde für alle permanentmagneterregten Synchronmotoren. Im Unterschied zur „großen" Synchronmaschine muß hier in jedem Falle der ohmsche Ständerwiderstand berücksichtigt werden. Die induzierte Spannung kann man meist in guter Näherung als sinusförmig verlaufend betrachten. Die magnetische Kopplung zwischen den Strängen kann für einfachere Betrachtungen vernachlässigt werden, sofern sie überhaupt vorhanden ist.

Für den quasistationären Betrieb kann man zur Ermittlung des mittleren Antriebsmoments anstatt mit den Motorspannungen mit deren sinusförmigen Grundverläufen rechnen. In diesem Falle genügt die Ersatzschaltung nach Bild 5.2 für den gesamten Motor (symmetrisch gespeiste Vollpol-Synchronmaschine).

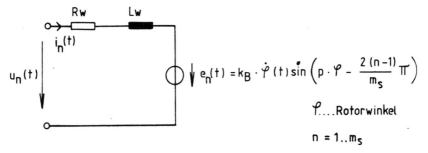

Bild 5.1: Elektrisches Ersatzschaltbild des Schrittmotors mit PM-Erregung

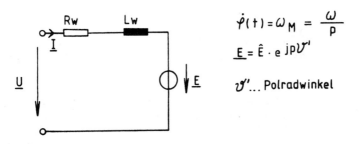

Bild 5.2: Ersatzschaltbild für den stationären Betrieb

5.2.2 Aufbau des Stromes

Bild 5.3 zeigt die Verläufe von Strom und Spannung eines Schrittmotors nach Bild 5.1 im „Konstantspannungsbetrieb". Hierbei werden die Motorstränge

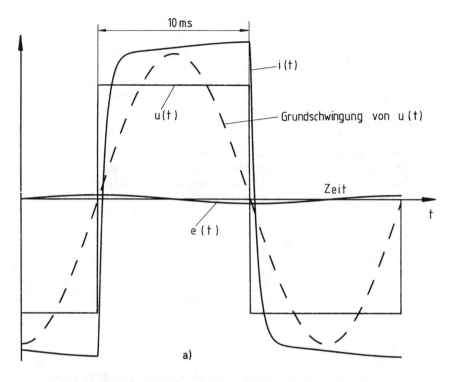

Bild 5.3: Prinzipielle Verläufe von Spannungen und Wicklungsstrom
a) bei niedriger Drehzahl

jeweils an eine feste Spannung geschaltet, deren Höhe so bemessen ist, daß der Strangstrom eine festgelegte Größe (z. B. den Nennstrom für Dauerbetrieb) nicht überschreitet.

In Bild 5.3a beträgt die Periodendauer der Motorspannung u(t) 20 ms entsprechend einer „Netzfrequenz" von 50 Hz. Dies entspricht einer für einen Schrittmotor verhältnismäßig niedrigen Drehzahl. Demzufolge weist auch die induzierte Spannung e(t) nur eine geringe Amplitude auf. Bei jedem Wechsel der Motorspannung nähert sich der Strom mit näherungsweise exponentiellem Verlauf seinem Endwert. Er wird nur gering aber dennoch erkennbar von der induzierten Spannung beeinflußt.

In Bild 5.3b wurde eine 20 mal höhere Frequenz zugrunde gelegt. Hier liegt die induzierte Spannung in der gleichen Größenordnung wie die Motorspannung. Demzufolge ist deren Einfluß auf den Stromverlauf wesentlich größer. Der Strom

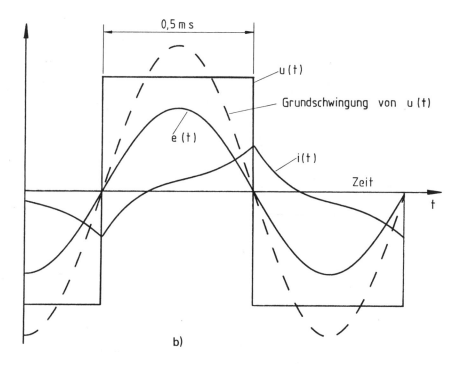

Bild 5.3: Prinzipielle Verläufe von Spannungen und Wicklungsstrom
b) bei hoher Drehzahl

kann innerhalb einer halben Netzperiode seinen Endwert bei weitem nicht mehr erreichen, das maximale Drehmoment ist hier folglich wesentlich kleiner.

5.2.3 Betriebsarten von Schrittmotoren

Die rasche Abnahme des Drehmoments mit der Drehzahl ist der grundsätzliche Nachteil des Konstantspannungsbetriebs. Abhilfe schafft bereits ein Vorwiderstand für jeden Strang. Dieser verringert die von Strangwiderstand und Stranginduktivität herrührende Zeitkonstante, der Strom steigt schneller an. In Bild 5.4 ist dies für den stillstehenden Motor (keine induzierte Spannung) gezeigt.

Beim Betrieb mit Vorwiderstand muß natürlich eine höhere Spannung angelegt werden, damit der Nennstrom fließen kann. Nachteilig ist, daß im Vorwiderstand zusätzliche Verluste entstehen. Diese kann man bei kleinen Antrieben häufig in Kauf nehmen, bei größeren Antrieben oder wenn die Wärmeabgabe des Vorwider-

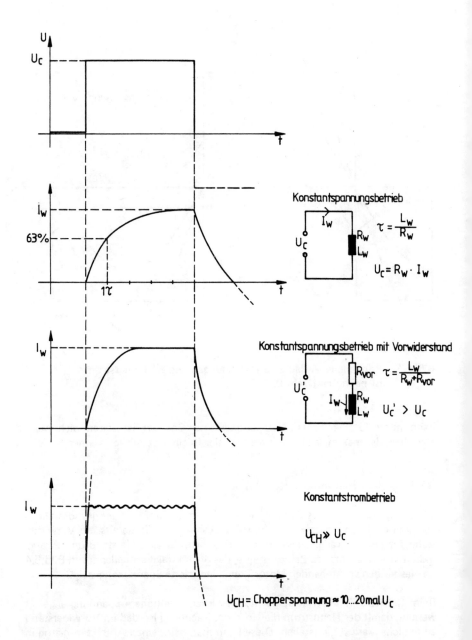

Bild 5.4: Aufbau des Wicklungsstromes

stands Probleme bereitet, geht man zu sogenanntem „Konstantstrombetrieb" über. Hierbei wird die Motorspannung (Chopperspannung) wesentlich höher als beim Konstantspannungsbetrieb gewählt und der Strom mit Hilfe eines Schaltreglers auf dem gewünschten Wert gehalten (Bild 5.4 unten). Mit diesem Verfahren kann der Motorstrom auch noch bei höheren Drehzahlen aufrecht erhalten werden. Irgendwann reicht auch die hohe Chopperspannung nicht mehr aus, um den Strom zu treiben. Der Regler bleibt dann dauernd geöffnet, das Betriebsverhalten entspricht dem bei Konstantspannung mit $U_c = U_{ch}$.

Den prinzipiellen Einfluß der Betriebsart auf den Drehmoment-Drehzahl-Verlauf zeigt Bild 5.5.

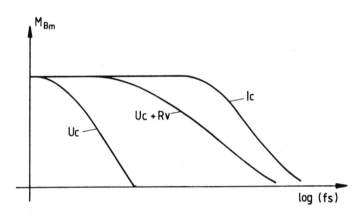

U_c = Konstantspannung
$U_c + R_v$ = Konstantspannung + Vorwiderstand
I_c = Konstantstrom

Bild 5.5: Einfluß der Betriebsart auf den Verlauf des Betriebsgrenzmoments über der Schrittfrequenz

Auch wenn man beim Konstantstrombetrieb den Strom bei entsprechend großer Chopperspannung bis zu sehr hohen Drehzahlen aufrecht erhalten kann, nimmt das Drehmoment schließlich wegen der mit der Drehzahl wachsenden Eisenverluste dennoch ab.

5.2.4 Ansteuerschaltungen

Bei der Einteilung von Ansteuerschaltungen für Schrittmotoren unterscheidet man grundsätzlich danach, ob der Strom eine Motorwicklung in beide Richtungen (bipolar) oder nur in einer Richtung (unipolar) durchfließt.

Ein Bipolarbetrieb läßt sich realisieren, indem man für jeden Strang des Motors eine Brücke bestehend aus vier Halbleiterschaltern (Vollbrücke) vorsieht (Bild 5.6a).

Bei dieser Schaltungsweise ist der Aufwand an Halbleitern besonders groß. Deshalb behilft man sich insbesondere für kleine Motoren mit einem „Trick":

Jeder Strang des Motors wird mit zwei Drähten parallel gewickelt. So entstehen zwei „Zweige", die magnetisch zu fast 100 % miteinander gekoppelt sind. Man schaltet die beiden Zweige in Reihe und speist am Verbindungspunkt einen Gleichstrom ein, den man abwechselnd über den einen oder den anderen Zweig abfließen läßt (Bild 5.6b). Im Motor entsteht dabei ein Wechselfeld, obwohl jede Teilwicklung vom Strom stets in der gleichen Richtung („unipolar") durchflossen wird. Durch die gute magnetische Kopplung der Zweige „merkt" der Motor gewissermaßen von der Aufteilung der Ströme nichts.

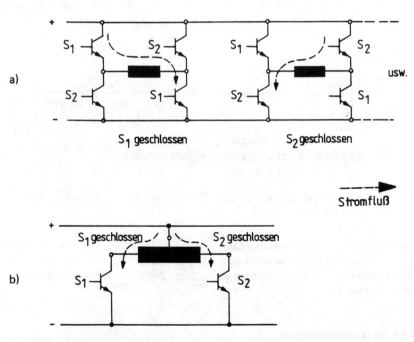

Bild 5.6: Ansteuerschaltungen
a) bipolare Ansteuerung, b) unipolare Ansteuerung

Schaltungstechnisch stellt dies jedoch eine nicht unerhebliche Vereinfachung dar: Zur Steuerung des Stromes sind nun lediglich zwei Schaltelemente erforderlich.

Bei dieser Schaltungsart wird das Kupfervolumen im Motor jedoch nur zur Hälfte genutzt. Das hat eine relative Erhöhung des ohmschen Wicklungswiderstands zur Folge:

— Bei gleichen Verlusten kann nur ein geringeres Drehmoment abgegeben werden (71 %).
— Die elektrische Zeitkonstante halbiert sich, damit fällt das Betriebsgrenzmoment nicht so rasch mit der Drehzahl ab.

Die Unipolarschaltung hat daher ihren Einsatzschwerpunkt bei preiswerten Kleinantrieben mit begrenzter Versorgungsspannung und Versorgungsleistung im Konstantspannungsbetrieb (siehe auch Abschnitt 7.3.4).

5.2.5 Grundschaltungen von Fünfphasen-Schrittmotoren

Betreibt man Motoren mit mehr als zwei Strängen bipolar mit der Vollbrückenschaltung, so nimmt der Aufwand an Halbleitern mit der Strangzahl proportional zu. Abhilfe schafft hier die Verbindung der Stränge zu einem „Stern" oder einem „Eck", wie es in Bild 5.7 für einen Fünfphasen-Schrittmotor gezeigt ist. Die Anzahl der Halbleiter reduziert sich dabei auf die Hälfte, da für jeden „Eckpunkt" nur noch eine „Halbbrücke" vorgesehen werden muß.

Während beim Konstantstrombetrieb der Vollbrückenschaltung jeder Strangstrom einzeln geregelt wird, läßt sich die Verteilung der Ströme im Stern oder Eck nicht mehr allein durch den Regler bestimmen:

— Im Stillstand wird die Stromverteilung durch die Toleranzen der Wicklungswiderstände beeinflußt, was eine gewisse Verschlechterung der Schrittwinkeltoleranz zur Folge hat.
— Bei Lauf spielen die induzierten Spannungen für die Stromverteilung eine wesentliche Rolle.

Diese Tatsachen haben jedoch für den praktischen Betrieb nur eine untergeordnete Bedeutung, im Vergleich zu den Vorteilen dieser Schaltungen.

Außer dem reduzierten Bauteileaufwand wird nur die halbe Anzahl von Zuleitungen zum Motor benötigt, eine positive Eigenschaft, die sich insbesondere bei einer weiten räumlichen Trennung von Motor und Ansteuerung bemerkbar macht (z. B. im Anlagenbau).

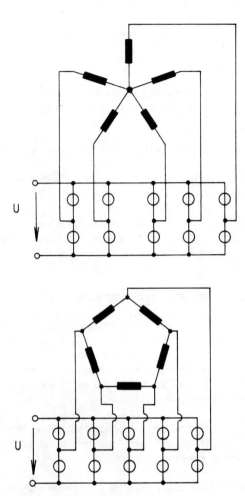

Bild 5.7: Stern- und Fünfeckschaltung eines Fünfphasen-Schrittmotors

Beim Fünfphasen-Schrittmotor gibt es außer der Sternschaltung zwei unterschiedliche Fünfeckschaltungen, deren Unterschiede man sich am einfachsten anhand der Zeigerdiagramme ihrer induzierten Spannungen klar macht:

Die Spannungszeiger der fünf Stränge haben gleiche Länge und jeweils eine Phasenverschiebung von $360°/5 = 72°$. Bei der Sternschaltung (Bild 5.8a) bilden die Zeiger das größte Diagramm, die induzierte Außenleiterspannung E beträgt das 1,18-fache der Strangspannung E_w. Diese Schaltung eignet sich demzufolge (bei gleicher Windungszahl) für die größte Betriebsspannung.

a)

Sternschaltung

$E = 1{,}18\,E_W$

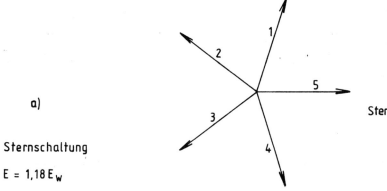

Stern

b)

5-Eck-Schaltung (72°)

$E = E_W$

Pentagon

c)

5-Eck-Schaltung (144°)

$E = 0{,}62\,E_W$

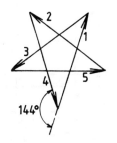

Pentagramm

Bild 5.8: Zeigerdiagramme der induzierten Spannungen bei unterschiedlichen Schaltungen von 5-Phasen-Wicklungen

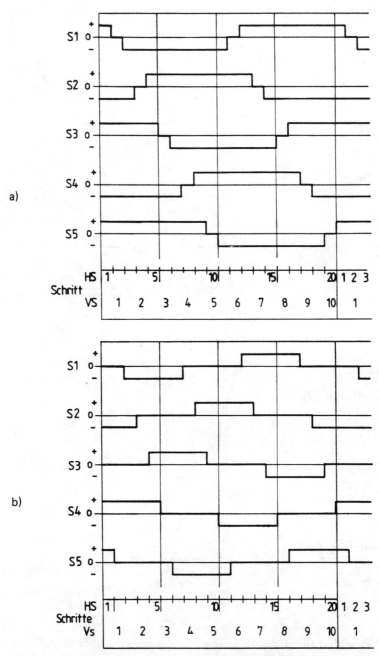

Bild 5.9: Ansteuersequenzen der 5-Leiter-Schaltungen
a) Stern- und Pentagrammschaltung, b) Pentagonschaltung

Beim Fünfeck kann man zum einen Stränge mit jeweils 72° Phasenversatz hintereinander schalten (Bild 5.8b). Es ergeben sich dabei fast ebenso große Außenleiterspannungen wie im Stern. Es gilt hier $E = E_w$. Das Zeigerdiagramm hat die Form eines Fünfecks (Pentagon).

Schaltet man im Fünfeck Stränge mit jeweils 2 x 72° = 144° in Reihe, so erhält man ein wesentlich kleineres Zeigerdiagramm (Pentagramm) mit $E = 0{,}62\ E_w$ (Bild 5.8c). Diese Schaltung wird man daher für besonders kleine Betriebsspannungen (z. B. im Kraftfahrzeug) einsetzen, für die eine Anpassung der Wicklung allein über Windungszahl und Drahtdurchmesser fertigungstechnisch aufwendiger wäre.

Bild 5.9 zeigt die Ansteuersequenzen für diese „5-Leiter-Schaltungen". Während die Stern- und Pentagrammschaltung grundsätzlich mit der gleichen Sequenz betrieben werden können, ist für die Pentagonschaltung eine Variante erforderlich.

Für einfache Anwendungen wird die Sternschaltung auch unipolar betrieben, wie es in Bild 5.10 gezeigt ist. Schaltet man dabei abwechselnd nur zwei bzw. drei Wicklungen an die Versorgung, so läßt sich eine dem (bipolaren) Vollschrittbetrieb entsprechende Schrittauflösung erzielen. Wegen der höheren Verluste durch den in den Wicklungen fließenden pulsierenden Gleichstrom beträgt das Drehmoment theoretisch nur 71 % des beim Bipolarbetrieb vorhandenen. Durch die stärkere magnetische Sättigung (überlagerte Gleichstromkomponente) ist es in der Praxis noch geringer.

5.2.6 Mikroschrittbetrieb

Unter Mikroschrittbetrieb versteht man die Speisung eines Schrittmotors mit sinusförmig abgestuften Strömen anstelle von Rechteckblöcken beim Voll- und Halbschrittbetrieb. Dadurch lassen sich zwischen zwei Voll- oder Halbschrittstellungen theoretisch beliebig viele Zwischenstellungen erzielen. In Bild 5.11 ist dies anhand des Haltemoment-Zeigerdiagramms eines Zweiphasenmotors gezeigt.

Die Erhöhung der Schrittauflösung nach diesem Verfahren findet in der Praxis ihre Grenzen durch folgende Tatsachen:

1. Durch die mechanisch-magnetischen Toleranzen im Motor wachsen die relativen Schrittwinkelfehler mit der Steigerung der Auflösung stark an und können leicht einige hundert Prozent betragen.

2. Bei der Ausführung eines Schrittes aus dem Stillstand heraus muß die stets vorhandene Haftreibung vom Motormoment überwunden werden. Bei zu geringer Schrittweite ist dies nicht mehr möglich. Es müssen dann erst mehrere

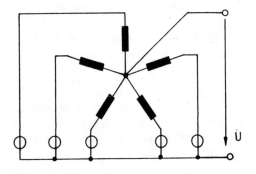

Bild 5.10:
Sternschaltung für Unipolarbetrieb

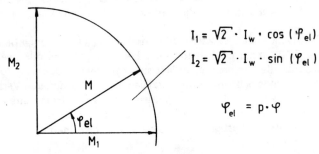

$I_1 = \sqrt{2} \cdot I_w \cdot \cos(\varphi_{el})$
$I_2 = \sqrt{2} \cdot I_w \cdot \sin(\varphi_{el})$

$\varphi_{el} = p \cdot \varphi$

Bild 5.11: Zeigerdarstellung des Haltemoments beim Mikroschrittbetrieb eines Zweiphasenmotors

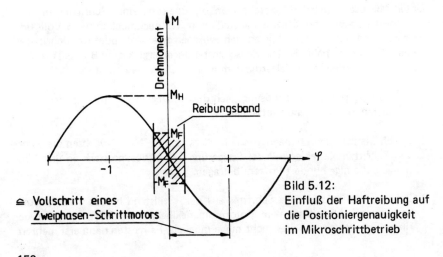

≙ Vollschritt eines
<u>Zweiphasen-Schrittmotors</u>

Bild 5.12:
Einfluß der Haftreibung auf die Positioniergenauigkeit im Mikroschrittbetrieb

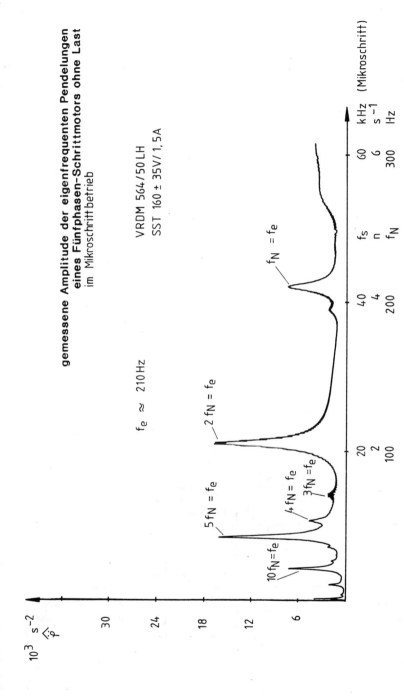

Bild 5.13: Gemessene Amplitude der eigenfrequenten Pendelungen eines unbelasteten Fünfphasen-Schrittmotors im Mikroschrittbetrieb

Schrittbefehle von der Ansteuerung zusammenkommen, ehe der Motor sich in Bewegung setzt: Das in Bild 5.12 skizzierte „Reibungsband" muß erst überwunden werden.

Üblich und sinnvoll ist eine Erhöhung der Auflösung um den Faktor 10 ... 20.

Ein wesentlicher Grund zur Anwendung des Mikroschrittbetriebs ist jedoch die Verbesserung der Laufruhe vor allem im unteren Drehzahlbereich. Die durch das schrittweise Fortschalten des Statorfeldes erregten Resonanzstellen entfallen praktisch vollständig.

In Bild 5.13 ist der gemessene Verlauf der Pendelbeschleunigungen eines Fünfphasen-Schrittmotors im Mikroschrittbetrieb über der Schrittfrequenz gezeigt. Es handelt sich um denselben Motor, dessen Pendelbeschleunigungen in Bild 4.18 im Halbschrittbetrieb dargestellt sind. Deutlich erkennt man die Unterschiede bei niedrigen Schrittfrequenzen.

Unterschiede sind auch an den durch die Unsymmetrie der Ströme verursachten Resonanzstellen ($5 \cdot f_N = f_e$, $2 \cdot f_N = f_e$ und $f_N = f_e$) festzustellen. Dies liegt nicht am Prinzip des Mikroschrittbetriebs, sondern einfach an der Tatsache, daß hier eine andere Ansteuerung mit zufällig anderer Amplitudenverteilung der Ströme verwendet wurde.

Bei Motoren mit höheren Strangzahlen läßt sich der Mikroschrittbetrieb auch ohne exakte sinusförmige Stromabstufung realisieren. Statt mit einem Sinus wird mit Trapezverläufen gearbeitet (Bild 5.14). Dies hat zur Folge, daß im Zeigerdia-

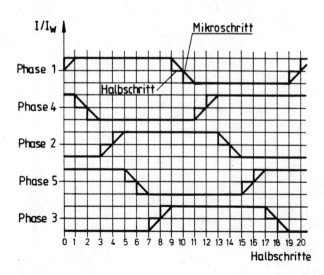

Bild 5.14:
Mikroschrittbetrieb eines Fünfphasen-Schrittmotors mit trapezförmigem Stromverlauf

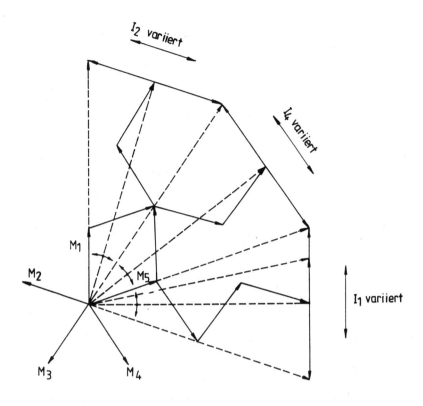

Bild 5.15: Zeigerdarstellung des Haltemoments beim Mikroschrittbetrieb mit trapezförmigem Stromverlauf

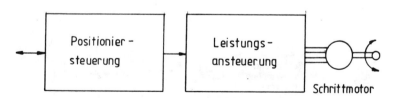

Bild 5.16: Struktureller Aufbau eines Schrittmotorantriebs

gramm der Haltemomente deren Endpunkte keinen Kreis sondern ein symmetrisches Vieleck beschreiben. Dieses Verfahren ist in der Praxis ausreichend genau, jedoch in der Regel einfacher durchzuführen.

5.3 Komponenten des Schrittmotorantriebs

Zur Realisierung einer Schrittmotoransteuerung gibt es theoretisch beliebig viele Möglichkeiten. In der Praxis hat sich eine generelle Aufteilung der Ansteuerung in zwei Hauptkomponenten eingespielt. Es sind dies:

1. Die *Positioniersteuerung*, die die Bewegungsvorgaben verarbeitet und in eine zeitliche Abfolge von Einzelschritten (Schrittimpulse) für einen oder mehrere Motoren umwandelt.

2. Die *Leistungsansteuerung*, die für jeden am Eingang eintreffenden Schrittimpuls die Statorströme derart umschaltet, daß der Motor den Schritt in der gewünschten Richtung ausführt.

Diese Aufteilung in Steuerung und Leistungsteil ist bei Positionierantrieben generell zu finden. Typisch für den Schrittmotorantrieb ist vor allem die dazwischen liegende digitale Schnittstelle, bei der die Weg- und Geschwindigkeitsvorgaben als Impulsfolge übertragen werden.

5.3.1 Leistungsansteuerung

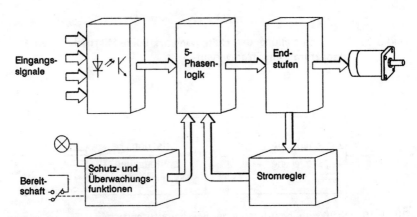

Bild 5.17: Schematische Darstellung einer Leistungsansteuerung für Fünfphasen-Schrittmotoren

Bild 5.17 zeigt schematisch den Aufbau einer Leistungsansteuerung. Die *Endstufen* bestehen aus den Halbleiterschaltern mit elektronischen Schutzeinrichtungen und schalten die Motorwicklungen an die Versorgungsspannung.

Die dazu erforderlichen Signale kommen aus einem *Logikteil*, in welchem eine oder mehrere Ansteuersequenzen für den Motor abgelegt sind. Gespeist wird der Logikteil von den *Eingangsstufen,* in denen die Eingangssignale aufbereitet werden (z. B. Optokoppler). Neben den bereits erwähnten Eingangssignalen für die Bewegung: Schrittimpuls und Drehrichtung (gelegentlich auch als Variante „pulse up", „pulse down" zu finden) gibt es zusätzliche Signale oder Einstellungen für z. B. Stromabsenkung, Stromerhöhung (Boost), Halbschritt-/Vollschrittbetrieb, usw. Bei Konstantstrombetrieb (d. h. in aller Regel) findet sich ein Schal-

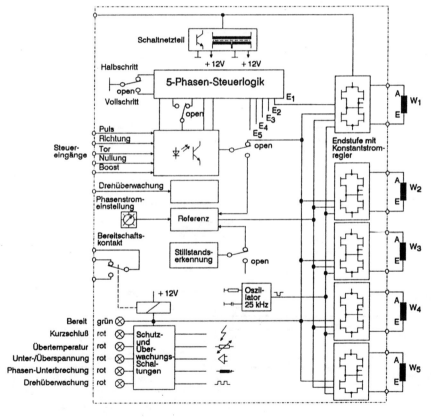

Bild 5.18: Funktionsschaltbild einer Leistungsansteuerung für Fünfphasen-Schrittmotoren

tungsteil für die *Stromregelung*. Zumindest bei größeren Leistungen gibt es zahlreiche *Schutz- und Überwachungsfunktionen*, die unterschiedliche Meldungen nach außen signalisieren (z. B. „Bereitschaft", „Kurzschluß", ...).

In Bild 5.18 ist eine Leistungsansteuerung für 5-Phasen-Schrittmotoren noch detaillierter dargestellt, alle besprochenen Funktionen sind auch hier zu finden.

Damit die Eingangssignale von der Leistungssteuerung korrekt erkannt und umgesetzt werden können, sind gewisse zeitliche Bedingungen für die Flanken der digitalen Signale einzuhalten. Dies ist in Bild 5.19 in Form eines „Timing-Diagramms" beispielhaft gezeigt.

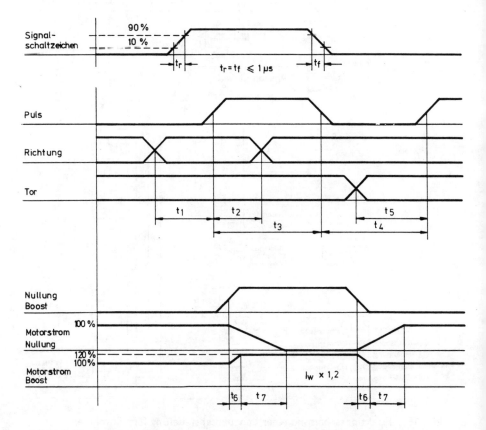

Bild 5.19: Leistungsansteuerung: Beispiel eines „Timing-Diagramms"

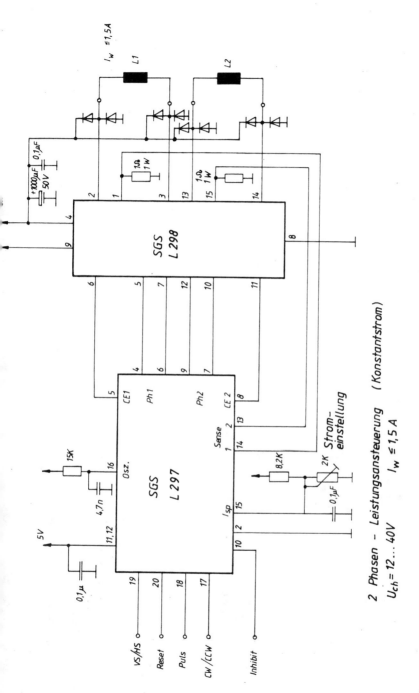

Bild 5.20: Schaltungsbeispiel einer 2-Phasen-Leistungsansteuerung
2 Phasen - Leistungsansteuerung (Konstantstrom)
$U_{ch} = 12 \ldots 40V$ $I_w \leq 1,5 A$

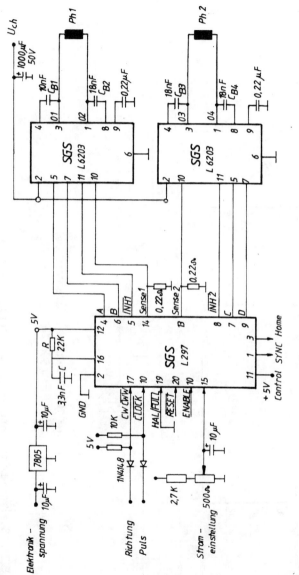

Bild 5.21: Schaltungsbeispiel einer 2-Phasen-Leistungsansteuerung

5.3.2 Schaltungsbeispiele

An größeren Maschinen oder Anlagen werden die Leistungsansteuerungen meist als bestückte Leiterkarten oder als komplette Geräte eingesetzt. Für Schrittmotoren kleinerer Leistung z. B. für Antriebe in Geräten der Büro- und Informationstechnik stehen große Teile der Leistungsansteuerungen als integrierte Bausteine zur Verfügung.

Bild 5.20 zeigt ein schon beinahe klassisches Schaltungsbeispiel einer 2-Phasen-Konstantstromansteuerung mit dem Logik-IC L297 und den Endstufen L298 von SGS. Die Schaltung eignet sich für Motorspannungen unter 40 V und für Phasenströme bis 1,5 A.

Für größere Motorleistungen kann die Schaltungsvariante nach Bild 5.21 eingesetzt werden, bei der die Endstufen durch zwei Bausteine L6203 ersetzt sind. Die Schaltung eignet sich damit für Phasenströme bis 2,8 A.

In Bild 5.22 ist eine Leistungsansteuerung für 5-Phasen-Schrittmotoren in Stern- oder Pentagrammschaltung skizziert. Die Endstufen sind mit zwei L298 bestückt, für die Logiksignale sorgt ein PCA 1318P von Berger Lahr.

Für den Betrieb von Fünfphasen-Schrittmotoren mit besonders niedrigen Motorspannungen (z. B. im KFZ) gedacht ist die folgende Schaltung (Bild 5.23). Das Logik-IC kann direkt mit der Motorspannung betrieben werden, die Endstufen werden von zwei FET-Arrays EIC 4011/4021 von Oriental Motor gebildet. Diese Schaltung erlaubt Phasenströme bis zu 4 A.

5.3.3 Pulserzeugung

Zu Beginn des Abschnitts 5.3 wurde die Erzeugung der Schrittimpulse allgemein als Aufgabe einer „Positioniersteuerung" beschrieben. Im Gegensatz zur Leistungsansteuerung läßt sich jedoch kein generelles Schema für deren Aufbau angeben.

Bild 5.24 zeigt einen Überblick über verschiedene Möglichkeiten der Generierung der für die Leistungsansteuerung erforderlichen Schrittimpulse.

Im einfachsten Fall kommen die Schrittimpulse direkt aus der *Anwenderschaltung* z. B. aus einem Microcomputer, einer speicherprogrammierbaren Steuerung oder aus einem Personal-Computer.

Insbesondere bei längeren Wegen oder höheren Geschwindigkeiten oberhalb der Start-/Stop-Frequenz des Schrittmotors empfiehlt es sich, daß die genannten

5-Phasen-Leistungsansteuerung (Konstantstrom)
Stern oder 5-Eck (144°)
$U_{ch} = 12V \ldots 40V \quad I_{ph} \leq 1{,}5A$

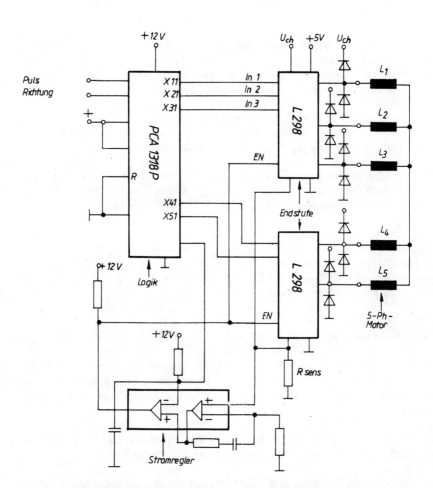

Bild 5.22: Schaltungsbeispiel einer 5-Phasen-Leistungssteuerung

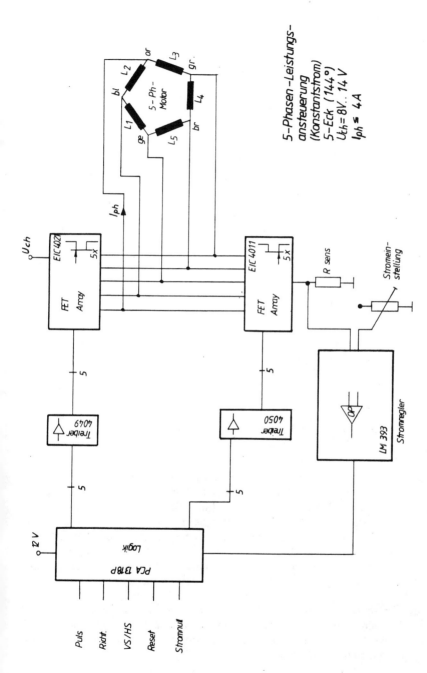

Bild 5.23: Schaltungsbeispiel einer 5-Phasen-Leistungsansteuerung

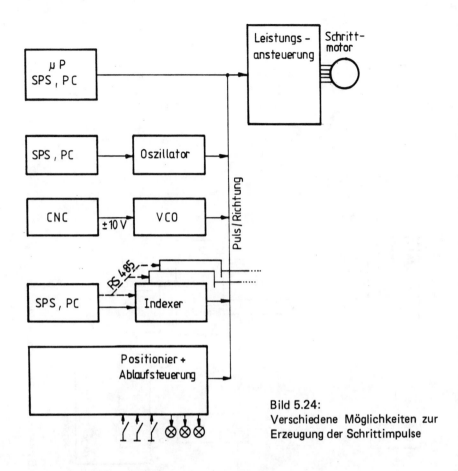

Bild 5.24:
Verschiedene Möglichkeiten zur Erzeugung der Schrittimpulse

Geräte die Schrittimpulse nicht direkt generieren, sondern nur die Signale zur Bedienung eines *Oszillators*. Der Funktionsablauf eines solchen Oszillators ist in Bild 5.25 skizziert: Mit Hilfe eines Eingangs (Start/Stop) wird der Oszillator aktiviert und generiert eine (niedrige) Schrittfrequenz. Mit einem weiteren Eingang (f_H/f_L) kann auf die (höhere) Fahrfrequenz umgeschaltet werden. Dabei wird der Frequenzwechsel nicht abrupt, sondern über eine Frequenzrampe vollzogen. Die Höhe beider Frequenzen sowie die Rampensteigung müssen vorab eingestellt werden.

Dieses Verfahren der Schrittimpulserzeugung ist besonders dann interessant, wenn die Zielposition des Antriebs nur ungefähr bekannt ist und von äußeren Bedingungen abhängt. Beispiel: Positionieren von unterschiedlich großen Teilen, Zielposition wird durch Lichtschranke signalisiert.

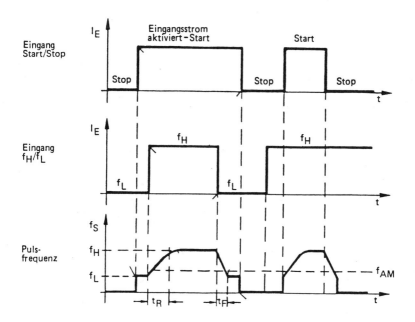

Bild 5.25: Oszillator zur Schrittimpulserzeugung

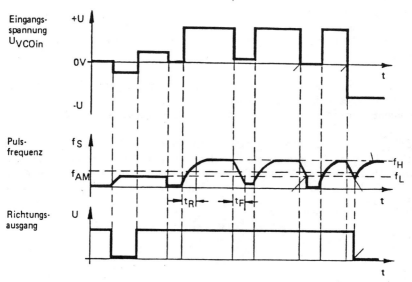

Bild 5.26: Spannungs-Frequenz-Wandler zur Schrittimpulserzeugung

Positioniersteuerungen insbesondere an Werkzeugmaschinen (CNC) geben ein geschwindigkeitsproportionales Analogsignal für den Antrieb aus. Dieses Signal kann mit Hilfe eines speziellen *Spannungs-Frequenz-Wandlers* (VCO) mit gewissen Einschränkungen für Schrittmotorantriebe genutzt werden. Der zugehörige Ablauf ist in Bild 5.26 gezeigt: Sinkt die Eingangsspannung unter den der voreingestellten Startfrequenz f_L entsprechenden Wert, so verringert sich die Schrittfrequenz nicht weiter. Bei einem plötzlichen Vorzeichenwechsel der Eingangsspannung wechselt dann nur das Richtungssignal am Ausgang. Bei schnellen Änderungen der Eingangsspannung ändert sich die Ausgangsfrequenz nur mit der vorgegebenen Rampensteigung.

Es ist zu beachten, daß die Frequenz f_L dabei in etwa nur halb so groß wie die maximale Startfrequenz des Motors sein darf. Die Ausgangsimpulse des VCO's können als Lagerückmeldung für die CNC-Steuerung verwendet werden.

Eleganter, insbesondere wenn unterschiedliche Strecken mit unterschiedlichen Geschwindigkeiten abgefahren werden sollen, ist die Verwendung eines *Indexers*. Diesem werden z. B. über eine serielle Schnittstelle Zielposition, Geschwindigkeit und Beschleunigungswerte mitgeteilt. Über ein Startsignal wird die Erzeugung der Schrittimpulse ausgelöst, beim Erreichen des Ziels erfolgt eine Rückmeldung.

Meist wird die Bedienung eines Indexers durch weitere Steuerungselektronik unterstützt. Es sind hier viele Spielarten denkbar: Verschiedene Fahraufträge (auch Referenzfahrten zur Initialisierung) können einzeln oder als Folge abgespeichert sein und z. B. von einer SPS abgerufen werden. Einen Überblick über die verschiedenen Betriebsarten einer komfortablen Positioniersteuerung zeigt Bild 5.27. Hier können sogar mehrere Geräte über ein Netzwerk verbunden werden.

Moderne Positioniersteuerungen können auch externe Signale (z. B. Lichtschranken) beim Positionieren mit einbeziehen, die Geschwindigkeit während der Fahrt verändern oder die aktuelle Position an die übergeordnete Steuerung melden.

Sollen sich mehrere Motoren miteinander koordiniert bewegen (Weginterpolation, Bahnfahrten), so empfiehlt sich der Einsatz einer mehrachsigen *Positionier- und Ablaufsteuerung*. Diese enthält außer mehreren Indexern auch einen Anteil von SPS-Funktionen (Verwaltung von Ein- und Ausgängen). Ein Beispiel zeigt Bild 5.28.

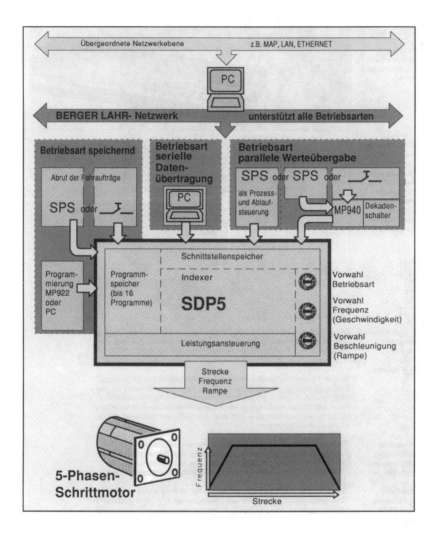

Bild 5.27: Betriebsarten einer komfortablen Positioniersteuerung (Beispiel)

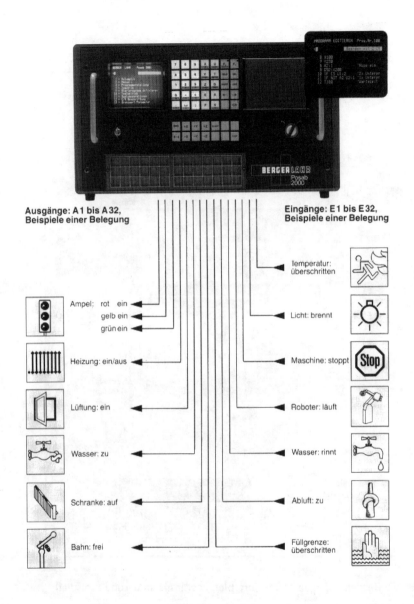

Bild 5.28: Positionier- und Ablaufsteuerung für Schrittmotoren (Beispiel)

5.4 Schrittmotor im geschlossenen Lageregelkreis

5.4.1 Motivation

Bisher wurde der Schrittmotorantrieb im sogenannten „gesteuerten Betrieb" betrachtet, d. h. die Bewegungsvorgaben erfolgen ohne Berücksichtigung der vom Antrieb tatsächlich ausgeführten Bewegung. Eine Rückmeldung der Rotorbewegung ist dabei nicht erforderlich. Natürlich müssen die Bewegungsvorgaben (d. h. die Schrittimpulse am Eingang der Leistungsansteuerung) auf das Bewegungsvermögen des Antriebs angestimmt sein. Man trägt dieser Tatsache in der Praxis Rechnung, indem man das vorhandene Antriebsmoment nicht voll ausnutzt (z. B. nur zu 70 %) und sich damit eine für eventuelle Lastschwankungen ausreichende „Drehmomentreserve" erhält.

So vorteilhaft es auch ist, daß eine Rotorlageerfassung entfallen kann, so hat dies auch Nachteile:

a) Sicherheitsaspekt

Bei einem Störfall, z. B. Blockieren des Antriebs aufgrund unvorhersehbarer mechanischer Ereignisse, kann die Steuerung nicht reagieren.

b) Leistungsreserven

Die Notwendigkeit einer Leistungsreserve vergrößert das Bauvolumen und das Gewicht des Motors, was nicht immer in Kauf genommen werden kann.

c) Beeinflussung des Betriebsverhaltens

Bei geregelten Positionierantrieben läßt sich das Betriebsverhalten (z. B. die Charakteristik beim Einlaufen in die Zielposition) mit Hilfe der Regelparameter in gewissen Grenzen einstellen. Beim Schrittmotorantrieb ist dies vom Anwender fast nur noch durch mechanische Maßnahmen oder gezielte Beeinflussung der Schrittimpulsvorgabe (Aufwand in der Positioniersteuerung!) möglich.

d) Wirkungsgrad

Im Gegensatz zum Gleichstromantrieb wird der Schrittmotor stets mit vollem Strom betrieben unabhängig davon, ob dem Motor auch tatsächlich ein Drehmoment abgenommen wird. Dies ergibt einen relativ schlechten Wirkungsgrad insbesondere bei Schwachlastzuständen. Die Folge ist eine (unnötig) große Erwärmung, die je nach Anwendungsfall recht störend sein kann.

5.4.2 Erfassung der Rotorlage

Es besteht verständlicherweise gelegentlich der Wunsch bzw. die Notwendigkeit, einen oder mehrere der genannten Nachteile zu beseitigen. Dazu ist es prinzipiell erforderlich, die Rotorlage des Schrittmotors zu erfassen und auszuwerten. Um dabei die Kosten des Antriebs nicht unnötig zu erhöhen, muß ein möglichst einfaches aber betriebssicheres Verfahren ausgewählt werden.

— induzierte Spannung

Im Grunde genommen verfügt jeder Synchron- und Schrittmotor bereits über einen integrierten Bewegungssensor: Es ist der Rotor selbst, dessen Lage sich in den Statorwicklungen als induzierte Spannung bemerkbar macht.
Leider können die induzierten Spannungen beim Betrieb nicht direkt gemessen werden.

Abhilfe schafft beispielsweise eine Analogrechenschaltung nach Bild 5.29, die durch Messung von Strom und Spannung an einem Motorstrang und mit Hilfe der Ersatzschaltung nach Bild 5.1 die induzierte Spannung rechnerisch ermittelt und als Zeitverlauf nutzbar macht. Bild 5.30 zeigt zwei auf diese Art gemessene Verläufe. Es handelt sich dabei um einen Zweiphasenmotor im Konstantspannungsbetrieb bei 500 Hz und bei 2 kHz Schrittfrequenz. Deutlich erkennbar sind die Störungen im Verlauf, die durch das Schalten des Stromes im Strang selbst sowie im Nachbarstrang (induktive Kopplung) hervorgerufen werden. Beim Konstantstrombetrieb kämen außerdem die Störungen durch den Schaltregler hinzu.

Das Verfahren erscheint recht einfach, es hat jedoch gravierende Nachteile, die es für einen allgemeinen Einsatz in der Praxis unbrauchbar machen:

a) Die induzierte Spannung gibt die Rotorlage nur bei Lauf des Motors wieder.

b) Die Störempfindlichkeit der Erfassung ist zu hoch.

— induktive Verfahren

Induktive Sensoren sind allgemein recht preiswert und robust. In störunempfindlicher Ausführung mit hoher Auflösung für Drehbewegungen stehen sie jedoch praktisch nur als sog. „Resolver" zur Verfügung. Diese sind mechanisch recht aufwendig, werden aber heute mit zunehmender Tendenz in Drehstrom-Servomotoren eingesetzt, da sie in zweipoliger Ausführung die Rotorlage über eine volle Umdrehung absolut wiedergeben. Durch den vermehrten Einsatz sind die Preise für hochwertige Resolver zwar deutlich gesunken, sie erscheinen für einen breiten Einsatz an Schrittmotoren aber noch viel zu hoch.

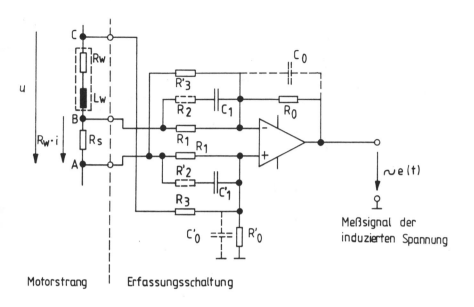

Bild 5.29: Analogrechenschaltung zur Ermittlung der induzierten Spannung

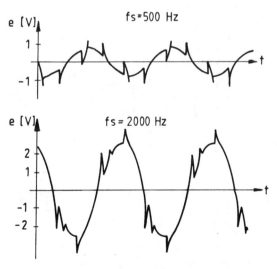

Bild 5.30: Gemessene Zeitverläufe der induzierten Spannung

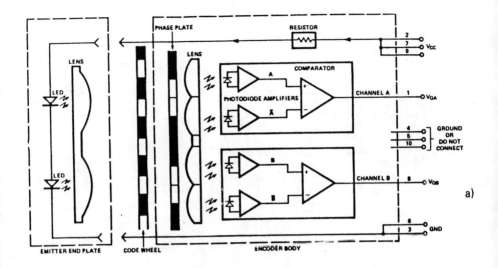

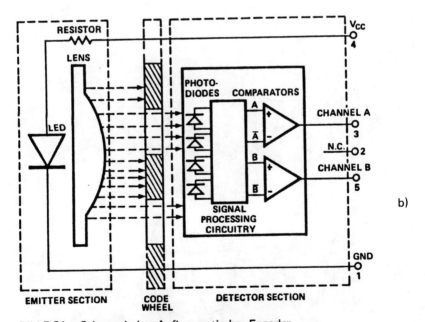

Bild 5.31: Schematischer Aufbau optischer Encoder
a) üblicher Aufbau mit Gegenraster-Scheibe
b) vereinfachter Aufbau des HEDS 9000

Einen weiteren Nachteil stellt die relativ komplizierte Auswertung mit Hilfe einer durch die Rotorlage modulierten Trägerfrequenz dar. Diese liegt üblicherweise im Bereich um 5 kHz und läßt sich auch nicht beliebig steigern. Die Lageerfassung ist daher zu langsam, um z. B. die Kommutierung eines Schrittmotors bei einer Schrittfrequenz von 50 oder 100 kHz zu steuern.

— optische Verfahren

Optische Sensoren sind grundsätzlich empfindlich gegenüber Verschmutzung, Erschütterungen und hohen Temperaturen. In den letzten Jahren sind hier jedoch technische Verbesserungen erzielt worden, die sie für einen Einsatz am Schrittmotor interessant gemacht haben.

Als Beispiel sei der Encoder-Bausatz HEDS 9000 von Hewlett & Packard genannt. Im Gegensatz zu üblichen inkrementellen Encodern besitzt dieser einen vereinfachten Aufbau. Zur phasengetreuen Detektion der beiden Kanäle arbeiten übliche Encoder mit getrennten Lichtquellen und einem Gegenraster (Phase plate), siehe Bild 5.31a. Beim HEDS 9000 entfällt durch die Anordnung der Empfängerdioden als „Array" das Gegenraster (Bild 5.31b).
Ergebnis: Ein robuster, preiswerter Bausatz mit vereinfachter Justage der Lichtschranke und einem erweiterten Temperaturbereich bis 100 °C. Durch diese Eigenschaften eignet sich der HEDS 9000 für einen Einsatz an Elektromotoren (Bild 5.32).

5.4.3 „Drehüberwachung"

Von den unter zu Beginn des Abschnitts genannten Nachteilen des gesteuerten Schrittmotorantriebs ist der „Sicherheitsaspekt" mit Abstand der am häufigsten störende. Zur alleinigen Beseitigung dieses Nachteils bedarf es keines geschlossenen Regelkreises auf der Antriebsebene. Hier geht es allein um die Meldung eines Störfalles an die Positioniersteuerung, d. h. um eine Überwachung der korrekten Arbeit des Motors.

Mit Hilfe einer einfachen elektronischen Schaltung läßt die Rotorbewegung mit den Schrittimpulsen vergleichen (Messung des Lastwinkels). Bei Überschreiten des maximal möglichen Lastwinkels wird ein Fehlersignal ausgegeben, die übergeordnete Steuerung kann je nach Anwendungsfall geeignet reagieren. Bild 5.33 zeigt ein Blockschaltbild einer derartigen Auswerteschaltung, die auch für eine Integration in die Leistungsansteuerung geeignet ist.

Bild 5.34 zeigt den theoretisch möglichen Bereich des Lastwinkels unter Berücksichtigung der Feldaufbauzeit und einer mechanischen Belastung. Dieser liegt bei

Bild 5.32: Fünfphasen-Schrittmotoren mit integriertem optischen Encoder

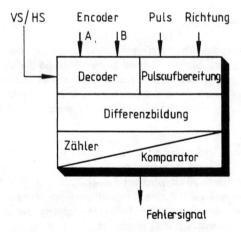

Bild 5.33: Blockschaltbild zur „Drehüberwachung"

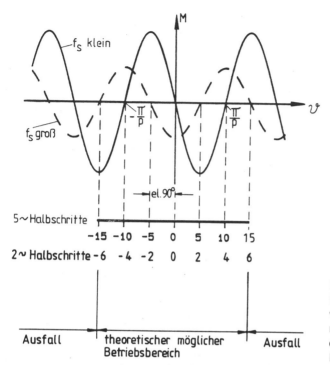

Bild 5.34: Bereiche des Lastwinkels zur sicheren Erkennung des „Außer-Tritt-Fallens"

einem Fünfphasen-Schrittmotor zwischen −15 und +15 Halbschritten (entsprechend −6 bis +6 Halbschritten bei einem Zweiphasen-Schrittmotor). Übersteigt der im Lauf des Motors gemessene Lastwinkel diesen Bereich, so kann mit Sicherheit davon ausgegangen werden, daß der Motor außer Tritt gefallen ist. Andererseits kann der Motor nicht außer Tritt gefallen sein, wenn sich der Lastwinkel innerhalb dieses Betriebsbereichs befindet.

Bei der Ermittlung des Lastwinkels mit einem inkrementellen Geber muß beim Aktivieren der Meßschaltung der Lastwinkel hinreichend genau bekannt sein (Aktivierung z. B. im Stillstand des statisch unbelasteten Motors).

5.4.4 Stellgrößen zur Beeinflussung des Drehmoments

Beim gesteuerten Betrieb des Schrittmotors stellt sich das erforderliche Antriebsmoment an der Rotorwelle „natürlich" ein: Steigt z. B. im Lauf die Belastung etwas an, so bleibt dadurch der Rotor gegenüber der Drehbewegung des Statorfeldes zurück. Ein erhöhtes Drehmoment ist die Folge, das ein weiteres Zurückbleiben des Rotors verhindert.

Will man das Betriebsverhalten des Schrittmotors gezielt beeinflussen, d. h. das Drehmoment als Stellgröße in einem Lageregelkreis verwenden, so muß man folglich auch den Versatz von Stator- und Rotorfeld gezielt einstellen bzw. auf einem gewünschten Wert halten können.

Die momentane Lage des Statorfeldes kann nicht direkt sondern nur als Lastwinkel gemessen werden. Dieser läßt sich in Stufen durch schrittweises Verstellen des Statorfeldes beeinflussen. Bei der Bewegung des Rotors ist das Statorfeld gemäß der Rotorbewegung nachzustellen. Dieser Vorgang wird als „elektronische Kommutierung" bezeichnet, entsprechend dem mechanischen Kommutator eines Gleichstrommotors, der ebenfalls dafür sorgt, daß die Felder von Stator und Rotor ihre Lage zueinander auch bei Drehung des Rotors behalten.

Die Grenzen des Lastwinkels, bei deren Erreichen jeweils eine Nachstellung des Statorfeldes erfolgt, werden auch als „Schaltwinkel" bezeichnet. Je nach Wahl des Schaltwinkels stellt sich bei Drehung des Rotors ein mittlerer Lastwinkel („Kommutierungswinkel") und damit ein mittleres Drehmoment ein. In Bild 5.35 ist der Zusammenhang zwischen dem Schaltwinkel und dem Drehmoment des Motors dargestellt.

Mit dem Schaltwinkel läßt sich das Drehmoment nur grob einstellen: Beim Fünfphasenmotor im Halbschrittbetrieb sind es zwar immerhin fünf Stufen zwischen Null und dem Maximalwert (beim Zweiphasenmotor nur zwei Stufen!). Dennoch reicht dies oft nicht aus, um beispielsweise einen dem gesteuerten Betrieb vergleichbar ruhigen Lauf bei einer festen Drehzahl zu erzielen.

Die zweite Möglichkeit, das Drehmoment zu verstellen, entspricht der Vorgehensweise beim Servoantrieb. Der Lastwinkel wird (in Abhängigkeit von der Drehzahl) derart eingestellt, daß das Drehmoment maximal ist. Das Drehmoment wird dann durch die Höhe der Statorströme bestimmt. Hierbei ist theoretisch eine beliebig feine Einstellung des Drehmoments möglich.

Ein weiterer Vorteil dieser Art der Drehmomenteinstellung ist die gewünschte Verbesserung des Wirkungsgrades im Leerlauf bzw. bei Teillast.

5.4.5 Schrittmotor im geregelten Betrieb

Zum Aufbau eines Lageregelkreises wird der Lageregler beispielsweise zwischen Positioniersteuerung und Leistungsansteuerung plaziert (Bild 5.36). Von der Positioniersteuerung erhält der Regler die aktuelle Positionsvorgabe und kann diese mit der momentanen Rotorposition vergleichen. Aus der Differenz beider Größen, dem „Schleppabstand", sowie aus daraus abgeleiteten Größen kann der Regler das optimale Drehmoment für den Motor ermitteln und durch entsprechende Schrittimpulsausgabe und Stromvorgabe auch einstellen.

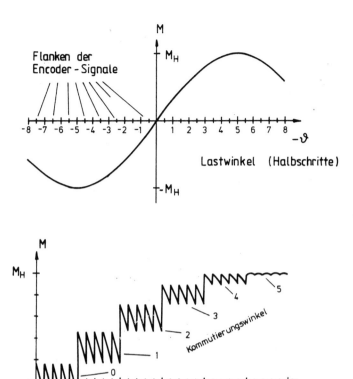

Bild 5.35: Beeinflussung des Drehmoments durch Verstellung des Schaltwinkels beim elektronisch kommutierten 5-Phasen-Schrittmotor

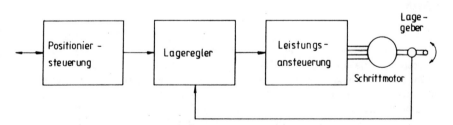

Bild 5.36: Schrittmotor im geschlossenen Lageregelkreis

Zur Einstellung des Drehmoments können beide Stellgrößen sowohl einzeln, wie auch in beliebiger Kombination verwendet werden.

Nachteilig beim Verfahren der Stromverstellung ist, daß eine Reaktion auf eine Störgröße (d. h. eine kurzfristige Lastschwankung) nicht so schnell erfolgen kann. Während beim gesteuerten Betrieb — wie bereits oben beschrieben — das Zurückbleiben des Rotors bereits verzögerungsfrei zur ausgleichenden Drehmomenterhöhung führt, muß hier das Zurückbleiben zunächst erkannt und mit einer Erhöhung des Statorstromes beantwortet werden. Dessen Aufbau und damit die Erhöhung des Moments erfordert nochmals Zeit.

Dies hat zur Folge, daß die Kreisverstärkung des Regelkreises und damit die „Steifigkeit" des Antriebs deutlich geringer sein muß als im gesteuerten Betrieb.

Bei der alleinigen Einstellung des Drehmoments über den Lastwinkel („Lastwinkelregler") bleibt die „natürliche Steifigkeit" des Antriebs im Falle des geregelten Betriebs weitgehend erhalten. Der Motor arbeitet dabei (im Teillastbereich) ja immer im ansteigenden Bereich der Drehmoment-Lastwinkel-Kennlinie und damit steigt auch das Motormoment beim Zurückbleiben des Rotors verzögerungsfrei an, unabhängig von der Reaktionsgeschwindigkeit der elektronischen Kommutierung.

Das Verfahren der Lastwinkelregelung eignet sich daher insbesondere für Anwendungen, bei denen schnelle Reaktionen gefordert sind, beispielsweise zeitoptimales Positionieren auf Kurzstrecken. Bild 5.37 zeigt einen Positioniervorgang eines lastwinkelgeregelten Fünfphasen-Schrittmotors im Vergleich einer rechnerischen Simulation mit einer Messung. Dargestellt sind die Verläufe von Positionen $\varphi(t)$ und Schrittfrequenz $f_z(t)$. Die Wegvorgabe $W(t)$ von 40 Halbschritten mit einer Frequenz von 4 kHz kann im gesteuerten Betrieb nicht mehr korrekt abgearbeitet werden, da die maximale Start/Stop-Frequenz unterhalb von 4 kHz liegt. Während der Motor im geregelten Betrieb nach etwa 20 ms sein Ziel erreicht und nahezu zum Stillstand gekommen ist, schwingt der gesteuert betriebene Motor nach dem Außer-Tritt-Fallen nach 50 ms noch deutlich sichtbar.

Fazit:

Im lagegeregelten Betrieb können die Positioniereigenschaften des Schrittmotors in einigen Punkten verbessert bzw. erweitert werden. Je nach Art der Regelung lassen sich die im gesteuerten Betrieb erforderlichen Leistungsreserven reduzieren, der Wirkungsgrad kann gesteigert werden, und es lassen sich die Eigenschaften des Antriebs durch Änderung der Regelparameter einfacher an die jeweilige Aufgabenstellung anpassen. Durch die Lageerfassung des Rotors werden mechanische Störungen, die ein korrektes Arbeiten des Antriebs behindern, immer erkannt.

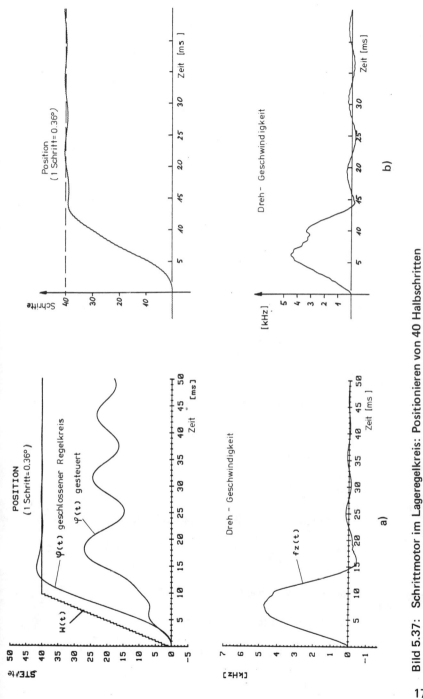

Bild 5.37: Schrittmotor im Lageregelkreis: Positionieren von 40 Halbschritten
a) berechnet, b) gemessen

Dagegenzuhalten sind der erhöhte Aufwand für Elektronik und Lagegeber sowie die kompliziertere Inbetriebnahme. Da sich auch die Betriebseigenschaften grundsätzlich ändern, wird die Lageregelung wohl immer besonderen Aufgabenstellungen vorbehalten bleiben. Der geregelte Betrieb wird den gesteuerten nicht ersetzen sondern ergänzen.

Liste der verwendeten Formelzeichen und Symbole

$u(t)$, $i(t)$, $e(t)$	Zeitverläufe von Spannung, Strom, induzierter Spannung
$\underline{U}$, $\underline{I}$, $\underline{E}$	Zeiger (komplexe Amplituden) von Spannung, ...
R_w, L_w	Ohmscher Widerstand, Induktivität (Stranggröße)
W_M	Mechanische Winkelgeschwindigkeit
p, m_s	Polpaarzahl, Strangzahl
K_B	Motorspezifische Größe („Drehmomentkonstante")
W	Netzkreisfrequenz = $2\pi \cdot f$
ϑ'	Polradwinkel der Synchronmaschine
U_c	Motorspannung bei Konstantspannungsbetrieb (Gleichgröße)
τ	Elektrische Zeitkonstante
R_{vor}	Vorwiderstand
I_w	Wicklungsnennstrom (Gleichgröße, Strangwert)
U_{CH}, U_{ch}	Zwischenkreisspannung einer schaltgeregelten Leistungsansteuerung
M_{Bm}	Betriebsgrenzmoment
f_s	Schrittfrequenz (Steuerfrequenz)
S_1, S_2	Bezeichnung für elektronische Schalter (Leistungshalbleiter)

E, E_w	Effektivwerte der induzierten Spannung (Außenleiterwert, Strangwert)
I_{ph}	Phasenstrom
f_e	Eigenfrequenz (mechanisch) des Schrittmotors
f_N	Netzfrequenz = Grundfrequenz der Motorströme (= $p \cdot f_s/z$)
Z	Schrittzahl
$\hat{\ddot{\varphi}}$	Amplitude der Winkelbeschleunigung
M_F	Haftreibmoment
ϑ	Lastwinkel
f_z	Schrittfrequenz (mechanisch)

6 Untersuchung der Bewegungsvorgänge von Schrittantrieben in der Phasenebene

E. Rummich

6.1 Nichtlineare Bewegungsgleichung

Die Bewegungsgleichung eines Schrittmotorantriebes lautet mit den in Abschnitt 1.9 verwendeten Größen

$$J_{ges}\ddot{\varphi} = m_M(t) - m_L^*(\dot{\varphi}, t) - m_D^*(\dot{\varphi}, t) \tag{6.1}$$

wobei $\ddot{\varphi}$ die Winkelbeschleunigung und $\dot{\varphi}$ die mechanische Winkelgeschwindigkeit sind. Zwischen dem elektrischen Winkel γ und dem mechanischen Verdrehwinkel φ gilt der Zusammenhang (Gleichung 1.5))

$$\gamma = p\varphi$$

J_{ges} ist das auf die Motorwelle bezogene gesamte Trägheitsmoment des Antriebes. Im folgenden wird ein konstantes Lastmoment ($m_L^* = M_L^*$) umgerechnet auf die Motorwelle angenommen. Das auf die Motorwelle bezogene Dämpfungsmoment sei proportional zur Winkelgeschwindigkeit $\dot{\varphi}$

$$m_D^* = D_{ges}\dot{\varphi} \tag{6.2}$$

wobei in D_{ges} sowohl die mechanische als auch die elektromagnetische Dämpfung des gesamten Antriebssystems berücksichtigt wird. Für die Grundwellenamplitude des Motormomentes wird das Betriebsgrenzmoment M_{Bm} (siehe Abschnitt 1.8), das an sich eine Funktion der Steuerfrequenz f_s ist, gesetzt, somit kann in Analogie zu Gleichung (1.10) für m_M geschrieben werden

$$m_M(\varphi) = -M_{Bm} \sin kp(\varphi - \varphi_{ss}) \tag{6.3}$$

φ_{ss} ... Ständerfeldposition.

Umrechnung auf elektrische Winkel führt auf die Beziehung

$$\frac{J_{ges}}{p}\ddot{\gamma} + \frac{D_{ges}}{p}\dot{\gamma} = -M_{Bm} \sin k(\gamma - \gamma_s) - M_L^* \tag{6.4}$$

Für die weiteren Untersuchungen ist es sinnvoll, normierte Größen einzuführen. So werden alle mechanischen Größen auf das stationäre Betriebsgrenzmoment

M_{Bm} bezogen und die normierte Zeit $\tau = \omega_e t$ eingeführt. Die mechanische Eigenfrequenz des Systems ergibt sich analog zu Abschnitt 1.9 zu

$$\omega_e = \sqrt{\frac{M_{Bm} k p}{J_{ges}}} \qquad (6.5)$$

Bei Betrachtung von Schwingungsvorgängen bei einer bestimmten Schrittfrequenz ist M_{Bm} aus den Motorkennlinien zu entnehmen. Werden die Überlegungen, wie in späteren Abschnitten auf Bewegungsvorgänge mit Schrittsequenzen bei variabler Schrittfrequenz ausgedehnt, muß für M_{Bm} ein konstanter Wert angenommen werden, was näherungsweise nur für Konstantstromspeisung zutrifft. Es wurde bereits mehrfach festgestellt, daß die Winkeldifferenz $(\gamma - \gamma_s)$ zwischen Rotor- und Ständerfeldposition für die Größe des Drehmomentes und damit für den Bewegungsvorgang maßgebend ist. Die Positionsabweichung (Winkeldifferenz) wird im folgenden mit ϵ bezeichnet und als neue Variable eingeführt.[1]

$$\epsilon = k(\gamma - \gamma_s) \qquad (6.6)$$

Mit diesen Größen kann Gleichung (6.4) wie folgt in normierter Form geschrieben werden

$$\frac{d^2\epsilon}{d\tau^2} + 2\xi \frac{d\epsilon}{d\tau} + \sin\epsilon = -m_L - k\frac{d^2\gamma_s}{d\tau^2} - 2\xi k \frac{d\gamma_s}{d\tau} \qquad (6.7)$$

mit

$$2\xi = \frac{\omega_e D_{ges}}{pk M_{Bm}} \; ; \quad m_L = \frac{M_L^*}{M_{Bm}} \; ; \quad \tau = \omega_e t \qquad (6.8)$$

Wird $\gamma_s(\tau)$ abschnittsweise konstant vorausgesetzt und die normierte Winkelgeschwindigkeit χ

$$\chi = \frac{d\epsilon}{d\tau} \qquad (6.9)$$

eingeführt, so erhält man die normierte Bewegungsgleichung des Schrittmotorantriebes

$$\frac{d\chi}{d\tau} + 2\xi\chi + \sin\epsilon = -m_L \qquad (6.10)$$

Diese ist wegen des Auftretens der Winkelfunktion $\sin\epsilon$ nichtlinear.

6.2 Bewegungsvorgänge in der Phasenebene

Eine Differentialgleichung 2. Ordnung kann allgemein in der Form

$$\ddot{x} = f(\dot{x}, x, t) \tag{6.11}$$

dargestellt werden, wobei

$$\ddot{x} = \frac{d^2 x}{dt^2}, \quad \dot{x} = \frac{dx}{dt}$$

Enthält die Funktion $f(\dot{x}, x, t)$ die Zeit t nicht explizit, so bezeichnet man die Differentialgleichung als autonom. Durch die Substitution $y = \dot{x}$ erhält man aus der autonomen Differentialgleichung 2. Ordnung zwei Differentialgleichungen 1. Ordnung, nämlich

$$\dot{x} = y$$
$$\dot{y} = f(x, y) \tag{6.12}$$

Die Lösungen des Differentialgleichungssystems (6.12) x(t) und y(t) können als Kurven in der x-y-Ebene mit der Zeit t als Parameter gedeutet werden. Man bezeichnet diese Kurven als Phasentrajektorien, die x-y-Ebene als Phasenebene oder Zustandsebene (Bild 6.1a). Auch eine räumliche Darstellung im (x, y, t)-Raum (Phasenraum, Zustandsraum) wäre möglich (Bild 6.1b).[2]

Jedem Zustand des Systems entspricht ein Punkt (x, y) in der Phasenebene und umgekehrt. Für verschiedene Anfangszustände $x(t_0) = x_0$ und $y(t_0) = y_0$ ergeben sich auch unterschiedliche Zustandskurven (Phasentrajektorien). Die Schar der Phasentrajektorien für verschiedene Anfangszustände nennt man das Phasenporträt und dieses liefert ein anschauliches Bild über das zeitliche Verhalten des durch die beiden Differentialgleichungen (6.12) beschriebenen Systems.

Aus den Gleichungen (6.12) ergibt sich

$$\frac{\dot{y}}{\dot{x}} = \frac{f(x, y)}{y} \; ; \; \text{bzw.} \; \frac{dy}{dx} = \frac{f(x, y)}{y} \tag{6.13}$$

Die Lösung dieser Differentialgleichung liefert die Phasentrajektorien. Die Zeit für das Durchlaufen einer Trajektorie vom Punkt A nach B (Bild 6.1a) ergibt sich zu

$$t_{A-B} = \int_A^B \frac{dx}{y} \tag{6.14}$$

Für die Gleichgewichtslage eines Systems muß gelten $\ddot{x} = 0$ und $\dot{x} = 0$, somit

$f(x, 0) = 0$

Man bezeichnet diese Punkte auch als singuläre Punkte des Systems.

Zwei einfache Beispiele sollen die Darstellung in der Phasenebene verdeutlichen. Die nichtlineare Differentialgleichung 2. Ordnung

$\ddot{x} + a \sin x = 0$

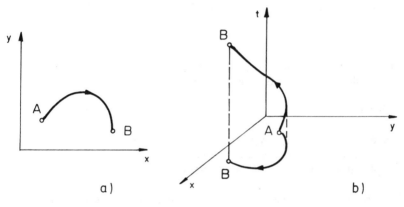

Bild 6.1: a) Darstellung in der Phasenebene,
b) Darstellung im Phasenraum

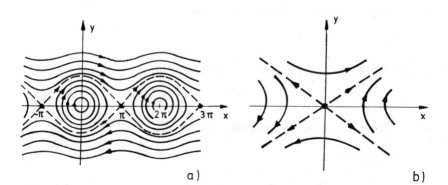

Bild 6.2: Phasenportraits zweier Differentialgleichungen 2. Ordnung

183

beschreibt die Orts- bzw. Winkelabhängigkeit eines ungedämpften nichtlinearen Schwingers (z. B. mathematisches Pendel). Umformung führt auf die beiden Differentialgleichungen 1. Ordnung

$$\dot{x} = y$$
$$\dot{y} = -a \sin x$$

und auf die Differentialgleichung für die Trajektorien

$$\frac{dy}{dx} = -\frac{a \sin x}{y}$$

Integration liefert die Gleichung der Phasentrajektorien

$$\frac{1}{2} y^2 - a \cos x = C$$

Die Konstante C ergibt sich aus dem jeweiligen Anfangszustand. Das Phasenporträt zeigt Bild 6.2a. Für die Gleichgewichtslagen erhält man aus

$$y = 0, \ f(x, 0) = -a \sin x = 0$$

für x die Lösungen $x = 0, \pm \pi, \pm 2\pi \ldots$, wobei die Stellen $x = \pm 2n\pi$ ($n = 0, 1, 2 \ldots$) als Wirbelpunkte (grenzstabil) und die Stellen $x = \pm (2n-1)\pi$ ($n = 1, 2 \ldots$) als Sattelpunkte (instabil) bezeichnet werden.

In Bild 6.2a sind Trajektorien strichliert eingezeichnet, die den Bereich der grenzstabilen Bewegungen um den Wirbelpunkt von den instabilen trennen. Diese Kurven werden als Separatrizen bezeichnet und sind für die Stabilitätsuntersuchungen besonders wichtig.

Als weiteres Beispiel sei die Differentialgleichung

$$\ddot{x} - ax = 0$$

betrachtet. Hier lauten die beiden Differentialgleichungen 1. Ordnung

$$\dot{x} = y, \ \dot{y} = ax$$

Für die Phasentrajektorien ergibt sich die Gleichung

$$y^2 - ax^2 = C$$

Bild 6.2b zeigt das Phasenporträt in der Umgebung des Gleichgewichtspunktes $x = 0, \ y = 0$; in diesem Falle ein instabiler Sattelpunkt.

Nullstellen	Phasenporträt	Singulärer Punkt
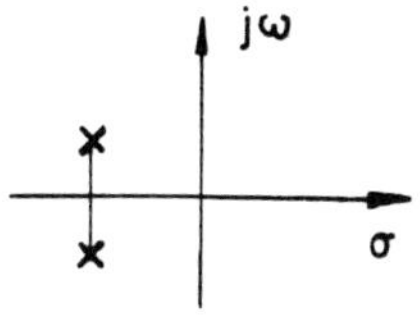 (complex conjugate poles in left half-plane)	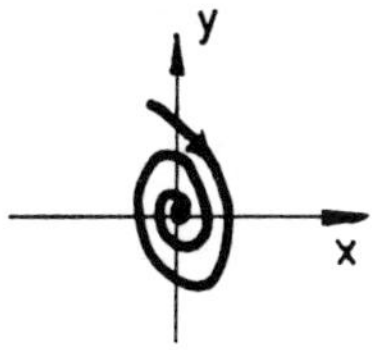 (stable spiral)	Strudelpunkt (stabil)
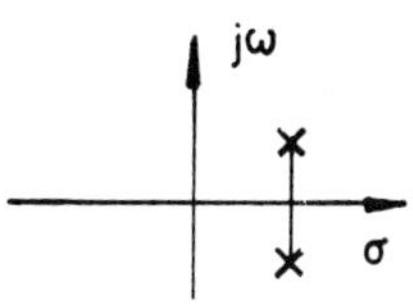 (complex conjugate poles in right half-plane)	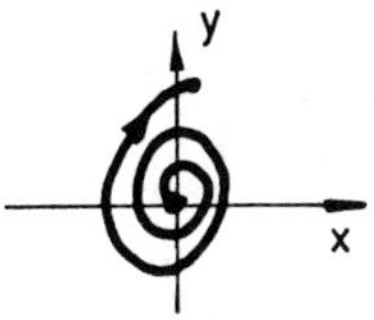 (unstable spiral)	Strudelpunkt (instabil)
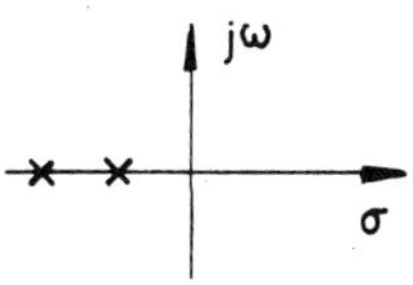 (two real negative poles)	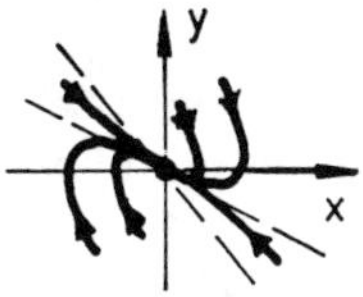 (stable node)	Knotenpunkt (stabil)
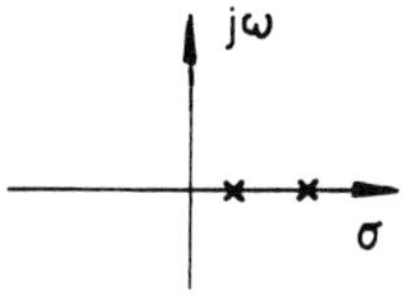 (two real positive poles)	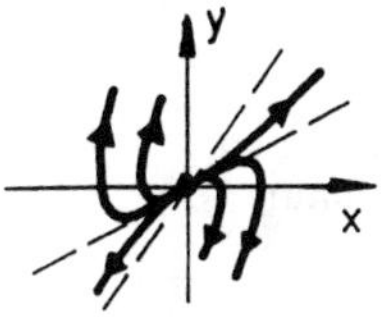 (unstable node)	Knotenpunkt (instabil)
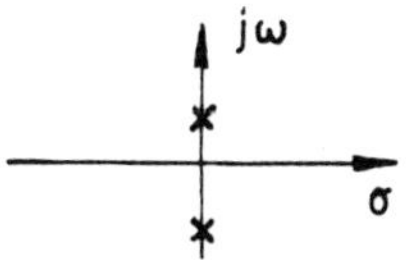 (poles on imaginary axis)	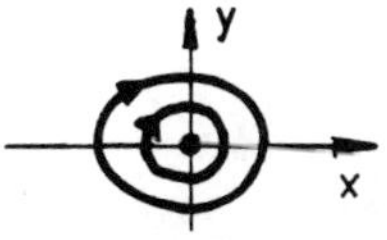 (center)	Wirbelpunkt (grenzstabil)
 (one positive, one negative real pole)	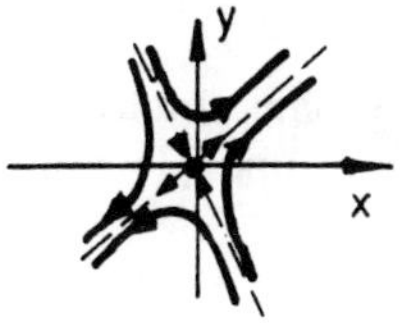 (saddle)	Sattelpunkt (instabil)

Bild 6.3: Verhalten von linearen Systemen 2. Ordnung in der Umgebung der singulären Punkte[9]

Bild 6.3 zeigt Phasenporträts von linearen Systemen 2. Ordnung in der Umgebung der singulären Punkte, die durch die Differentialgleichung

$$\ddot{x} + a\dot{x} + bx = 0$$

beschrieben werden und deren charakteristische Gleichung die Nullstellen (Wurzeln)

$$p_{1,2} = -\frac{a}{2} \pm \sqrt{\left(\frac{a}{2}\right)^2 - b} = \sigma \pm j\omega; \quad \text{bzw.} \quad p_{1,2} = \sigma_{1,2}$$

besitzt ($j = \sqrt{-1}$). Je nach Lage der Nullstellen in der komplexen Ebene ergeben sich unterschiedliche Gleichgewichtslagen.[9]

6.3 Phasenporträt des nichtlinearen Schwingers

Die normierte Bewegungsgleichung für einen Schrittmotorantrieb wurde in Abschnitt 6.1 hergeleitet. Sie stellt eine nichtlineare Schwingungsgleichung dar. Vorerst soll ein ungedämpftes Schrittmotor-Antriebssystem ($2\xi = 0$) betrachtet werden. Für diesen einfachen Sonderfall lautet die Differentialgleichung (6.10)

$$\frac{d\chi}{d\tau} + \sin \epsilon = -m_L$$

Nach Umformung und Berücksichtigung von

$$\frac{d\chi}{d\tau} = \frac{d\chi}{d\epsilon} \frac{d\epsilon}{d\tau} = \chi \frac{d\chi}{d\epsilon}$$

erhält man

$$\chi \frac{d\chi}{d\epsilon} + \sin \epsilon = -m_L \tag{6.15}$$

Die Berechnung der Trajektorien kann unmittelbar durch Integration erfolgen. Mit den Anfangswerten $\epsilon(\tau = 0) = \epsilon_0$ und $\chi(\tau = 0) = \chi_0$ ergibt sich die Gleichung für die Phasentrajektorien

$$\chi^2(\epsilon) = \chi_0^2 + 2(\cos \epsilon - \cos \epsilon_0) - 2m_L(\epsilon - \epsilon_0) \tag{6.16}$$

Die Gleichgewichtslagen erhält man mit $\dot{\chi} = 0$ und $\chi = 0$ aus

$$\sin \epsilon + m_L = 0$$

zu

$$\epsilon_w = -\arcsin m_L \; (\text{mod.} \; 2\pi)$$

$$\epsilon_s = -\pi + \arcsin m_L \; (\text{mod.} \; 2\pi) \tag{6.17}$$

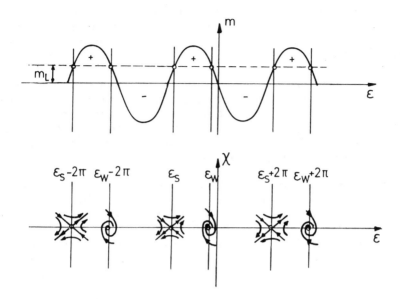

Bild 6.4: Gleichgewichtslagen und Typen der Singularitäten beim Schrittmotor[3]

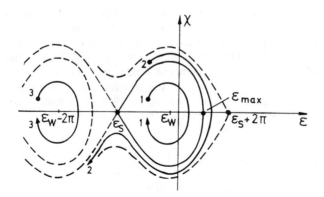

Bild 6.5: Phasenportrait der Bewegungsabläufe eines ungedämpften nichtlinearen Schrittmotorantriebes

wobei ϵ_w einen Wirbelpunkt (grenzstabil) und ϵ_s einen instabilen Sattelpunkt darstellt. Bei Berücksichtigung der Dämpfung ($2\xi \neq 0$) ändert sich an der Lage dieser Punkte nichts, bloß der Wirbelpunkt geht in einen stabilen Strudelpunkt über (siehe Bild 6.6), d. h. die Dämpfung hat Einfluß auf die Bewegung in der Umgebung dieser Punkte.

Um den Zusammenhang mit schon Bekanntem herzustellen, sind in Bild 6.4 der normierte Drehmomentenverlauf m (Grundwelle) und das normierte (konstante) positive Lastmoment m_L (wirkt rückdrehend im Sinne der Ständerfeldweiterschaltung) dargestellt.[3] Der Gleichgewichtslage ϵ_w entspricht die stabile Lage, die der Motor bei Belastung mit dem Lastmoment einnimmt; es stellt sich dabei der sogenannte Lastwinkel β ein (siehe Kapitel 1.4).

In der Position ϵ_s ist zwar auch das Motormoment gleich dem Lastmoment, aber bei kleinster Auslenkung erfolgt eine Drehung des Rotors entweder in Richtung ϵ_w oder in Gegenrichtung, ϵ_s ist damit eine instabile Lage.

Bei Auslenkung des Rotors aus der stabilen Lage ϵ_w führt der Rotor bei $2\xi = 0$ eine ungedämpfte, bei $2\xi \neq 0$ (wie in Bild 6.4 angedeutet) eine gedämpfte Schwingung aus.

Die Stellen $\epsilon_w \pm n\,2\pi$ (n = 1, 2 . . .) entsprechen Gleichgewichtslagen des Rotors, bei denen die gleichen elektromagnetischen Verhältnisse vorliegen wie bei der Position ϵ_w, allerdings liegen $2\,m_s$ Schritte dazwischen. Ein Einpendeln auf stabile Nachbarlagen bedeutet daher einen Schrittverlust und wird daher als instabiler Vorgang bezeichnet.

In Bild 6.5 ist das Phasenporträt für die Bewegungsabläufe eines ungedämpften nichtlinearen Schrittmotorantriebes dargestellt. Man erkennt die Ähnlichkeit mit Bild 6.2a, wobei für $m_L = 0$ das Phasenporträt des Bildes 6.5 in jenes von Bild 6.2a übergeht. Die durch den Sattelpunkt ϵ_s gehende Trajektorie stellt hier die Separatrix dar, Bewegungsabläufe mit Anfangspunkten innerhalb dieser Kurve verlaufen grenzstabil, sonst ergeben sich instabile Verläufe (bezogen auf den betrachteten Wirbelpunkt). Die Gleichung der Separatrix kann gefunden werden, indem man die Koordinaten des Sattelpunktes $\epsilon_s = -\pi + \arcsin m_L$ und $\chi_s = 0$ in Gleichung (6.16) einsetzt.

Unter Verwendung der Beziehung

$$\arcsin x = \arccos \sqrt{1-x^2} \quad \text{für } 0 \leqslant x \leqslant 1$$

ergibt sich als Gleichung für die Separatrix

$$\chi^2(\epsilon) = 2(\cos\epsilon + \sqrt{1-m_L^2}) - 2m_L(\epsilon + \pi - \arcsin m_L) \tag{6.18}$$

Der Schnittpunkt der Separatrix mit der ϵ-Achse ϵ_{max}, stellt jene maximale positive Auslenkung dar, bei der gerade noch eine grenzstabile Schwingung auftritt. Dieser Punkt kann durch Nullsetzen der Gleichung (6.18) gefunden werden.

In Bild 6.5 sind nun Trajektorien für verschiedene Anfangszustände dargestellt. Kurve 1 zeigt einen grenzstabilen Verlauf um den Punkt ϵ_w. Kurve 2 besitzt die gleiche Anfangsauslenkung wie Kurve 1, aber eine im gezeichneten Falle zu große Anfangsgeschwindigkeit χ_2.

Der Bewegungsvorgang ist instabil, er führt, bedingt durch das angreifende Lastmoment m_L zu einer unbeschränkten Bewegung in negativer Richtung bei ansteigender Winkelgeschwindigkeit. Bei Kurve 3 ist die Anfangsauslenkung (Differenzwinkel) so groß, daß die Trajektorie um den stabilen Nachbarpunkt ($\epsilon_w - 2\pi$) verläuft. Bezogen auf diesen Punkt wäre es eine grenzstabile Bewegung, wobei aber ein Fehlwinkel von -2π bezogen auf ϵ_w auftritt (entspricht $2\,m_s$ Motorschritten); somit ist der Verlauf von Kurve 3 ebenfalls als instabil zu bezeichnen.[4]

Bild 6.6 zeigt das Phasenporträt für einen gedämpften nichtlinearen Schwinger $2\xi \neq 0$, $m_L \neq 0$ (Gleichung (6.10)). Man erkennt, daß die Separatrizen (gestrichelt dargestellt) keine geschlossenen Kurvenzüge darstellen und daß die stabilen Punkte $\epsilon_w \pm n2\pi$ (n = 0, 1, 2 . . .) Strudelpunkte sind. Die Trajektorien laufen in diese Punkte hinein, Kennzeichen für eine gedämpfte Schwingung.

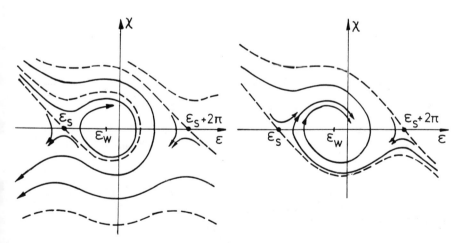

Bild 6.6: Phasenportraits für gedämpfte nichtlineare Schrittmotorantriebe[3]
  a) schwachgedämpftes System $m_L = 0,4$, $2\xi = 0,1$
  b) stark gedämpftes System $m_L = 0,2$; $2\xi = 0,2$

Bild 6.6a zeigt das Phasenporträt eines schwachgedämpften und Bild 6.6b für einen starkgedämpften nichtlinearen Schwinger.[3)]

Erwähnt sei, daß mit steigendem Lastmoment m_L die Punkte ϵ_w und ϵ_s näher zusammenrücken (siehe auch Gleichungen (6.17)), der stabile Bereich damit verkleinert wird, was auch aus Bild 6.4 unmittelbar hervorgeht.

In Bild 6.7 sind Einschwingvorgänge im Zeitbereich und in der Phasenebene für

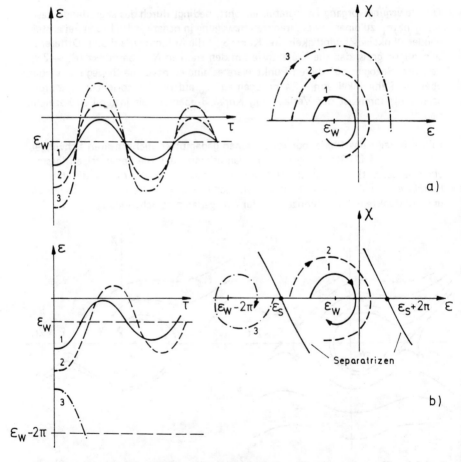

Bild 6.7: Darstellung von Einschwingvorgängen im Zeitbereich und in der Phasenebene
a) linearer Schwinger, b) nichtlinearer Schwinger

lineare (Bild 6.7a) und nichtlineare Schwinger (Bild 6.7b) um den stabilen Punkt ϵ_w dargestellt. Für lineare Schwinger ist die Schwingfrequenz unabhängig von der Amplitude, bei nichtlinearen Schwingern nimmt die Frequenz mit steigender Amplitude ab (siehe Kurven 1 und 2 in Bild 6.7b). Besonders deutlich ist der Unterschied im Verhalten von linearen und nichtlinearen Schwingern bei der Anfangsauslenkung für den Bewegungsvorgang Kurve 3 zu erkennen.

6.4 Einzelschritt-Fortschaltung

Die bisherigen Betrachtungen bezogen sich auf Schwingungen des Schrittmotorantriebes bei räumlich fester Ständerfeldposition (γ_s = konst.) um die Gleichgewichtslage ϵ_w.

Bei Einzelschritt-Fortschaltung wird zum Zeitpunkt t = 0 (τ = 0) das Ständerfeld um den Winkel Γ_s (Vollschrittbetrieb) weitergeschaltet und bleibt dann konstant. Im Zeitraum τ < 0 war der Motor in Ruhe (χ = 0) im stabilen Gleichgewichtspunkt ϵ_w = $-\arcsin m_L$. Durch die Weiterschaltung des Ständerfeldes im Zeitpunkt τ = 0 vergrößert sich der Differenzwinkel ϵ in negativer Richtung um den Betrag ϵ_{st} (step) entsprechend dem Schrittwinkel $k\Gamma_s$. Somit gilt für die neue Anfangslage

$$\epsilon(\tau = 0) = \epsilon_o = -\epsilon_{st} - \arcsin m_L, \quad \epsilon_{st} = k\Gamma_s \text{ (k = 1 PM-M. k = 2 VR-M)}$$

Durch die mechanische Trägheit ist der Motor zu Beginn der Schrittfortschaltung in Ruhe, χ_o = 0. Bild 6.8 zeigt den für die Stabilität ungünstigeren Fall der ungedämpften Schwingung. Damit der folgende Ausschwingvorgang grenzstabil verläuft, muß ϵ_o gemäß Bild 6.8 innerhalb der Separatrix liegen, somit $\epsilon_o > \epsilon_s$ sein. Daraus folgt

$$-\epsilon_{st} - \arcsin m_L > -\pi + \arcsin m_L$$

bzw. als Bedingung für das maximale (normierte) Lastmoment

$$m_L < \sin \frac{\pi - \epsilon_{st}}{2}, \quad \Gamma_s > 0$$

Für eine Weiterschaltung des Ständerfeldes in negative Richtung ($\Gamma_s < 0$), muß $\epsilon_o < \epsilon_{max}$ sein.

In Bild 6.8 ist auch die maximale normierte Winkelgeschwindigkeit χ_{max} eingetragen, die an der Stelle ϵ_w auftritt, wie aus einer einfachen Extremwertberechnung ermittelt werden kann. Für χ_{max} ergibt sich der Ausdruck

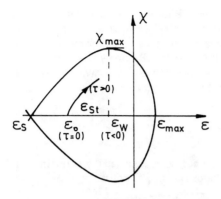

Bild 6.8:
Einzelschritt-Fortschaltung

$$\chi_{max} = 2\sqrt{\sqrt{1-m_L^2} - 4m_L(\pi/2 - \arcsin m_L)} \qquad (6.19)$$

und man erkennt, daß sich mit wachsender Belastung χ_{max} und damit die Startgrenzfrequenz f_{Am} verringern. Dies ist auch bereits aus den Motorkennlinien, Abschnitt 1.8, ersichtlich.

Für den Sonderfall des unbelasteten Motors beträgt $\chi_{max} = 2$. Daraus kann auf die maximale Start-Stoppfrequenz f_{Aom} geschlossen werden. So ergibt sich beispielsweise für einen PM-Motor

$$\chi_{max} = \frac{d\epsilon}{d\tau}\bigg/_{max} = \frac{1}{\omega_e}\frac{d\gamma}{dt}\bigg/_{max} \approx \frac{1}{\omega_e}\frac{\Gamma_s}{T_s}$$

wobei eine mittlere Winkelgeschwindigkeit von Γ_s/T_s (siehe Bild 1.6) angenommen wurde. Mit $f_{Aom} = 1/T_s$ folgt für f_{Aom}

$$f_{Aom} < \frac{2\omega_e}{\Gamma_s}$$

Solange die Frequenz niedriger als der angegebene Wert ist, bleibt die Bewegungstrajektorie innerhalb der Separatrix, die Bewegung ist stabil.

6.5 Bewegungsvorgänge bei Schrittsequenzen

Solange die elektrische Zeitkonstante des Ständers klein gegenüber der Intervalldauer T_s bleibt, verläuft $\gamma_s(t)$ nach einer Treppenfunktion (Bild 1.6b). Innerhalb eines Intervalles bleibt $\gamma_s(t)$ konstant. Der Bewegungsvorgang einer Schrittsequenz kann nun unter der vorigen Voraussetzung in der Phasenebene aus der stückweisen Zusammensetzung der einzelnen Bewegungstrajektorien für die betreffenden Intervalle ermittelt werden.

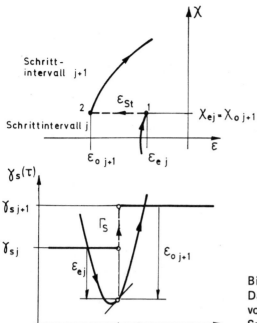

Bild 6.9: Darstellung des Bewegungsvorganges beim Übergang vom Schrittintervall j zu (j + 1) in der Phasenebene und im Zeitbereich

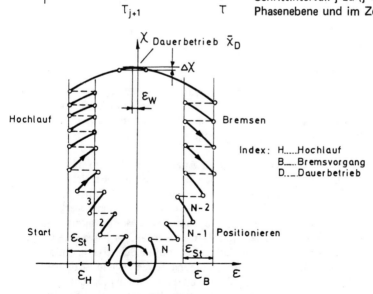

Bild 6.10: Darstellung von Schrittsequenzen im Zuge eines Bewegungsablaufes in der Phasenebene [5]

Wird das Ständerfeld während des Bewegungsvorganges des Läufers um den Schrittwinkel Γ_s weitergeschaltet, Intervall (j + 1), so sind zunächst die Phasenkoordinaten χ_{ej}, ϵ_{ej} des Rotors am Ende des abgelaufenen Schrittintervalls (j) festzustellen (Punkt 1 in Bild 6.9). Im Zeitpunkt τ_{j+1} wird das Ständerfeld mit vernachlässigter Kommutierungszeit weitergeschaltet, der Läufer behält aber auf Grund seiner mechanischen Trägheit die Position und Geschwindigkeit ϵ_{ej} und χ_{ej} bei. In der Darstellung der Phasenebene vergrößert sich im Zeitpunkt τ_{j+1} der Nacheilwinkel ϵ um ϵ_{st} (Punkt 2 in Bild 6.9) bei gleichbleibender Geschwindigkeit χ_{ej}. Die Koordinaten des Punktes 2 sind somit die Anfangskoordinaten für das Schrittintervall (j + 1). Es gilt somit allgemein

$$\chi_{o\,j+1} = \chi_{ej}$$

$$\epsilon_{o\,j+1} = \epsilon_{ej} - \epsilon_{st}$$

$$\tau_{o\,j+1} = \tau_{ej}$$

Ausgehend vom Punkt 2 verläuft der Bewegungsvorgang nach der zugehörigen Trajektorie bis zum Ende des Schrittintervalls (j + 1), wo eine neuerliche Schrittfortschaltung stattfindet. Hier tritt insofern eine Schwierigkeit auf, als die Zeit explizit in den Ausdrücken von ϵ und χ nicht aufscheint, eine Skalierung der Trajektorien kann daher nur über die numerische Berechnung des Integrals, Gleichung (6.14) erfolgen, was die Kenntnis des Verlaufes der Trajektorien voraussetzt.

Dies führt dazu, daß man in der Praxis die nichtlineare Bewegungsgleichung abschnittweise im Zeitbereich numerisch integriert, und dann die Ergebnisse (Bewegungstrajektorien) in die Phasenebene überträgt. Man erhält damit ein anschauliches Bild über die Stabilität des gesamten Bewegungsablaufes, denn die Aussagen hinsichtlich Separatrix und Stabilität bleiben aufrecht. So können z. B. aus der Nähe der Bewegungstrajektorien zu den Separatrizen Rückschlüsse auf die Betriebssicherheit eines Antriebes gezogen werden.[1), 3) – 5)]

Erfordert ein Positioniervorgang eine große Anzahl von Schritten (N > 20...30), so können für einen zeitoptimalen Bewegungsvorgang fünf Bereiche angegeben werden (Bild 6.10). Ausgehend vom Stillstand werden die Schrittintervalle 1, 2, 3 . . . so gewählt, daß der mittlere Nacheilwinkel ϵ_H möglichst rasch den Wert $-\pi/2$ annimmt, da in diesem Bereich der Motor sein Momentenmaximum aufweist. Dabei darf die Separatrix überschritten werden, da hier weitere Schrittsequenzen folgen, ein Stoppen wäre jedoch nicht ohne Schrittverlust möglich, da der Bewegungsablauf bereits im Beschleunigungsbereich (siehe Motorkennlinien, Abschnitt 1.8) stattfindet. Bis zum Erreichen der maximal möglichen Geschwindigkeit (maximale Schrittfrequenz) kann nun der Bewegungsablauf durch Setzen der entsprechenden Ständerfortschaltimpulse (Frequenz-Hochlauframpe) so gestaltet werden, daß der mittlere Nacheilwinkel in der Beschleunigungsphase ϵ_H beträgt (siehe Bild 6.10). Anschließend folgt eine Phase mit konstanter Schrittfrequenz (Stationärbetrieb). Hier ändert sich die Winkelgeschwindigkeit und damit die Drehzahl nur geringfügig (entspricht $\Delta\chi$ in Bild 6.10). Da in diesem Bewegungsabschnitt keine Beschleunigung des Antriebes erfolgt, bewegt sich der Winkel ϵ im Mittel um den stabilen Wert ϵ_w.

Durch Verlängerung der Zeitintervalle wird in den Bremsbereich übergegangen. Der optimale Verzögerungsvorgang ergibt sich bei Einhaltung eines mittleren „Voreilwinkels" $\epsilon_B = \pi/2$. Dabei wird der Antrieb verzögert, man gelangt vom Beschleunigungsbereich wieder in den Start-Stoppbereich (in der Phasenebene in den Bereich innerhalb der Separatrix). Durch gezieltes Setzen der für den Positioniervorgang erforderlichen letzten Schritte (Gesamtschrittzahl = N), kann erreicht werden, daß ein langes Einschwingen um die Endposition und damit eine Vergrößerung der Positionierzeit vermieden wird.

Mit Hilfe der Darstellung in der Phasenebene können nun numerisch oder auch experimentell die optimalen Zeitpunkte für die Schrittfortschaltung des Ständerfeldes, sogenannte Frequenzrampen, ermittelt werden. Sicherlich wurden die Verläufe unter idealisierten Bedingungen hergeleitet. Es wird nochmals darauf verwiesen, daß zur Normierung der Bewegungsgleichung die Amplitude M_{Bm} des Motormomentes als konstant vorausgesetzt wurde, was nur für Konstantstrombetrieb bis zu einer aus den Motorkennlinien entnehmbaren maximalen Frequenz zutrifft. In der Praxis zeigt sich daher eine mehr oder weniger starke Abweichung von dem theoretischen Verlauf, besonders bei Konstantspannungsbetrieb, wo sich die optimalen Schaltwinkel mit zunehmender Winkelgeschwindigkeit χ und damit f_s in negative Richtung verschieben. Dies hängt damit zusammen, daß bei höheren Frequenzen neben der Verkleinerung der Drehmomentamplituden gleichzeitig eine Verschiebung des Drehmomentenverlaufes gegenüber jenem des statischen Verlaufes in negativer Richtung des elektrischen Winkels erfolgt (siehe Kapitel 4).

6.6 Stabilitätsgrenze bei Schrittsequenzen

Stabilitätsprobleme treten in erster Linie bei Beschleunigungsvorgängen und höheren Schrittfrequenzen auf, da in diesen Fällen der Differenzwinkel ϵ große negative Werte annimmt. Der Bremsvorgang ist, bedingt durch die Dämpfung und das Lastmoment, meist unkritisch. Die Prüfung der Stabilität kann auch in diesen Fällen unter Zuhilfenahme des Phasenporträts des nichtlinearen Systems erfolgen. Die durch den Sattelpunkt $\epsilon_s = -\pi + \arcsin m_L$ gehende Separatrix bildet die dynamische Stabilitätsgrenze.

In Bild 6.11 soll anhand von drei Fällen die Stabilität überprüft werden.[3] – [5]

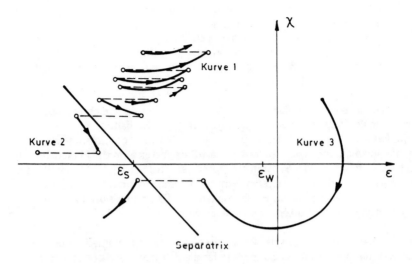

Bild 6.11: Stabilitätsbetrachtungen in der Phasenebene

Fall 1:

Der Bewegungsvorgang (Kurve 1) verläuft bei hohen Schrittfrequenzen und der Nacheilwinkel ϵ ist teilweise größer als ϵ_s (statische Stabilitätsgrenze), was aber in diesem Falle nichts ausmacht, da die Winkelgeschwindigkeit χ eine entsprechende Größe aufweist und die Separatrix nicht überschritten wird. Bei jedem Weiterschalten des Ständerfeldes verschiebt sich der Anfangspunkt der entsprechenden Trajektorie um $-\epsilon_{st}$, der Motor verringert anfangs sogar seine Winkelgeschwindigkeit (Abnahme von χ mit wachsendem ϵ), er wird also gebremst, erfährt dann allerdings wieder eine Beschleunigung. Der Kurvenverlauf 1 ist also stabil, da in keinem Zeitpunkt die Separatrix überschritten wird.

Fall 2:

Auch hier beginnt die Betrachtung in einem ähnlichen Bereich der Phasenebene (Kurve 2) wie bei Fall 1. Beim ersten Schritt erfolgt eine Verschiebung des Anfangspunktes um $-\epsilon_{st}$. Allerdings ist hier das Schrittintervall zu kurz, der Motor wird nur abgebremst. Der Folgeschritt führt das System über die Separatrix hinaus in das Stabilitätsgebiet des Punktes $\epsilon_w - 2\pi$ und damit ist die Bewegung instabil (es treten Schrittverluste auf).

Bei rasch erfolgenden Beschleunigungsvorgängen ist stets $\chi > 0$, eine Schrittfortschaltung im negativen Bereich $\chi < 0$ (Inverslauf) tritt nicht auf. Bei niedrigen Schrittfrequenzen kann dies aber sehr wohl auftreten.

Fall 3:

Hier ist ein Bewegungsablauf mit niedrigen Schrittfrequenzen in der Nähe der Eigenfrequenz des Systems dargestellt (siehe Abschnitt 6.7). Bedingt durch die niedrige Frequenz können auch negative Anfangswerte für χ ($\chi < 0$) auftreten. Wird, wie in Kurve 3 dargestellt, in dem gezeichneten Punkte weitergeschaltet, so wird der Verlauf ebenfalls instabil, da die Separatrix überschritten wird.

Im folgenden sollen anhand einiger Beispiele instabile Bewegungsabläufe in der Phasenebene betrachtet werden.[5)] Dabei ist ein zweisträngiger PM-Motor zugrundegelegt. Einer Differenzwinkelperiode von 2π entsprechen vier Motorschritte.

Beim Bewegungsablauf nach Bild 6.12 ist im 3. Teilschritt das Schrittintervall zu kurz, der 4. Schritt führt den Motor aus dem Stabilitätsbereich hinaus und gelangt in den Bereich des Punktes ($\epsilon_w - 2\pi$). Dies hat einen Schrittverlust von vier Schritten zur Folge. Nach Beendigung des Bewegungsvorganges hat der Schrittmotor in Summe keinen Schritt vollzogen, da den vier Schritten in Vorwärtsrichtung der Verlust von vier Schritten durch den instabilen Vorgang überlagert ist. Bild 6.12b und c zeigen die Winkelgeschwindigkeit und Rotorposition in Abhängigkeit der Zeit. Aus diesen Bildern ist der Grund der Instabilität kaum zu erkennen. Dieses Beispiel entspricht dem Fall 2 des Bildes 6.11.

Bild 6.13 zeigt den Fall eines Positioniervorganges mit vier Schritten. Allerdings wurde hierbei die Separatrix durch Erreichen zu hoher Winkelgeschwindigkeit überschritten, wodurch der Rotor im folgenden Ausschwingvorgang um vier Schritte voreilt und die stabile Lage ($\epsilon_w + 2\pi$) annimmt. Der Rotor hat nicht die vorgesehenen vier Schritte sondern acht in Vorwärtsrichtung ausgeführt.

Bild 6.14 zeigt einen Fall ähnlich der Kurve 3 im Bild 6.11. Hier erfolgt die Weiterschaltung mit einer Frequenz in der Nähe der Eigenfrequenz. Nach drei Positionierschritten wird die Separatrix überschritten und der Rotor nimmt die stabile Lage ($\epsilon_w - 2\pi$) ein, d. h. er hat sich in Summe um einen Schritt rückgedreht, statt wie verlangt um drei Schritte vorwärts.

6.7 Resonanzzonen im Stationärbetrieb

Der in Bild 6.10 dargestellte Stationärbetrieb im Anschluß an den Hochlaufvorgang ist bei der auftretenden hohen mittleren Winkelgeschwindigkeit $\overline{\chi}_D$ (Index D für Dauerbetrieb) und den hohen Schrittfrequenzen stabil und daher unkritisch. Ein derartiger Betriebszustand entspricht der Trajektorie 1 in Bild 6.15. Vermindert man die Schrittfrequenz auf Werte im Bereich der mechanischen Eigenfrequenz des Antriebes, so gehen die Trajektorien in einen nahezu vollständigen Schwingungszyklus über (Kurve 2), bei dem trotz geringer mittlerer Winkel-

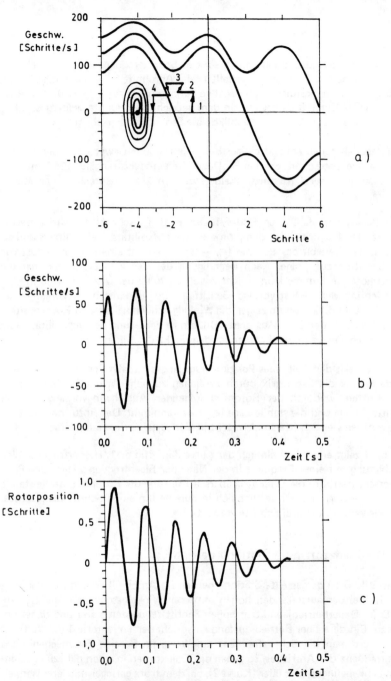

Bild 6.12: Instabiler Bewegungsablauf a) Darstellung in der Phasenebene
b), c) Darstellung von Winkelgeschwindigkeit und Rotorposition in Abhängigkeit der Zeit[5]

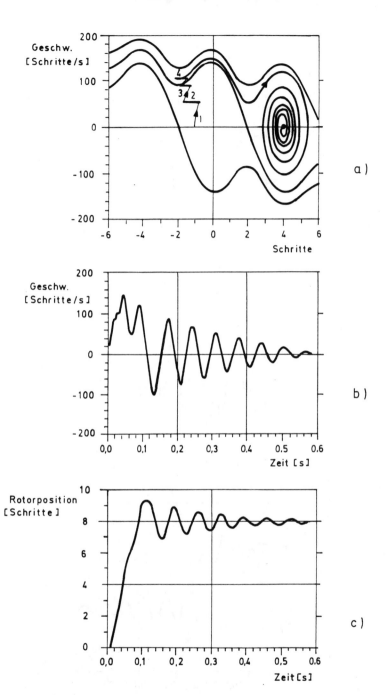

Bild 6.13: Instabiler Bewegungsablauf a) Darstellung in der Phasenebene b), c) Zeitliche Darstellung von Winkelgeschwindigkeit und Rotorposition[5]

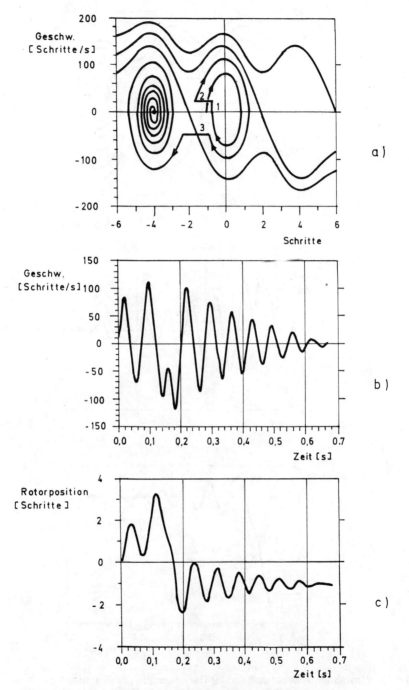

Bild 6.14: Instabiler Bewegungsablauf a) Darstellung in der Phasenebene
b), c) Zeitliche Darstellung von Winkelgeschwindigkeit und Rotorposition[5]

geschwindigkeit $\overline{\chi}_{D2}$ große Differenzwinkelamplituden (ϵ_m und ϵ_{min}) auftreten und dadurch die Bewegungstrajektorie in die Nähe der Separatrix gelangt.[1), 3), 6)] Geringe Belastungströße oder Änderungen in der Schrittfrequenz können zu einer Überschreitung der Separatrix und damit zu einem Außertrittfallen des Motors führen (siehe Bild 6.11, Kurve 3, bzw. Bild 6.14). Verfolgt man den Verlauf der Differenzwinkelamplituden bzw. die Größe E

$$E = \epsilon_m + |\epsilon_{min}|$$

in Abhängigkeit der Schrittfrequenz, so zeigt sich, daß auch durch höhere Harmonische von Schrittfrequenzen gefährliche Amplitudenwerte und damit Resonanzen entstehen können.

Bezieht man die Schrittfrequenz f_z auf die Eigenfrequenz des Antriebes f_e, so gilt für die normierte Schrittfrequenz ν_z

$$\nu_z = \frac{f_z}{f_e}$$

Harmonische Resonanzen sind dann zu erwarten, wenn

$$\nu_z = \frac{1}{n} \quad (n = 1, 2, \ldots) \quad \text{bzw.} \quad f_z = \frac{1}{n} f_e$$

und damit die betreffende Oberschwingung n der Schrittfrequenz gleich der Eigenfrequenz des Antriebes wird. Ein Stationärbetrieb in diesem Frequenzbereich ($f_z < f_e$) ist daher kritisch auf Resonanzzonen zu untersuchen.[3)]

Bild 6.16 zeigt die Abhängigkeit der Größe E/2 von der normierten Frequenz ν_z für einen zweisträngigen PM-Motor im Leerlauf ($m_L = 0$) und bei einer Dämpfung $2\xi = 0{,}2$.[3)] Der Fortschaltwinkel Γ_s des Ständerfeldes beträgt $\pi/2$. Bei hohen Frequenzen beträgt die Amplitude E praktisch Γ_s ($\widehat{=} \epsilon_{st}$, siehe Bild 6.10 bzw. Bild 6.15, Trajektorie 1), somit nähert sich der Verlauf von E (ν_z)/2 für große Werte von ν_z dem Betrag $\Gamma_s/2$. Im Bereich $\nu_z < 1$ treten harmonische Resonanzen auf. Die Sprungstellen erklären sich aus der Tatsache, daß es sich hier um einen nichtlinearen Schwinger handelt, dessen grundsätzlicher Amplitudengang in Bild 6.17 dargestellt ist.[7)] Dabei handelt es sich um einen sogenannten unterlinearen Schwinger. Ein nichtlinearer Schwinger weist auch im Resonanzzustand begrenzte Amplituden auf, (hier etwa der Wert π für $m_L = 0$), während beim linearen Schwinger die Schwingungsamplituden nur durch die Dämpfung begrenzt werden. Die Resonanzfrequenz eines nichtlinearen Schwingers ist außerdem nicht konstant, sondern sinkt mit wachsender Amplitude entsprechend der strichpunktierten Kurve in Bild 6.17. Die Resonanzamplitude ist von der „Vorgeschichte" der Bewegung des Schwingers abhängig. Bei sinkender Anregungsfrequenz steigen die Amplitudenwerte zunächst an, und bei Erreichen des Punktes A erfolgt bei weiterer Frequenzabsenkung ein Amplitudensprung nach B.

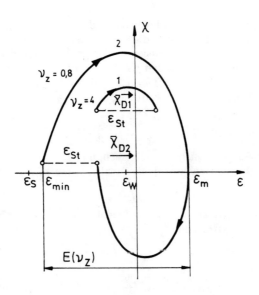

Bild 6.15: Darstellung des Stationärbetriebes für zwei Schrittfrequenzen in der Phasenebene[1]

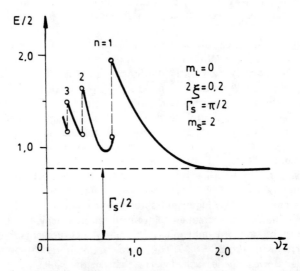

Bild 6.16: Verlauf der Amplitude $E/2$ in Abhängigkeit der normierten Frequenz ν_z für einen zweisträngigen PM-Motor für Vollschrittbetrieb[3]

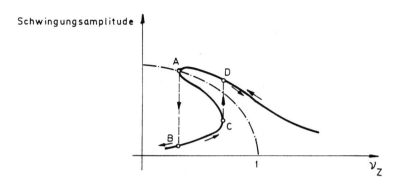

Bild 6.17: Amplitudengang eines unterlinearen Schwingers

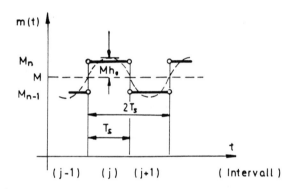

Bild 6.18: Drehmomentschwankungen bei Halbschrittbetrieb[3]

Umgekehrt ergibt sich bei steigender Frequenz ein Verlauf bis Punkt C und ein Sprung nach D.

Wird der Motor im Halbschrittbetrieb gefahren, so entstehen auf Grund parametrischer Anregungen auch sogenannte subharmonische Resonanzen bei den normierten Schrittfrequenzen ν_z = 4, 2, 4/3, 1. Subharmonische führen zu Schwingungen im Bereich der mechanischen Eigenfrequenz, obwohl die zugehörige anregende Schrittfrequenz wesentlich höher liegt.[8]

Die Anregung für subharmonische Schwingungen bei Halbschrittbetrieb erklärt sich aus der Tatsache, daß durch die Änderung der Drehmomentamplitude beim Wechsel von n aus m_s auf (n − 1) aus m_s Betrieb Drehmomentschwankungen entstehen, Bild 6.18.

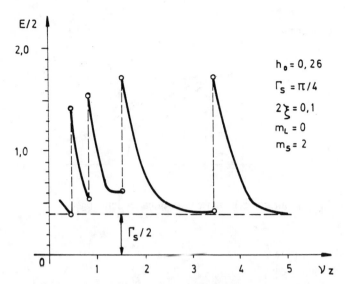

Bild 6.19: Verlauf der Amplitude E/2 in Abhängigkeit der normierten Frequenz ν_z für einen zweisträngigen PM-Motor für Halbschrittbetrieb [3]

Für den zeitlichen Drehmomentenverlauf kann geschrieben werden

$$m(t) = M(1 + h_o \sin \frac{\pi}{T_s} t), \text{ mit } M = \frac{M_n + M_{n-1}}{2}$$

Beispielsweise beträgt h_o für einen zweisträngigen PM-Motor für Halbschrittbetrieb 0,26. [3]

Bild 6.19 zeigt den Verlauf der maximalen Amplituden $E(\nu_z)/2$ für einen leerlaufenden ($m_L = 0$) und gedämpften ($2\xi = 0,1$) zweisträngigen PM-Motor für Halbschrittbetrieb ($\Gamma_s = \pi/4$). [3]

Erwähnt sei, daß bei höheren Strangzahlen die Drehmomentschwankungen im Halbschrittbetrieb stark zurückgehen und damit auch die Gefahr der Anregung zu subharmonischen Schwingungen.

Bei Stationärbetrieb von Schrittmotoren mit sehr hohen Schrittfrequenzen f_z können zu den besprochenen Resonanzzonen noch weitere „kritische" Zonen hinzukommen, die durch dynamische Instabilitäten hervorgerufen werden. Diese Instabilitäten haben ihre Ursache in der Ausbildung von Ausgleichsströmen in den Ständerwicklungen, die, bedingt durch ihre Phasenlage, eine negative elektrische Dämpfung hervorrufen und dadurch zur Schwingungsanfachung führen können. Eine Vergrößerung der mechanischen Dämpfung bringt hier Abhilfe. [3]

7 Auslegung von Schrittmotorantrieben

R. Gfrörer

7.1 Einleitung

Die Auslegung von Schrittmotorantrieben unterscheidet sich prinzipiell nicht von anderen elektrischen Positionierantrieben. Dennoch sind einige Besonderheiten zu beachten, die sich aus dem speziellen Betriebsverhalten dieser Motoren ergeben.

Nach einer allgemeinen Einführung in die Auslegung von Schrittmotorantrieben und Hinweisen zur Motorauswahl werden verschiedene Verfahren zur Antriebsoptimierung behandelt. Einige praktische Hinweise insbesondere zum Einsatz von Hybrid-Schrittmotoren beschließen das Kapitel.

7.2 Grundsätzliche Vorgehensweise bei der Motorauswahl

Die Aufgabenstellungen für Schrittmotorantriebe sind zu vielfältig, als daß man eine für alle Fälle gültige Vorgehensweise zu deren Auslegung angeben könnte. Einige grundsätzliche Ansätze gelten jedoch immer.

Die häufigste Aufgabenstellung für den Schrittmotor ist das Positionieren einer Last über eine oder mehrere unterschiedliche Wegstrecken. Dabei sind meist gewisse zeitliche Randbedingungen vorgegeben. Sofern man nicht von vorn herein den kritischsten Fall erkennt und zur Motorauswahl heranzieht, sind eventuell mehrere Fälle durchzuspielen.

7.2.1 Abschätzung des Antriebs

Die wichtigsten funktionellen Randbedingungen, die man grundsätzlich zu beachten hat, sind

— die geforderte Auflösung und Positioniergenauigkeit,
— die Wegstrecke und die Positionierzeit,
— die an der Motorwelle wirksamen Lastdaten: Lastmoment und Lastträgheitsmoment.

Häufig zu beachtende nicht funktionelle aber bei der Auswahl doch ganz entscheidende Randbedingungen sind beispielsweise die maximale Baugröße des Motors oder die Preisvorstellungen.

Bei der Betrachtung der Auflösung muß insbesondere bei kleinen Antriebsleistungen entschieden werden, ob ein größerer Motor (z. B. Hybridmotor) als Direktantrieb oder ein kleinerer (z. B. Klauenpolmotor) mit geringerer Auflösung mit einem Untersetzungsgetriebe in Frage kommt. Letzte Lösung ist sicher preiswerter, hat jedoch Nachteile in der Positioniergenauigkeit und im Laufverhalten.

Anschließend berechnet man sich aus den zu positionierenden Wegstrecken und Zeitbedingungen die mittlere Schrittfrequenz, die zur Bewältigung der Aufgabe erforderlich wäre. Diese mittlere Schrittfrequenz entspricht einer Start/Stop-Frequenz für den Schrittmotor. Anhand der ermittelten Größenordnung erkennt man rasch, ob ein Start/Stop-Betrieb (einfache Positioniersteuerung) oder ein Betrieb mit Frequenzrampe erforderlich ist. Häufig erkennt man bereits schon hier, ob die Aufgabenstellung überhaupt realistisch ist.

Weiter sind die meist nur grob vorliegenden Lastdaten auf die Motorwelle zu beziehen. Dies geschieht in üblicher Weise, die für den weniger versierten Anwender im nachfolgenden Abschnitt 7.2.2 kurz wiederholt wird.

Mit Hilfe dieser Überlegungen hat man sich in aller Regel bereits einen guten Überblick verschafft und kann anhand von Kennlinien und Maßblättern der Hersteller eine Vorauswahl treffen.

Dabei sollte man darauf achten, daß das am Motor wirksame Lastmoment normalerweise nicht größer als 30 % des Motormoments und das Lastträgheitsmoment nicht größer als etwa das 10-fache Rotorträgheitsmoment ist. Bei Abweichungen von dieser Regel ist zu überlegen, ob nicht ein Getriebe zur besseren Anpassung des Motors an die Last sinnvoll wäre.

7.2.2 Umrechnung der Lastdaten

Meist besteht ein Antrieb aus mehreren, mechanisch miteinander gekoppelten Teilen, die unterschiedlich schnelle rotierende oder lineare Bewegungen ausführen. Sofern die Kopplung der Teile als mechanisch „steif" zu betrachten ist, kann bei der Ermittlung der auf die Motorwelle wirkenden Belastung wie folgt vorgegangen werden.

a) Lastmoment M_L^*

Man ermittelt die Summe der Geschwindigkeiten (Winkelgeschwindigkeiten) aller bewegten Teile multipliziert mit den an ihnen angreifenden Kräften (Lastmomenten). Nach dem Impulssatz der Mechanik läßt sich diese Summe als Ersatzlastmoment mal der Winkelgeschwindigkeit des Rotors ausdrücken:

$$\sum_j M_{Lj} \cdot \omega_{Lj} + \sum_k F_{Lk} \cdot v_{Lk} \stackrel{!}{=} M_L^* \cdot \omega_M \qquad (7.1)$$

Im einfachsten Fall gilt

$$M_L^* = M_L/i \qquad (7.2)$$

mit der Übersetzung

$$i = \frac{\omega_M}{\omega_L} \qquad (7.3)$$

b) Lastträgheitsmoment J_L^*

Man geht analog nach dem Energiesatz vor, berechnet also die kinetische Energie aller bewegten Teile und setzt diese gleich der kinetischen Energie eines Ersatzträgheitsmoments mit der Motordrehzahl:

$$\sum_j \frac{1}{2} J_{Lj} \cdot \omega_{Lj}^2 + \sum_k \frac{1}{2} m_{Lk} \cdot v_{Lk}^2 \stackrel{!}{=} \frac{1}{2} J_L^* \omega_M^2 \qquad (7.4)$$

Im einfachsten Fall gilt:

$$J_L^* = J_L/i^2 \qquad (7.5)$$

Wenn Teile des Antriebs nicht — wie oben angenommen — mechanisch „steif" angekoppelt sind, so gelten die Überlegungen dennoch für den „quasi-stationären Betrieb", d. h. für den Betrieb mit fester oder nur langsam veränderlicher Drehzahl.

Will man jedoch beispielsweise die Eigenfrequenz oder die maximale Startfrequenz des Motors unter der Belastung abschätzen, so läßt man die „weich" gekoppelten Teile des Antriebs in erster Näherung unberücksichtigt.

7.2.3 Ermittlung der Start/Stop-Frequenz

Für einfachste Positionieraufgaben ohne besondere Zeitanforderungen empfiehlt sich der Start/Stop-Betrieb des Schrittmotors allein deshalb, weil er die geringsten Anforderungen an die Positioniersteuerung stellt.

Die maximale Startgrenzfrequenz eines Schrittmotors f_{Aom} wird von den Herstellern immer angegeben und bezieht sich auf den unbelasteten Motor. Ein Belastungsmoment M_L^* wie auch eine auf die Motorwelle wirkende Lastträgheit J_L^* verringern diesen Wert. Diese Abhängigkeit der Startgrenzfrequenz von der Belastung des Motors wird üblicherweise in zwei Kennlinien angegeben, wie es in Bild 7.1 skizziert ist.

Diese Kennlinien sind mit gewissen Vorbehalten zu betrachten, da nicht nur die Höhe des Belastungsmoments sondern auch dessen Charakteristik für das Startverhalten des Motors ausschlaggebend ist. Ähnlich verhält es sich mit der Lastträgheit: Hier spielt die mechanische Ankupplung eine entscheidende Rolle. Die Ermittlung der maximalen Startgrenzfrequenz mit Hilfe der Kennlinien kann also nur eine grobe Abschätzung sein, um sich einen Überblick zu verschaffen.

Man geht dazu folgendermaßen vor:

Zunächst liest man die Startgrenzfrequenz unter alleiniger Wirkung der Lastträgheit ab (Bild 7.1 unten). Anschließend verschiebt man die Kennlinie der Lastmomentabhängigkeit (Bild 7.1 oben) soweit nach links, daß deren Schnittpunkt mit der Frequenzachse auf dieser Startfrequenz zu liegen kommt. In der verschobenen Kennlinie kann man nun die maximale Startfrequenz für die Belastung M_L^* ablesen.

Dieses Verfahren funktioniert nur dann so einfach, wenn die Frequenzachse im logarithmischen Maßstab geteilt ist!

7.2.4 Wahl der Fahrgeschwindigkeit bei linearer Rampe

Reicht die für die gegebene Belastung ermittelte Startfrequenz bei weitem nicht aus, um die für eine Positionierung vorgegebenen Zeitbeschränkungen einzuhalten, so wird man die erforderliche Fahrgeschwindigkeit durch einen längeren Beschleunigungsvorgang mit Hilfe einer Frequenzrampe zu erreichen suchen.

Sofern diese Fahrgeschwindigkeit und/oder die Beschleunigung nicht durch gewisse Vorgaben festliegen oder beschränkt sind, hat man bei deren Auswahl einen gewissen Entscheidungsspielraum.

Um nachfolgende Überlegungen übersichtlich zu halten, wird nur eine lineare Rampe (d. h. eine feste mittlere Beschleunigung) betrachtet, deren Steigung für den Beschleunigungs- und Bremsvorgang identisch ist (gleiche Beschleunigungs- und Bremszeit).

Die Aufgabe stellt sich wie folgt dar:

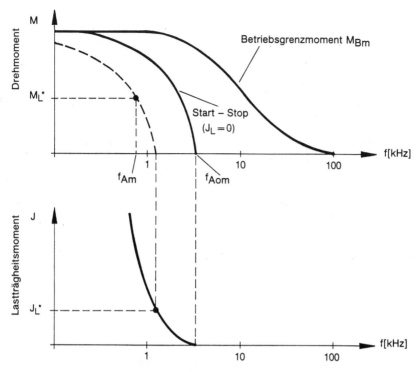

Bild 7.1: Ermittlung der Start/Stop-Frequenz für den belasteten Motor aus den Betriebskennlinien

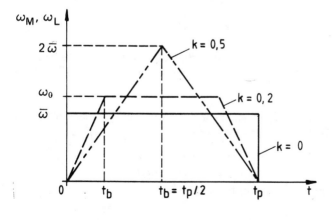

Bild 7.2: Einfluß der Beschleunigungszeit auf das Fahrdiagramm

Positioniert werden soll eine Last (J_L, M_L) über eine Strecke φ_L in der Positionierzeit t_p. Der Motor mit dem Rotorträgheitsmoment J_M und dem Betriebsgrenzmoment M_{Bm} (ω_M) sei über ein (masseloses) Getriebe mit der Übersetzung $i = \omega_M / \omega_L$ starr an die Last gekuppelt.

Für die mittlere Winkelgeschwindigkeit von Motor und Last gilt:

$$\bar{\omega}_M = \frac{\varphi_L \cdot i}{t_p}, \quad \bar{\omega}_L = \frac{\varphi_L}{t_p} \tag{7.6}$$

Beim Start/Stop-Betrieb ist die Fahrgeschwindigkeit ω_0 identisch mit der mittleren Geschwindigkeit $\bar{\omega}$. Dies ist im Fahrdiagramm Bild 7.2 mit nicht unterbrochener Linie dargestellt.

Definiert man einen Faktor k als Verhältnis von Beschleunigungszeit t_b (gleich Bremszeit) und Positionierzeit t_p:

$$t_b = k \cdot t_p \tag{7.7}$$

so liegt k immer im Bereich

$$k = 0 \ldots 0{,}5.$$

Dabei liegt für $k = 0$ der schon betrachtete Start/Stop-Betrieb vor.

In Bild 7.2 erkennt man weiter, wie sich die Wahl der Beschleunigungszeit auf das Fahrdiagramm und vor allem auf die maximale Geschwindigkeit (Fahrgeschwindigkeit) auswirkt. Wichtig ist die einfache Erkenntnis, daß die Fahrgeschwindigkeit überhaupt nur zwischen der mittleren Geschwindigkeit $\bar{\omega}$ (für $k = 0$) und deren doppeltem Wert $2\bar{\omega}$ (für $k = 0{,}5$) liegen kann.

Die Fahrgeschwindigkeit von Motor und Last läßt sich auch ausdrücken als

$$\omega_{M0} = \frac{\bar{\omega}_M}{1-k}, \quad \omega_{L0} = \frac{\bar{\omega}_L}{1-k} \tag{7.8}$$

Es ist festzustellen, ob der gegebene Motor die Positionieraufgabe überhaupt erfüllen kann, bzw. bei welcher auszuwählender Fahrgeschwindigkeit er die größten „Reserven" hat.

Dazu wird das erforderliche Drehmoment des Motors in der Beschleunigungsphase untersucht. Dieses läßt sich unterteilen in

— ein Drehmoment M_{bM} zur Beschleunigung seines Rotors,
— ein Drehmoment M_{bL} zur Beschleunigung der Last und
— das auf den Motor wirkende Lastmoment M_L^*.

Für das Betriebsgrenzmoment eines sinnvoll ausgelegten Schrittmotors gilt, daß es im Drehzahlbereich zwischen Null und der Fahrgeschwindigkeit mindestens so groß wie die Summe dieser drei Drehmomentanteile zuzüglich einer angemessenen Reserve sein sollte:

$$M_{Bm} \overset{!}{\geq} \frac{4}{3}(M_{bM} + M_{bL}^{*} + M_{L}^{*})$$

$$\text{für } 0 \leq \omega_M \leq \omega_{MO}$$
(7.9)

Dabei stellt der Faktor 4/3 einen empirisch ermittelten, praxisnahen Wert zur Berücksichtigung der Drehmomentreserve dar.

Die Drehmomentanteile zur Beschleunigung von Rotor und Last hängen von der gewählten Fahrfrequenz ab.

Für die Beschleunigung des Rotors gilt:

$$M_{bM} = J_M \cdot \dot{\omega}_M = J_M \frac{\omega_{MO}}{t_b}.$$
(7.10)

(mit (7.7) und (7.8) erhält man daraus:

$$M_{bM} = \frac{J_M}{t_p} \cdot \frac{\omega_{MO}^2}{\omega_{MO} - \bar{\omega}_M} = i \frac{J_M}{t_p} \frac{\omega_{LO}^2}{\omega_{LO} - \bar{\omega}_L}.$$
(7.11)

Ganz entsprechend kann man für die Beschleunigung der Last schreiben:

$$M_{bL} = \frac{J_L}{t_p} \frac{\omega_{LO}^2}{\omega_{LO} - \bar{\omega}_L}.$$
(7.12)

Umrechnung auf die Motordrehzahl ergibt:

$$M_{bL}^{*} = M_{bL}/i = \frac{J_L^{*}}{t_p} \frac{\omega_{MO}^2}{\omega_{MO} - \bar{\omega}_M}$$

mit $J_L^{*} = J_L/i^2$.
(7.13)

Mit Hilfe von (7.11) und (7.13) kann man nun für eine gewählte Fahrgeschwindigkeit überprüfen, ob die Bedingung (7.9) erfüllt ist. Dies ist jedoch umständlich und zeigt auch nicht, wie weit man mit der Auswahl vom theoretischen Optimum entfernt ist.

Abhilfe schafft ein graphisches Verfahren, bei dem man (7.11) und (7.13) jeweils als Verlauf in Abhängigkeit von der Fahrgeschwindigkeit in das Diagramm des Betriebsgrenzmoments des Motors einträgt, wie es in Bild 7.3 gezeigt ist. Außerdem wird das Lastmoment M_L^{*} als Verlauf eingetragen. Durch Vergleich des während des Beschleunigungsvorgangs erforderlichen Motormoments

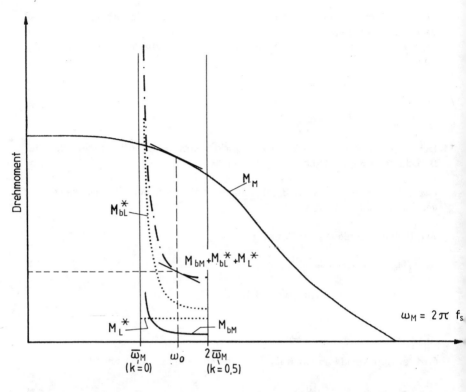

Bild 7.3: Graphisches Verfahren zur Ermittlung der optimalen Schrittfrequenz bei linearer Rampe

$$M_M = M_{bM} + M_{bL}{}^* + M_L{}^*$$

mit dem Betriebsgrenzmoment kann man nicht nur sofort erkennen, ob der Motor für die Aufgabe prinzipiell geeignet ist, man findet auch gleich die (theoretisch) optimale Fahrfrequenz (dort wo die Steigung der Summenmomentkurve gleich der Steigung des Betriebsgrenzmomentverlaufs ist).

Die graphische Darstellung wird man zweckmäßigerweise nicht von Hand vornehmen, sondern einem PC überlassen. Damit lassen sich dann auch Optimierungen sehr schnell und übersichtlich durchführen.

Das Motormoment M_M während der Beschleunigungsphase läßt sich mit Hilfe der Schrittfrequenz f_s ausdrücken:

$$M_M = \frac{J_M + J_L^*}{t_p} \frac{f_{S0}^2}{f_{S0} - f_S}. \qquad (7.14)$$

Der besondere Vorteil dieses graphischen Verfahrens liegt darin, daß sich alles im Drehmoment-Drehzahl-Diagramm abspielt, einer Darstellung, in der man bei der Auslegung von Positionierantrieben (besonders mit Schrittmotoren) zu denken gewohnt ist.

In der Praxis wird die Fahrgeschwindigkeit häufig ohne genauere Betrachtungen zu

$$\omega_{M0} \stackrel{!}{=} 1{,}5\, \bar{\omega}_M \quad (\hat{=} k = \tfrac{1}{3}) \qquad (7.15)$$

gewählt. Dies bedeutet, daß je ein Drittel der Positionierzeit zum Beschleunigen, zum Lauf mit Fahrgeschwindigkeit und zum Bremsen verwendet wird. Wie man Bild 7.3 entnehmen kann, liegt man damit in der Regel nicht schlecht.

Die Auswahl nach (7.15) hat den folgenden Hintergrund:

Die mechanische Leistung, die der Motor während des Positioniervorganges abgeben muß, ist in dem Augenblick am größten, wenn er beim Beschleunigen gerade die Fahrgeschwindigkeit erreicht. Es läßt sich zeigen, daß diese Leistungsspitze minimal ist, wenn man die Fahrfrequenz nach (7.15) wählt.

Diese Betrachtung ist sinnvoll, wenn Motormoment und Lastmoment drehzahlunabhängig sind, wie es bei Gleichstrom-Servoantrieben häufig angenähert gilt. Da Schrittmotoren jedoch ein mit der Drehzahl stark fallendes Drehmoment aufweisen, ist die Verwendung des beschriebenen graphischen Verfahrens sinnvoller.

Bemerkung:

Dem Verfahren nach Bild 7.3 läßt sich übrigens nicht entnehmen, ob ein Positioniervorgang auch im Start/Stop-Betrieb durchzuführen ist, da die Beschleunigungsmomente hier (theoretisch) unendlich groß wären. In Wirklichkeit braucht der Motor natürlich auch im Start/Stop-Betrieb eine gewisse Anlaufzeit, die er anschließend wieder aufholt.

7.2.5 Getriebe

In vielen Fällen ist es zweckmäßig oder sogar unerläßlich, den Schrittmotor nicht direkt sondern über ein mechanisches Getriebe mit dem Antrieb zu koppeln. Die Aufgaben eines solchen Getriebes lassen sich grob in vier Kategorien unterteilen:

1) Umsetzung der Bewegungsart

In den Fällen, wo der Antrieb lineare Bewegungen ausführen muß, ist ein Umsetzungsgetriebe erforderlich. Aber auch aus Platzgründen kann der Motor häufig nicht direkt angekuppelt werden, so daß Winkel- oder Riemengetriebe erforderlich sind. Die Übersetzung kann dann meist nach Gesichtspunkten 2) und 4) ausgewählt oder zumindest beeinflußt werden.

2) Anpassung der Schrittauflösung

Mit Hilfe eines Untersetzungsgetriebes kann die Schrittauflösung verbessert werden. Zu beachten ist, daß durch das Getriebespiel die Schrittwinkelgenauigkeit auf der Abtriebsseite verschlechtert wird.

3) Anpassung des Rotorträgheitsmoments an die Last

Dabei will man erreichen, daß das von Motor aufzubringende Beschleunigungsmoment möglichst gering wird („dynamische Anpassung").

Das gesamte Beschleunigungsmoment

$$M_M - M_L^* = M_{bM} + M_{bL}^* = (J_M \cdot i + J_L/i) \frac{1}{t_p} \frac{\omega_{LO}^2}{\omega_{LO} - \overline{\omega}_L} \tag{7.16}$$

wird genau dann minimal, wenn

$$J_M = \frac{J_L}{i^2} = J_L^* \tag{7.17}$$

gilt, wovon man sich leicht überzeugen kann.

4) Anpassung der Motordrehzahl zum Betrieb mit maximaler Leistungsabgabe

Insbesondere dann, wenn die ermittelte Fahrfrequenz sehr niedrig liegt, arbeitet der Motor weit unter seinem Vermögen zur mechanischen Leistungsabgabe. Die Verwendung eines kleineren Motors mit Untersetzungsgetriebe kann oft die bessere Lösung sein.

Man wird vor allem dann, wenn ein Getriebe ohnehin vorhanden ist, dessen Übersetzung nach einem Kompromiß der Kriterien 2) bis 4) auswählen. Bei dieser Auswahl kann unter anderem auch nach dem in 7.2.4 vorgestellten graphischen Verfahren vorgegangen werden. Dies sei anhand eines Beispiels gezeigt:

In Bild 7.4 ist ein relativ unkritischer Positioniervorgang im Drehmoment-Schrittfrequenz-Diagramm dargestellt. Motor und Last sind über ein vorhandenes Getriebe (Übersetzung i) gekoppelt, die Positionierzeit betrage t_p. Die erforderliche mittlere Schrittfrequenz beträgt hier 500 Hz.

Man erkennt, daß der Motor reichlich Reserven hat, um die Positionierung mit z. B. 750 Hz (gemäß (7.15)) durchzuführen. Auch sieht man, daß die Trägheitsmomente von Motor und Last nicht besonders gut angepaßt sind, da sich die Beschleunigungsmomente stark unterscheiden. Der Motor arbeitet auch nicht im Bereich seiner maximalen Abgabeleistung, er ist folglich für die gestellte Aufgabe überdimensioniert. Dies ändert sich, wenn die geforderte Positionierzeit t_p beispielsweise halbiert wird, wie in Bild 7.4b zusätzlich dargestellt.

Bei der Verringerung der Positionierzeit vergrößern sich die erforderlichen Drehzahlen im gleichen Verhältnis. Die Beschleunigungsmomente nehmen gemäß (7.14) quadratisch zu. Das Lastmoment ändert sich nur, wenn es von der Drehzahl abhängig ist, was in Bild 7.4 nicht angenommen wurde.

Bei der Halbierung der Positionierzeit bleibt von der Drehmomentreserve des Motors fast nichts mehr übrig, nach (7.9) kann der Motor die Vorgaben nicht erfüllen.

Man erkennt jetzt besonders deutlich, daß der Motor fast sein gesamtes Drehmoment zur Beschleunigung der Last einsetzen muß. Daher ist es sinnvoll, die Übersetzung des Getriebes zu ändern (Bild 7.4c).

Bei Vergrößerung der Übersetzung i vergrößert sich die Motordrehzahl im gleichen Verhältnis (die Lastdrehzahl bleibt ja erhalten). Das am Motor wirksame Drehmoment und das Beschleunigungsmoment für die Last reduzieren sich entsprechend der Vergrößerung der Übersetzung. Das Beschleunigungsmoment für den Rotor wächst proportional mit der vergrößerten Motordrehzahl (gemäß (7.14)).

In Bild 7.4c wurde die Anpassung der Übersetzung gemäß (7.17) vorgenommen, so daß die Beschleunigungsmomente für Motor und Last identisch und in ihrer Summe am geringsten werden. Die Reserve des Motors zur Positionierung vergrößert sich dabei, auch läuft der Motor eher im Drehzahlbereich maximal möglicher Leistungsabgabe.

Versucht man nun die Positionierzeit zu halbieren (Bild 7.4d), so ist dies jetzt möglich. Wählt man die Fahrfrequenz im Bereich 7 ... 8 kHz, so hat der Motor eine ausreichende Drehmomentreserve, seine Leistungsfähigkeit wird gut ausgenutzt.

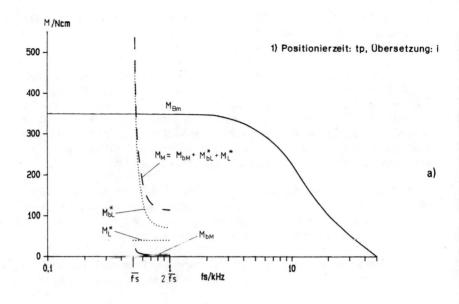

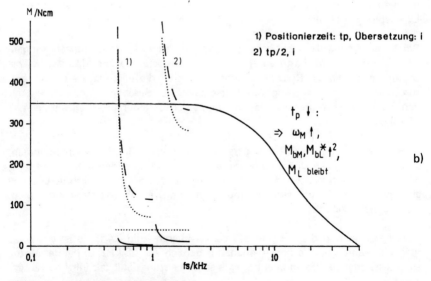

Bild 7.4: Anpassung des Getriebes
  a) Beispiel eines Positioniervorgangs
  b) Einfluß der Positionierzeit

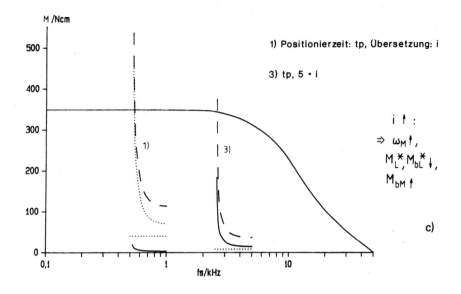

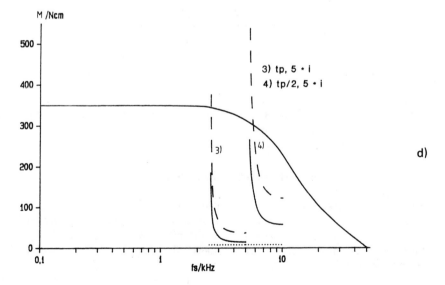

Bild 7.4: Anpassung des Getriebes
  c) Anpassung der Übersetzung
  d) Halbierung der Positionierzeit bei angepaßter Übersetzung

7.3 Optimierung des Antriebs

Auch bei sorgfältiger Auslegung des Antriebs besteht häufig die Notwendigkeit, diesen weiter zu optimieren. Dabei kann eine Verringerung der erreichbaren Positionierzeiten, aber auch der Wunsch nach Einsatz eines kleineren, preiswerteren Motors im Vordergrund stehen.

Hier bieten sich grundsätzlich zwei Vorgehensweisen an:

Zum einen kann die Schrittvorgabe an das Antriebsvermögen des Motors besser angepaßt werden (Optimierung der Rampe), zum anderen kann die Leistungsfähigkeit des Motors durch Maßnahmen an der Ansteuerung optimiert werden (Beeinflussung der Betriebskennlinien).

Beide Wege sind nachfolgend beschrieben.

7.3.1 Rampen für hohe Fahrgeschwindigkeit

Beim Beschleunigen mit linearer Rampe benötigt der Motor während der gesamten Beschleunigungsphase das gleiche Beschleunigungsmoment. Da das verfügbare Motormoment mit steigender Drehzahl stark abnimmt, muß sich die Steilheit der Rampe nach dem Motormoment bei der höchsten Drehzahl, d. h. bei der Fahrfrequenz f_{so}, richten. Vor allem bei hoher Fahrfrequenz wird das vorhandene Betriebsgrenzmoment zu Beginn der Beschleunigungsphase nicht ausgenutzt.

Abhilfe schafft eine Rampe mit einer dem Verlauf des Betriebsgrenzmoments angepaßten Steigung. Eine Rampe mit exponentiellem Verlauf erfüllt dies in etwa, wie es in Bild 7.5 gezeigt ist.

7.3.2 Optimierung der Schrittfolge für kurze Wege

Bei sehr hohen Beschleunigungen vor allem bei kurzen Fahrstrecken liegt kein „quasi-stationärer Betrieb" mehr vor. Die Auslegung des Antriebs und insbesondere die Optimierung kann daher nicht mehr mit der stationären Kennlinie des Betriebsgrenzmoments erfolgen. Statt dessen ist der exakte Zeitverlauf der Rotorbewegung zu betrachten.

Will man diesen Zeitverlauf berechnen, so benötigt man ein Gleichungssystem, das die Rotorbewegung unter Berücksichtigung der wichtigsten Einflußgrößen beschreibt.

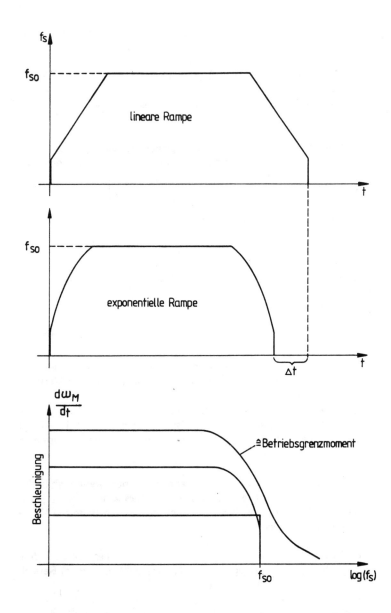

Bild 7.5: Frequenzrampe für hohe Drehzahlen

Benötigt werden die mechanischen Bewegungsgleichungen, im einfachsten Fall bei starrer Kopplung zwischen Rotor und Last ist es nur eine:

$$(J_M + J_L^*) \ddot{\varphi}_M(t) = M_M(\varphi_M, t) - M_L^*(\varphi_M, \dot{\varphi}_M, t) \tag{7.18}$$

wobei Einflüsse wie Reibung, mechanische Dämpfung usw. im Lastmoment M_L^* enthalten sein mögen.

Das Drehmoment des Motors läßt sich in Abhängigkeit von der Rotorlage und den Strangströmen vereinfacht beschreiben als Summe der Einzelhaltemomente:

$$M_M\left(\varphi_M(t), i_n(t)\right) = k_B \cdot \sum_{n=1}^{m_S} i_n(t) \cdot \sin\left(p \cdot \varphi_M(t) - \frac{2(n-1)}{m_S}\pi\right) \tag{7.19}$$

Für die m_S Motorströme gelten die Spannungsgleichungen:

$$u_n(t) = R_w i_n(t) + L_w \dot{i}_n(t) + k_B \dot{\varphi}_M(t) \cdot \sin\left(p \cdot \varphi_M(t) - \frac{2(n-1)}{m_S}\pi\right) \tag{7.20}$$

Sofern kein reiner Konstantspannungsbetrieb vorliegt, müssen die zumeist nichtlinearen Zusammenhänge zwischen Strangströmen und -spannungen (Stromregler) ebenfalls beschrieben werden:

$$u_n(t) = f\left(i_n(t)\right) \tag{7.21}$$

Die Gleichungen können z. B. nach dem Runge-Kutta-Verfahren numerisch gelöst werden. Zur Optimierung der Schrittfolge ist die Darstellung der Verläufe als Zeitfunktion weniger geeignet. Übersichtlicher ist es, wenn man die Darstellung in der Zustandsebene (Winkelgeschwindigkeit über Drehwinkel) wählt. Der Übergang von der Zeitdarstellung zur Zustandsdarstellung ist in Bild 7.6 an einem einfachen Beispiel gezeigt. Die ausführliche Herleitung ist in Kapitel 6 behandelt.

Einen guten Überblick über den Positioniervorgang erhält man, wenn man in der Zustandsdarstellung auf der Abzisse statt des Drehwinkels φ den Lastwinkel ϑ aufträgt. Bei jedem Schritt (in positiver Drehrichtung) springt dann die Kurve um den Schrittwinkel nach links.

Zum optimalen Beschleunigen müssen die Schritte genau so gesteuert werden, daß sich der Lastwinkel (in Abhängigkeit von der Drehzahl) immer im Bereich des maximalen Drehmoments befindet (Bild 7.7).

In der Praxis ist es häufig geschickter, diese Größen zu messen und in der Zustandsdarstellung auf einem Oszilloskop zu zeigen. Mit einem Bitmuster-Generator kann jeder Schrittimpuls einzeln gesetzt und solange verändert werden, bis die optimale Schrittfolge gefunden ist.

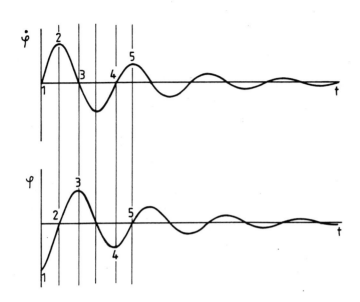

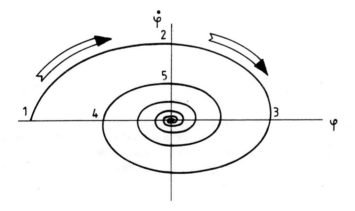

Bild 7.6: Übergang von der Zeitdarstellung zur Darstellung in der Zustandsebene

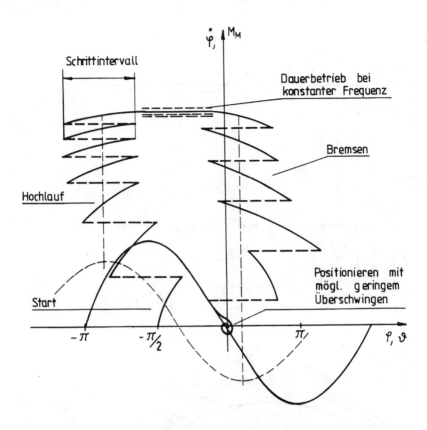

Bild 7.7: Optimierter Fahrzyklus

Eine vereinfachte Optimierung ist häufig möglich, indem nicht jeder Puls einzeln gesetzt, sondern die gesamte Pulsfolge mit einer festen Frequenz vorgegeben wird. Durch Variation der Frequenz kann der Verlauf ebenfalls optimiert werden, z. B. in Hinblick auf ein minimales Überschwingen beim Einlaufen in die Zielposition.

7.3.3 Einfluß von Strom, Spannung und Wicklung auf das Betriebsverhalten

Der Einfluß, den die Betriebsart auf den Drehmomentverlauf des Motors ausübt, wurde zum Teil bereits in Kapitel 5 (z. B. Bild 5.4) dargelegt. Hier soll jetzt grundsätzlich von einer schaltgeregelten Konstantstromansteuerung ausgegangen werden, wie sie z. B. für Hybrid-Schrittmotoren in der Regel verwendet wird.

Um den Einfluß der Zwischenkreisspannung (Chopperspannung) U_{ch} und des eingestellten Betriebsstromes I_w zu verstehen, ist ein kurzer Rückblick auf die Entstehung des Drehmoments im Motor sinnvoll.

Bestimmend für das Betriebsverhalten eines jeden Motors sind ausschließlich die magnetischen Größen in seinem Inneren. Die Motorwicklungen stellen einen Transformator dar, der die elektrischen Größen (Strom, Spannung) in die magnetischen Größen (Durchflutung, magnetischer Fluß) umsetzt. Grundsätzlich gelten die Zusammenhänge:

$$\Theta(t) = w \cdot i(t), \quad \phi(t) = \frac{1}{w} \int u(t) dt. \tag{7.22}$$

Das Übersetzungsverhältnis wird durch die Windungszahl w bestimmt. Bei festem Kupfervolumen (Windungszahl mal Drahtquerschnitt) gilt:

$$R_w, L_w \sim w^2, \quad k_B \sim w \tag{7.23}$$

Spannung und Strom müssen bei einer Änderung der Windungszahl (bei festem Kupfervolumen) gemäß

$$I_w \sim \frac{1}{w}, \quad U_{ch} \sim w \tag{7.24}$$

angepaßt werden, um das Betriebsverhalten *nicht* zu beeinflussen.

Bei einer gezielten Beeinflussung des Betriebsverhaltens durch Änderung von Strom oder Spannung, kann ersatzweise auch die Wicklung geändert werden bei gleichzeitiger Anpassung des jeweils anderen Parameters.

— *Einfluß des Wicklungsstromes*

Für kleine Wicklungsströme besteht eine näherungsweise lineare Abhängigkeit zwischen Strom und Drehmoment:

$$M_M \sim I_w \tag{7.25}$$

Bei größeren Strömen macht sich zunehmend die magnetische Sättigung des Eisens bemerkbar, der Drehmomentzuwachs ist geringer.

Der Einfluß des Wicklungsstromes auf das Betriebsgrenzmoment bei Konstantstromspeisung ist in Bild 7.8 skizziert.

Zur Optimierung des Hochlaufs eines Antriebs kann es sinnvoll sein, den Strom zu erhöhen (Boost-Eingang der Leistungsansteuerung) und damit die Beschleunigungszeit zu verringern. Beim Lauf mit Fahrfrequenz wird der Strom wieder auf den Nennwert abgesenkt, um eine zu große Erwärmung zu vermeiden.

Beim Stillstand des Motors wird das volle Haltemoment oft nicht benötigt. Es läßt sich durch Absenken des Wicklungsstromes z. B. auf 70 % reduzieren. Dadurch läßt sich die durch den Boost-Betrieb entstehende zusätzliche Erwärmung häufig kompensieren. Viele Leistungsansteuerungen sind mit einer automatischen Stromabsenkung im Stillstand ausgerüstet.

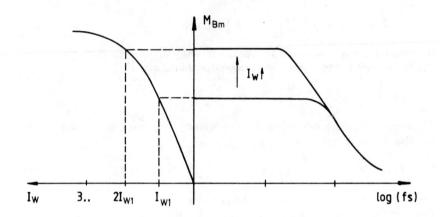

Bild 7.8: Einfluß des Wicklungsstromes auf das Betriebsgrenzmoment

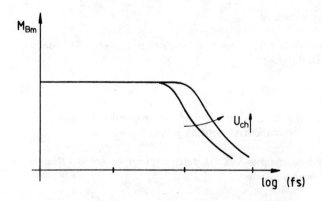

Bild 7.9: Einfluß der Zwischenkreisspannung auf das Betriebsgrenzmoment

— *Einfluß der Spannung*

Zu höheren Drehzahlen hin fällt das Betriebsgrenzmoment des Schrittmotors grundsätzlich ab, da hier die induktiven Widerstände und die induzierte (Gegen-) Spannung zunehmen und den Stromfluß behindern.

Beim Konstantstrombetrieb beeinflußt die Zwischenkreisspannung das Drehmoment vor allem im oberen Drehzahlbereich, wo der Stromregler den Betriebsstrom nicht mehr aufrecht erhalten kann. Der Zusammenhang ist in Bild 7.9 prinzipiell gezeigt:

Durch eine Erhöhung der Zwischenkreisspannung U_{ch} kann der Abfall der Kennlinie weiter nach rechts verschoben werden. Diese Maßnahme findet jedoch ihre Grenzen durch die mit der Frequenz ebenfalls zunehmenden Wirbelströme in den Eisenteilen des Motors, die das magnetische Feld schwächen und damit die Drehmomentbildung verschlechtern.

Bei Erniedrigung der Spannung verschiebt sich der Abfall der Kennlinie nach links. Zusätzlich wird der Einfluß der induzierten Spannung auf den Verlauf der Ströme stärker, was zu erhöhter Resonanzanfälligkeit führt.

Da die Zwischenkreisspannung durch das Netzteil der Ansteuerung meist fest vorgegeben ist, kann sie nicht so einfach wie der Phasenstrom verstellt werden. Man wird normalerweise eine Spannungsanpassung durch unterschiedliche Motorwicklungen vornehmen, wobei dann der Nennstrom im umgekehrten Verhältnis zur Windungszahl zu korrigieren ist.

Dazu werden von den Herstellern in der Regel mehrere Wicklungen für jede Motorbaugröße angeboten.

— *Einfluß der Windungszahl*

Durch alleinige Änderung der Windungszahl (I_w, U_{ch}, Kupfervolumen unverändert) läßt sich die Kennlinie des Betriebsgrenzmoments ebenfalls beeinflussen. Derartige Optimierungen sind insbesondere dann interessant, wenn die Leistungsfähigkeit der Netzversorgung oder der Leistungsansteuerung (integrierte Endstufen) begrenzt ist.

Der Einfluß der Windungszahl ist tendenziell in Bild 7.10 dargestellt:

Eine Erhöhung der Windungszahl entspricht einer Stromerhöhung bei gleichzeitiger Spannungsabsenkung. Infolgedessen erhöht sich das Betriebsgrenzmoment im unteren und verringert sich im oberen Drehzahlbereich (Optimierung für Start/Stop-Betrieb).

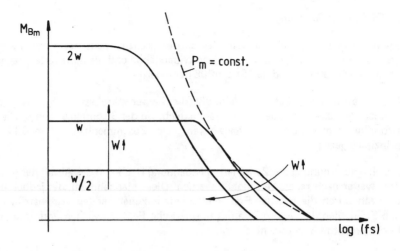

Bild 7.10: Einfluß der Windungszahl auf das Betriebsgrenzmoment

Umgekehrt verringert sich das Betriebsgrenzmoment im unteren und erhöht sich im oberen Drehzahlbereich, wenn die Windungszahl verringert wird (Optimierung für maximale Leistungsabgabe).

Eine Verringerung des Kupfervolumens (z. B. gleiche Windungszahl aber dünnerer Draht) entspricht einem vorgeschalteten, im Motor integrierten Vorwiderstand, Beispiel: Unipolar-Wicklung.

7.3.4 Einfluß der Schaltungsart

Auch durch entsprechende Wahl der Schaltungsart (unipolar/bipolar) kann in gewissen Grenzen eine Beeinflussung bzw. Optimierung der Drehmoment-Kennlinie erfolgen. Dies hat eine gewisse Bedeutung in Massenanwendungen der Datentechnik (Drucker, Schreibmaschine). Diese Geräte haben häufig nur eine beschränkte elektrische Leistung für den Antrieb zur Verfügung. Aus Kostengründen kommt oft nur der Konstantspannungsbetrieb ohne Vorwiderstand in Frage.

Anhand eines Beispieles (Bild 7.11) soll nun der Einfluß der Schaltungsart demonstriert werden:

Bei einer zur Verfügung stehenden Betriebsspannung U_c und einem maximalen Betriebsstrom je Phase I_w erhält man für die Bipolarwicklung eines Motors Windungszahl w und Drahtdurchmesser d aus der Bedingung

$R_w = U_c / I_w$.

In Kapitel 4 wurde ausgeführt, daß beim Konstantspannungsbetrieb ohne Vorwiderstand das Betriebsgrenzmoment mit der Drehzahl sehr schnell abfällt (Bild 7.11 a).

Für den ebenfalls möglichen Unipolarbetrieb (Bild 7.11 b) muß für jede Teilwicklung eines Stranges ebenfalls

$R_w' = U_c / I_w = R_w$

gelten. Die beiden in Reihe geschalteten Teilwicklungen haben zusammen folglich den doppelten Widerstand, wozu die $\sqrt{2}$-fache Windungszahl erforderlich ist. Für die Windungszahl w' jeder Teilwicklung gilt somit

$w' = (\sqrt{2}/2) \cdot w = 0{,}71 \cdot w$.

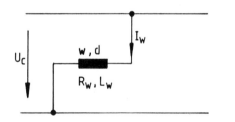

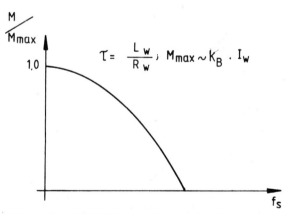

a)

Bild 7.11: Einfluß der Schaltungsart auf das Betriebsgrenzmoment
  a) Bipolarbetrieb

Damit betragen die induzierte Spannung und auch das Haltemoment ebenfalls nur 71 % ihres Wertes beim Bipolarbetrieb.

Die Induktivität einer Teilwicklung wird hier wegen ihrer quadratischen Abhängigkeit von der Windungszahl nur halb so groß, wie die der Bipolarwicklung:

$$L_w' = 1/2\, L_w.$$

Die Zeitkonstante halbiert sich folglich, und das Drehmoment nimmt mit der Drehzahl nicht so schnell ab.

Der Unipolarbetrieb entspricht dem Bipolarbetrieb mit einem im Motor integrierten Vorwiderstand (verringertes aktives Kupfervolumen). Da die Verluste des fiktiven Vorwiderstands im Inneren des Motors entstehen und die Gesamtverluste nicht steigen dürfen, reduziert sich das maximale Drehmoment.

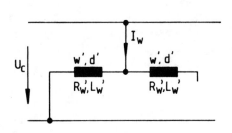

$$R_w' \stackrel{!}{=} R_w$$
$$R_w \sim w^2 \Rightarrow w' = \frac{\sqrt{2}}{2} w$$
$$L_w' = \left(\frac{\sqrt{2}}{2}\right)^2 L_w = \frac{1}{2} L_w$$
$$k_B' \sim w' \Rightarrow k_B' = \frac{\sqrt{2}}{2} k_B$$

b)

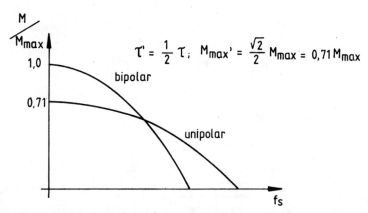

$$\tau' = \frac{1}{2}\tau; \quad M_{max}' = \frac{\sqrt{2}}{2} M_{max} = 0{,}71\, M_{max}$$

Bild 7.11: Einfluß der Schaltungsart auf das Betriebsgrenzmoment
b) Unipolarbetrieb

Man könnte die gleiche Drehmomentkennlinie auch im Bipolarbetrieb erreichen, indem man das Kupfervolumen halbiert.

7.3.5 Erwärmung von Schrittmotoren

Die beim Betrieb von Schrittmotoren entstehenden Wärmeverluste lassen sich grob nach zwei Ursachen unterteilen:

1) Kupferverluste in den Motorwicklungen

Diese dem Quadrat des Wicklungsstromes proportionalen ohmschen Stromwärmeverluste stellen die wesentliche Erwärmungsursache im Stillstand sowie im unteren Drehzahlbereich dar.

2) Eisenverluste in Stator und Rotor

Die Eisenverluste im Schrittmotor entstehen in erster Linie durch Wirbelströme. Diese wachsen mit zunehmender Drehzahl sowie mit zunehmender Betriebsspannung. Sie wirken sich infolgedessen vor allem im oberen Drehzahlbereich aus.

Auch der Schaltregler führt (sofern vorhanden) zu zusätzlichen Eisenverlusten, da er eine höherfrequente Welligkeit in den Strömen bewirkt. Dieser Einfluß ist wieder verstärkt im Stillstand und bei niederen Drehzahlen vorhanden.

Die Eisenverluste hängen stark von der Auslegung des magnetischen Eisenkreises im Motor ab: Rotorschalen aus Massivmaterial erhöhen die Erwärmung eines Hybrid-Schrittmotors nicht unerheblich.

In Bild 7.12 ist der prinzipielle Einfluß von Wicklungsstrom und Betriebsspannung auf den Verlauf der Erwärmung über der Drehzahl dargestellt. Dieser Verlauf wird außerdem sehr stark durch die Charakteristik des Stromreglers geprägt.

Verbessert man die Wärmeabfuhr des Motors, so reduzieren sich die Motortemperaturen. Dies geschieht jedoch nicht bei jeder Drehzahl im gleichen Maße, d. h. der Verlauf der Erwärmung über der Drehzahl ändert sich. Je nachdem, ob die Kühlung z. B. über den Flansch oder die Gehäusemantelfläche verbessert wird, werden eher die Kupfer- oder eher die Eisenverluste vermehrt abgeführt.

Wegen dieser Vielzahl von Einflußgrößen ist die Angabe einer Erwärmungskennlinie für einen Schrittmotor nicht besonders sinnvoll. Bei der Antriebsauslegung ist daher die Erwärmung durch eine Temperaturmessung im Auge zu behalten.

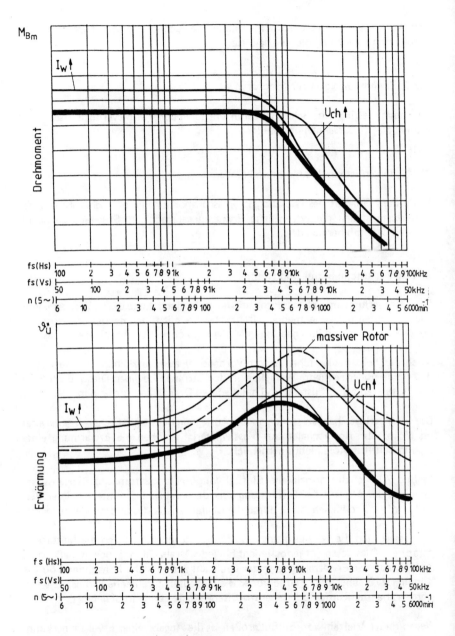

Bild 7.12: Prinzipieller Einfluß von Strom und Spannung auf die Erwärmung von Hybrid-Schrittmotoren

7.4 Praktische Hinweise

7.4.1 Temperaturmessung bei der Inbetriebnahme

Schrittmotoren werden in der Regel in den Isolierstoffklassen B oder F nach VDE 0530 ausgeführt. Dies bedeutet im Prinzip eine zulässige Wicklungstemperatur von 130 °C bzw. 155 °C. Praktisch wird man diese Temperaturgrenzen mit Rücksicht auf die Lebensdauer der Kugellager nur selten ausnutzen.

Während das vordere Lager im Flansch des Motors meist durch den Anbau an den Antrieb ausreichend gekühlt wird, ist das hintere Lager besonders gefährdet. In der Erprobungsphase bzw. bei der Erst-Inbetriebnahme empfiehlt sich daher eine Temperaturmessung in diesem Bereich (Bild 7.13). Im Normalfall sollte eine Temperatur von 90 bis 100 °C am hinteren Lagerschild (Kugellager) nicht überschritten werden.

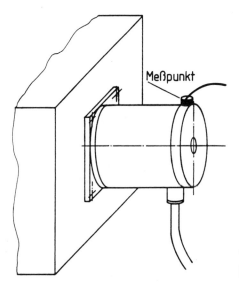

Bild 7.13:
Temperaturmessung bei der Erprobung eines Schrittmotorantriebs

7.4.2 Ankupplung von Schrittmotoren

Die mechanische Verbindung zwischen Motorwelle und Last ist bei Positionierantrieben stets verhältnismäßig hohen Wechselkräften ausgesetzt. Der Auswahl einer geeigneten Kupplung ist daher besondere Aufmerksamkeit zu widmen.

Wegen der dynamischen Wechselbelastung verbieten sich spielbehaftete Kupplungen von vornherein. Eine starre Verbindung ist nur dann zulässig, wenn dadurch die Lagerung mechanisch nicht überbestimmt wird.

Im allgemeinen muß der stets vorhandene Versatz zwischen den Wellen sowie deren Fluchtungsfehler durch die Kupplung ausgeglichen werden (Bild 7.14). Die ideale Kupplung sollte verdrehsteif jedoch weich bezüglich Biegung und Wellenversatz sein, wobei sich diese Forderungen praktisch nicht gut miteinander vereinen lassen.

Man wird daher bei besonders hohen dynamischen Anforderungen eher zu einer verdrehsteifen Kupplung mit geringerem Versatzausgleich greifen und den Fluchtungsfehler der Wellen durch andere Maßnahmen begrenzen. Auch bei hohen Anforderungen an die Positioniergenauigkeit wird so vorgegangen.

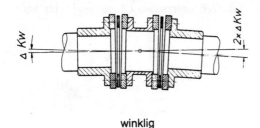

winklig

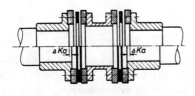

radial

axial

Bild 7.14:
Fluchtungsfehler von Wellen

Einige Ausführungsbeispiele solcher verdrehsteifer Kupplungen zeigt Bild 7.15.

Bei einfacheren Antrieben mit nicht so hohen Beschleunigungen und geringeren Anforderungen an die Winkeltreue bieten sich sogenannte „flexible" (biegeweiche) Kupplungen als preiswertere Alternative an. Diese erlauben grundsätzlich einen größeren Wellenversatz und sind zumeist leicht lösbar. Da sie in der Regel mit flexiblen, zum Teil austauschbaren Kunststoffeinsätzen ausgeführt sind, üben sie je nach Material eine dämpfende Wirkung auf den Antrieb aus (Bild 7.16).

Bild 7.15: Ausführungsbeispiele verdrehsteifer Kupplungen

Bild 7.16: Ausführungsbeispiele flexibler Kupplungen mit größerem Versatzausgleich

Für die Dimensionierung von Kupplungen kann man die DIN 740 oder die Hinweise der Hersteller zu Rate ziehen. In jedem Fall ist darauf zu achten, daß die Dauerwechselfestigkeit der Kupplung größer als das Haltemoment des Schrittmotors ist (Bild 7.17).

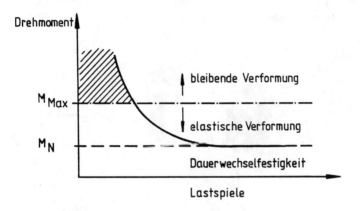

Bild 7.17: Einfluß der Belastung auf die Lebensdauer von Kupplungen

Auch auf die Art der Befestigung der Kupplung an den Wellen ist zu achten. Eine formschlüssige Verbindung z. B. mit einer Paßfeder (Bild 7.18d) birgt immer die Gefahr eines Spiels zumindest nach einer gewissen Verschleißzeit. Eine Verspannung der Teile mit einer Stiftschraube (Bild 7.18c) ist nur für sehr kleine Drehmomente geeignet.

Besser sind reibschlüssige Verbindungen mit einem Klemmring (Bild 7.18a) oder Spannstiftverbindungen (Bild 7.18b).

Bei der Ankupplung von Schrittmotoren ist auch auf die Einhaltung der zulässigen Wellenbelastungen in axialer oder radialer Richtung zu achten, die in den Datenblättern der Motorhersteller angegeben sind. Abweichende Belastungen erfordern in der Regel Sonderkonstruktionen.

Um die Spielfreiheit der Kugellager zu gewährleisten, sind diese im Motor meist durch eine Feder in axialer Richtung vorgespannt. Die Feder sitzt in aller Regel hinten, so daß eine Druckkraft auf die Welle von vorn die Vorspannung verringert (Bild 7.19). Die axiale Druckbelastung der Welle sollte höchstens halb so groß wie die Lagervorspannung sein.

a)

b)

c)

d)

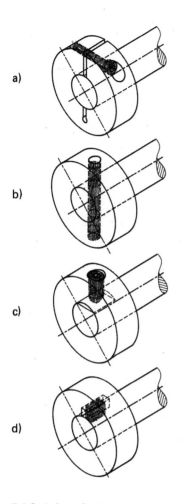

Bild 7.18:
Verbindung: Welle – Nabe

7.4.3 Lebensdauer

Die Lebensdauer von Schrittmotoren wird begrenzt durch die einzigen vorhandenen Verschleißteile: die Lager.
In Klauenpolmotoren sind dies meist Gleitlager aus Sinterbronze, während Hybridmotoren wegen des geringen Luftspaltes ausschließlich mit Kugellagern ausgeführt werden.

Bei kleinen Kugellagern geht man von einer Lebensdauer in der Größenordnung von 10 000 bis 20 000 Stunden aus, wobei diese Werte stark von Temperatur, Schmiermittel, Betriebsdrehzahlen und mechanischer Belastung sowie von Umgebungseinflüssen abhängen.

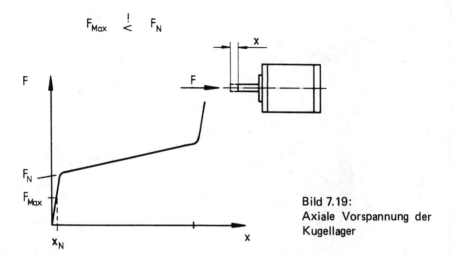

Bild 7.19:
Axiale Vorspannung der Kugellager

— Temperatur

Bei höheren Betriebstemperaturen (z. B. 80 °C, je nach Fett) nimmt die Lebensdauer von Kugellagern überproportional ab. Man rechnet je 10° Temperaturerhöhung mit einer Halbierung der Lebensdauer.

— Schmiermittel

Üblich sind Einsatzbereiche von −30 °C bis 150 °C für Universalfette, wobei die Schmierfähigkeit jedoch innerhalb des Einsatzbereiches stark schwankt. Es gibt Fette, die speziell für hohe oder für niedrige Temperaturen geeignet sind.

— Mechanische Belastung

Ein Dauerlauf bei nicht zu hohen Drehzahlen und gleichmäßiger Belastung wirkt sich günstig auf die Lebensdauer aus. Sehr ungünstig sind Stoßbelastungen, Erschütterungen und Reversierbetrieb mit kleinem Winkel.

— Umgebungsbedingungen

Aggressive Medien (auch Gase) können die Schmierstoffe negativ beeinflussen und damit zum vorzeitigen Lagerausfall beitragen.

Verwendete Formelzeichen

M_L	Lastdrehmoment
F_L	Lastkraft
ω_L, ω_M	Winkelgeschwindigkeit von Last/Motor
i	Übersetzungsverhältnis
v_L	Geschwindigkeit der Last
J_M, J_L	Trägheitsmomente von Motor/Last
m_L	Masse einer Last
φ_M, φ_L	Drehwinkel von Motor, Last
$\bar{\omega}_M, \bar{\omega}_L$	Mittlere Winkelgeschwindigkeiten von Motor/Last
t_p, t_b	Positionierzeit, Beschleunigungszeit
k	t_b/t_p
ω_{Mo}, ω_{Lo}	(Maximale) Fahrwinkelgeschwindigkeit beim Positioniervorgang
M_{Bm}	Betriebsgrenzmoment
M_{bM}	Beschleunigungsmoment für den Rotor
M_{bL}	Beschleunigungsmoment für die Lastträgheit
f_s	Schrittfrequenz
f_{so}	(Maximale) Schrittfrequenz beim Positionieren
$i_n(t), u_n(t)$	Strangstrom, Strangspannung (Augenblickswert) $n = 1 \ldots m_s$
m_s	Strangzahl
p	Polpaarzahl
R_w, L_w	Strangwiderstand, Stranginduktivität

k_B	Motorspezifische Größe („Drehmomentkonstante")
Θ	Magnetische Durchflutung
ϕ	Magnetischer Fluß
w	Windungszahl
I_w	Wicklungs(nenn)strom (Gleichstrom, Strangwert)
U_{ch}	Zwischenkreisspannung („Chopperspannung")
f_{Aom}, f_{Am}	Startgrenzfrequenz ohne/mit Belastung
P_m	Mechanische abgegebene Leistung = $M_M \cdot \omega_M$
U_c	Motorspannung bei Konstantspannungsbetrieb
d	Drahtdurchmesser
M_N	Nennmoment einer Kupplung
F_N	Axiale Vorspannung der Kugellager
F_{max}	Maximal zulässige axiale Wellenbelastung

8 Messung und Optimierung von Schrittantrieben

Hermann Ebert

8.1 Einleitung

Schrittmotoren haben sich seit 1979 in den verschiedensten Anwendungsgebieten verbreitet und bewährt. Ihr Durchbruch erfolgte mit der Verbreitung der Mikroprozessoren, die es mit relativ wenig elektronischem Aufwand möglich machten, in *einem* Gerät zur gleichen Zeit *verschiedene* Funktionen *parallel* ablaufen zu lassen.

Wo bisher ein Zentralantrieb über die verschiedensten Getriebestufen zum überwiegenden Teil seriell ablaufende und kaum individuell beeinflußbare, zwangsweise verknüpfte Einzelfunktionen im Gerät steuerte, können nun unabhängig und parallel voneinander wirkende Schrittantriebe für Teilfunktionen des Gerätes eingesetzt werden.

Daraus ergeben sich Vorteile für den Anwendungsfall bezüglich:

Reduzierung der wartungs- und verschleißbehafteten Mechanikteile, Erhöhung der Lebensdauer des Antriebs, Geräuschreduzierungen, Verbesserung der Positioniergenauigkeiten, Erhöhung der Gesamtgeschwindigkeit des Systems durch parallelen Ablauf von Einzelfunktionen, Erhöhung der Gerätefunktionssicherheit.

Typische Anwendungen für Schrittmotorenantriebe in hohen Stückzahlen sind:

Schreibmaschinen, Drucker, Floppy-Disc-Laufwerke, Kopierer, Uhren, Spielautomaten, usw.

Die auf den Motor wirkenden Lastverhältnisse des Antriebs werden durch das auf die Motorwelle bezogene Trägheits- und Lastmoment (Reib- und Federkräfte) definiert.

Voraussetzung für die Durchführung der Optimierung der Schrittmotorenansteuerprogramme in der Funktion ist die Erfassung der motorspezifischen Kennwerte und ihrer durch die gewählten praxisbezogenen Ansteuerbedingungen hervorgerufenen Toleranzfelder. Diese den Motor beschreibenden Wertpaare sind in den seltensten Fällen den Herstellerangaben zu entnehmen, da diese gewöhnlich nur unter idealen Bedingungen bezogen auf eine Betriebsart gelten.

Funktion	Benennung	SE 1005 ... 1042	SE 310 / 320	SE 510 ... 525	CompacTA 600
Typenselektion	- HYBRID = H KLAUENPOL = K	H	K	K	K
	Ø x Länge	42 x 35	35 x 25	35 x 25	35 x 25
	- Volumen [cm³]	62	24	24	24
Schlittenantrieb	- " -	K	K	K	- " -
		68 x 36	57 x 32	67 x 25,4	
		136	82	65	
Papiervorschub	- " -	K	K	K	- " -
		68 x 36	57 x 32	57 x 25,4	
		136	82	65	
Farbband-bewegung	- " -	K	K	K	- " -
		35 x 25	57 x 32	2 x 35 x 25	
		24	82	48	
Summe Motor-volumen		368 cm³	270 cm³	202 cm³	96 cm³
Druckge-schwindigkeit		14 cps	16 cps	24 cps	20 cps
spez. Motorvolu-men pro 1 cps		26,3	16,9	8,4	4,8

Bild 8.1: Vergleich des Raumbedarfes der Schrittmotorenantriebe in Büro-/Kompakt-Schreibmaschinen

Für die Motorauswahl ist letztendlich auch das thermische Verhalten und die Lebensdauererwartung unter den anwendungsspezifischen Bedingungen zu berücksichtigen.

Die wichtigsten Kennwerte eines Schrittmotores sind die statischen und dynamischen Momente, die Schrittwinkeltoleranzen und der dynamische Lastwinkel. Ihre Meßtechnik und Bedeutung für den Einsatz von schrittmotorgesteuerten Antrieben wird im nachfolgenden beschrieben und betrachtet.

Die Bilder 8.1 bis 8.3 zeigen, wie im Rahmen der Weiterentwicklung elektronischer Schreibmaschinen durch Optimierung der Antriebs- als auch der Lastbedingungen mit deutlich reduziertem Motorvolumen eine Steigerung der Schreibgeschwindigkeit (= Systemleistung) erzielt werden konnte.

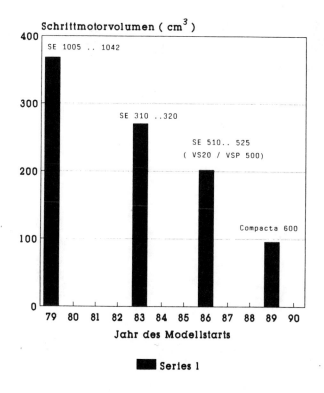

Bild 8.2: Raumbedarf für alle Schrittmotoren einer Büro-/Kompaktschreibmaschine

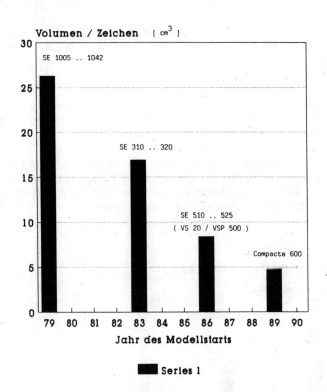

Bild 8.3: Erforderliches Motorvolumen pro spezifischer Druckgeschwindigkeit

8.2 Statische Momente am Schrittmotor
Meßverfahren für Selbsthaltemoment, Haltemoment und statischer Lastwinkel

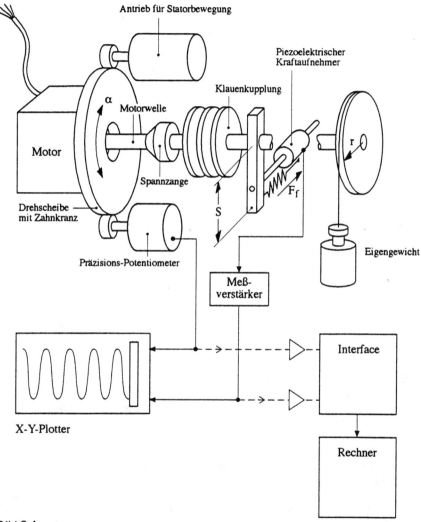

Bild 8.4

8.2.1 Selbsthaltemoment M_S

Definition nach DIN 42021 Teil 2

Benennung	Erklärung	Formelzeichen	Einheit
Selbsthaltemoment	Das maximale Drehmoment, mit dem man einen nicht erregten Motor statisch belasten kann, ohne eine kontinuierliche Drehung hervorzurufen.	M_S	Nm

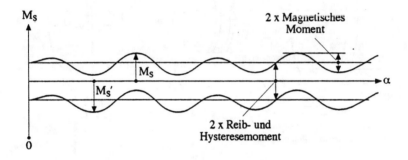

Bild 8.5

Ermittlung Selbsthaltemoment M_S

Unbestromter Motor über eine volle Umdrehung links/rechts. Der Wert des maximalen Selbsthaltemoments ergibt sich als der Halbwert jeweils benachbarter Minima/Maxima eines Kurvenzuges.

Aus der Differenz der Kurvenverläufe bei Links-Rechtslauf kann die innere Reibung des Motors ermittelt werden.

Folgende Abweichungen im Verlauf des Selbsthaltemoments deuten auf Unregelmäßigkeiten im mechanischen und magnetischen Aufbau des Motors hin.

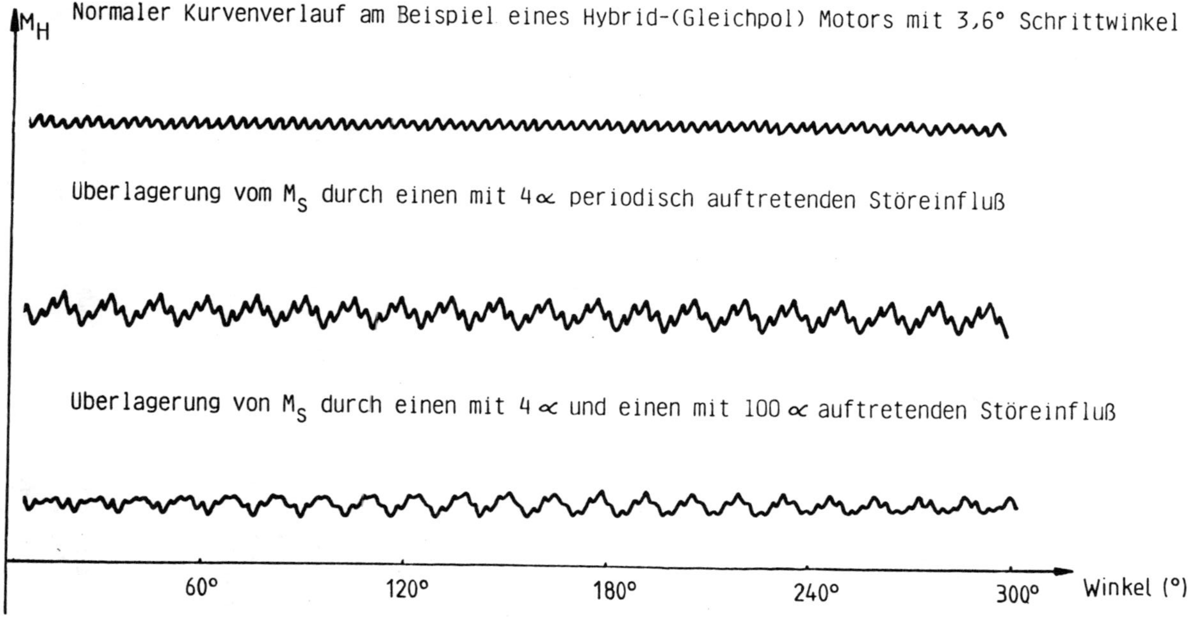

M_H
Normaler Kurvenverlauf am Beispiel eines Hybrid-(Gleichpol) Motors mit 3,6° Schrittwinkel
Überlagerung vom M_S durch einen mit 4α periodisch auftretenden Störeinfluß
Überlagerung von M_S durch einen mit 4α und einen mit 100α auftretenden Störeinfluß
60°
120°
180°
240°
300°
Winkel (°)

Bild 8.6

8.2.2 Haltemoment M_H

Benennung	Erklärung	Formelzeichen	Einheit
Haltemoment	Das maximale Drehmoment, mit dem man einen erregten Motor statisch belasten kann, ohne eine kontinuierliche Drehung hervorzurufen.	M_H	Nm

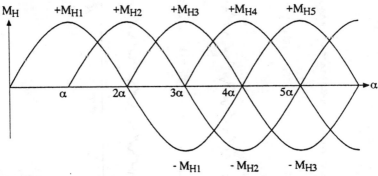

Bild 8.7

Ermittlung

Motorbestromung mit einem — den Betriebsbedingungen äquivalenten — Konstantstrom aller Wicklungskombinationen (Vollschrittbetrieb 4 Kombinationen, Halbschrittbetrieb 8 Kombinationen) über eine volle Umdrehung (Vorsicht: zulässige Motorverlustleistung und Meßdauer beachten).

Auswertung

Der Wert des Haltemomentes ergibt sich aus der Mittelung aller positiven und negativen Amplituden als Beträge über eine Motorumdrehung. Als Motorkennwert wird der Minimalwert aus den Haltemomenten der vier möglichen Bestromungskombinationen der Wicklungen angegeben. Die Unsymmetrie des Haltemomentes ist die prozentuale Darstellung der bei den vier Kurvenverläufen maximal auftretenden Abweichung vom Mittelwert.

Die Aufnahme der Kurvenverläufe empfiehlt sich bei neuen Motorbemusterungen, um die Kurvenform in allen relevanten Punkten beurteilen zu können. Für Reihen- oder Kontrollmessungen an bereits bekannten Motortypen ist zur Aufwandsminimierung eine rechnergestützte Meßwerterfassung vorteilhaft. Dazu ist eine Digitalisierung der Momenten- und Drehwinkelwerte erforderlich.

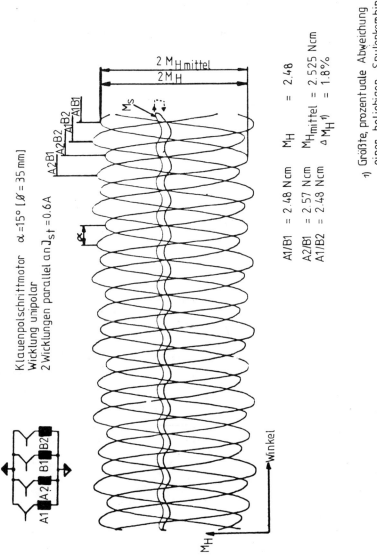

Bild 8.8

Werden Haltemomentverläufe mit gleichmäßig gesteigerten Konstantstromwerten erstellt, so kann daraus die Funktion $M_H = f(I)$ bzw. wenn die Windungszahl der Wicklungen bekannt ist, die Funktion $M_H = f$ (Durchflutung) abgeleitet werden. Mittels des Kurvenverlaufes können Motoren verschiedener Hersteller bezüglich ihrer Leistungsfähigkeit verglichen werden. (Bild 8.9)

Weiterhin zeigt die Funktion die Motorsättigung, d. h. den Bereich, in dem mit einer Stromerhöhung kein nennenswerter Anstieg des Haltemomentes mehr erzielbar ist, also nur eine Energieumwandlung in Wärme stattfindet.

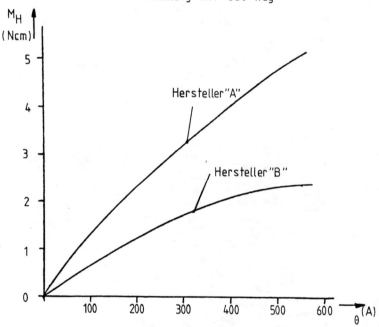

Bild 8.9

8.2.3 Statischer Lastwinkel β

Definition nach DIN 42021 Teil 2

Benennung	Erklärung	Formelzeichen	Einheit
Statischer Lastwinkel	Der Winkel, um den sich der Läufer (Rotor) bei der Steuerfrequenz Null durch Belastung mit einem vorgegebenen statischen Drehmoment gegenüber dem unbelasteten Zustand (magnetische Raststellung) dreht.	β	°

Ermittlung

Der statische Lastwinkel β kann durch mehrere Methoden erfaßt werden.
1. Graphisch aus der geschriebenen Haltemomentkennlinie.
2. Durch Aufbringen eines definierten externen Lastmomentes auf den Rotor und Messung des Auslenkwinkels.
3. Bei rechnergestützter Erfassung des Haltemomentverlaufs kann der statische Lastwinkel aus zugehörigen M_H/α-Wertepaaren für jede beliebige Belastung errechnet werden.

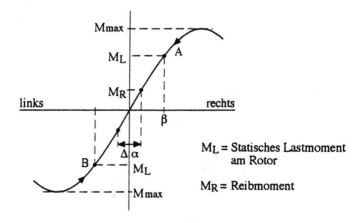

Bild 8.10

Seine direkte Bedeutung ist dann gegeben, wenn der Rotor eines Schrittantriebes ständig mit einem einseitig wirkenden Moment (z. B. Federmoment) belastet wird. Dieses Moment bewirkt eine einseitige Verschiebung der Schrittmotorengrundpositionen um den statischen Lastwinkel β.

Wesentlich mehr Bedeutung wegen ihrer Aussagefähigkeit auf die Abschätzung der Positioniereigenschaften im Betrieb des Motors bei Belastung mit externem Masseträgheits- und Reibemoment ist die Diskussion des Kurvenverlaufes des Haltemomentes im Bereich der magnetischen Raststellung unter Berücksichtigung der internen und externen Reibmomente.

Die Summe beider Reibmomente ergeben eine Zone $\Delta\alpha$ um die magnetische Raststellung, innerhalb der die tatsächlichen Haltepositionen des Rotors bei dynamischen Einschwingvorgängen liegen. (Bild 8.11)

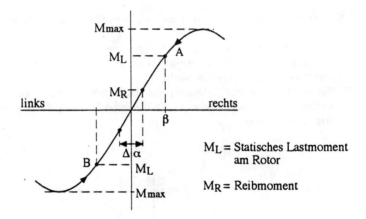

Bild 8.11

Einfluß von M_S auf den Verlauf von M_H und β (Bilder 8.12, 8.13, 8.14 und 8.15).

Beispiel: Klauenpolmotor ⌀ 55 mm
Schrittwinkel α = 7,5°
M_H bei Spulenstrom 170 mA/Wickl.

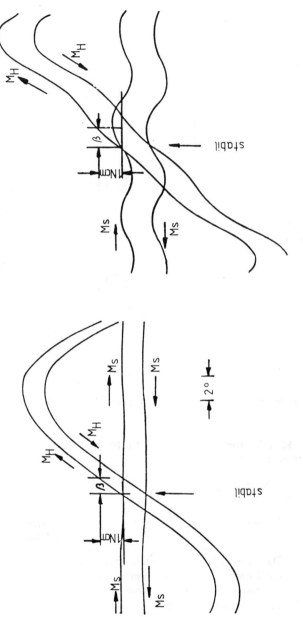

Bild 8.12: Hersteller „X"

Bild 8.13: Hersteller „Y"

251

Einfluß von M_S auf den Verlauf von M_H und β
Beispiel: 15° Schrittmotor mit kleiner Halteerregung (70 mA/Phase)

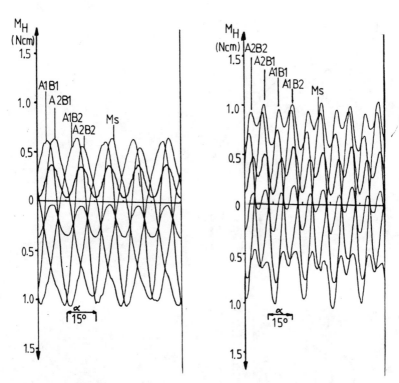

Bild 8.14: Hersteller „X"   Bild 8.15: Hersteller „Y"

8.3 Dynamische Momente am Schrittmotor
Betriebsgrenzmoment M_{Bm}

Definition nach DIN 42021 Teil 2

Benennung	Erklärung	Formelzeichen	Einheit
Betriebsgrenzmoment	Das höchste Lastdrehmoment, mit dem der Motor bei einem bestimmten Lastträgheitsmoment und vorgegebener Steuerfrequenz betrieben werden kann.	M_{Bm}	Nm

Die Erfassung der Betriebsgrenzmomente eines Schrittmotors erfordert einen umfangreichen Meßaufbau und ist wegen der Komplexität und Empfindlichkeit für Störeinflüsse unter Laborbedingungen vorzunehmen. Die Meßbedingungen müssen zwischen Hersteller und Anwender genau festgelegt sein, es empfiehlt sich, gemeinsam „Normalmotoren" auszumessen und zur kontinuierlichen Überprüfung der Meßvorrichtung und Meßmethode heranzuziehen.

Für die Prüfung der Schrittmotoren in einem Fertigungsbereich auf die Einhaltung des vorgegebenen Betriebsgrenzmomentes werden Meßmethoden mit vorher ermittelter Wertekorrelation angewandt (EMK-Messung, Magnetischer Fluß, Anlaufgrenzfrequenz).

Die Messung erfolgt mit einer gleichartigen, wie für den aktuellen Anwendungsfall vorgesehenen Ansteuereinheit. Werden als Eingangsgrößen des Motors Strom bzw. Spannung auf Minimal-, Nenn- und Maximalwert eingestellt, so ergeben sich die dementsprechenden Werte der Betriebsgrenzmomente.

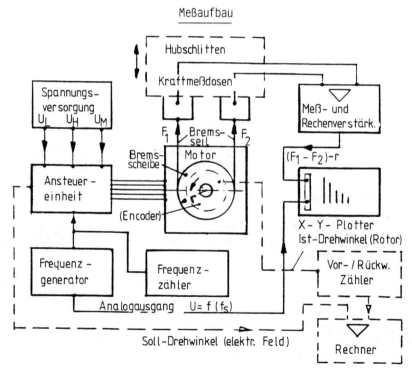

Bild 8.16

Aus einer Anzahl von anwendbaren Meßmethoden (Wirbelstrombremse, magnetische Bremse, Drehmomentaufnehmer) hat sich für den Bereich der Kleinmotoren (auch in unserem Haus) das Verfahren auf der Basis des „pronymschen Zaums" mittels Bremsscheibe und Bremsseil als geeignet erwiesen (Bild 8.16). Die Motormomente werden über zwei Kraftmeßaufnehmer als Differenz beider Kräfte mal dem wirksamen Hebelarm von Seil und Seilscheibe ermittelt. Der Motor wird durch Erhöhung der Bremskraft solange belastet, bis am Kippunkt der Motor der Steuerfrequenz nicht mehr folgen kann, also außer Tritt fällt.

Wesentlichen Einfluß auf die erzielbare Meßgenauigkeit haben Seilscheibe, Bremsseil, Motortemperatur und die Aufbringgeschwindigkeit der Motorbelastung.

Seilscheibe

Naturseil mit ca. 1 mm Durchmesser. Kunststoffseile haben sehr schlechte Bremseigenschaften.

Motortemperatur

Vor allem bei Motorbetriebsart mit Konstantspannung muß wegen des Einflusses der Wicklungswiderstandserhöhung durch Temperatur und deren Auswirkung auf den Motorstrom der Wicklungstemperaturbereich festgelegt werden, in dem alle Messungen durchgeführt werden.

Aufbringung der Motorbelastung

Die Motorbelastung muß schnell aber stoßfrei aufgebracht werden, um Anregungen zu Resonanzen zu vermeiden, die den Motor bereits vor Erreichen des Betriebsgrenzmomentes außer Tritt fallen lassen. Bei der manuellen oder motorisch gesteuerten Aufbringung der Motorbelastung ergibt sich deshalb ein durch den Meßtechniker hervorgerufener Einfluß auf das Meßergebnis.

Hauptproblem bei der meßtechnischen Aufnahme der Betriebsgrenzmomente sind die Laufeigenschaften der modernen Schrittmotorenbauarten im Leerlauf ohne Belastung durch externe Reibmomente.

Bei der Messung des Betriebsgrenzmomentes bei Schrittfrequenzen oberhalb der durch die Belastung mit dem Massenträgheitsmoment bedingten Startfrequenz muß der Motor mittels einer geeigneten Hochlauffunktion auf die gewünschte Betriebsfrequenz geführt werden und sich dort stabilisieren, danach kann das Bremsmoment aufgebracht werden. Die meisten Schrittmotoren zeigen, nur mit dem externen Massenträgheitsmoment der Seilscheibe belastet, bei den hohen Schrittfrequenzen Laufinstabilitäten, hervorgerufen durch dem Motorlauf überlagerte Schwingungsvorgänge. Dies führt dazu, daß der Schrittmotor bereits nach wenigen Sekunden ohne externe Einwirkung außer Tritt fällt – bevor man die Bremsbelastung aufbringen kann.

Verschiedene Betriebsfrequenzen können so überhaupt nicht gemessen werden, da die Meßergebnisse zu instabil sind. Bei anderen Betriebsfrequenzen erzielt man reproduzierbare Ergebnisse, wenn der Motor statisch mit bis zu 80 % des Betriebsgrenzmomentes vorbelastet wird, bevor der Hochlauf auf die Betriebsfrequenz und dann die Restbelastung erfolgt.

Für die praktische Anwendung von Schrittantrieben läßt sich ableiten, daß das Motorverhalten ab einer Betriebsdauer im Sekundenbereich oberhalb der Startgrenzfrequenz bei Belastung mit externem Massenträgheits- und Reibmoment auf Laufinstabilitäten untersucht werden muß. Bei einer Funktionsdauer unterhalb von 0,5 Sekunden treten meist keine Störungen auf.

Die Schwingungsneigung des Schrittantriebes bei der Messung der Betriebsgrenzmomente kann durch elektronische Maßnahmen in der jeweiligen Ansteuereinheit nach dem Prinzip der Polradwinkelregelung unterbunden werden. Hierbei wird mit Hilfe eines aus dem Motorstrom abgeleiteten Signals die relative Läuferstellung ermittelt und dementsprechend die Ansteuerimpulse mehr oder weniger verzögert an den Motor weitergegeben.

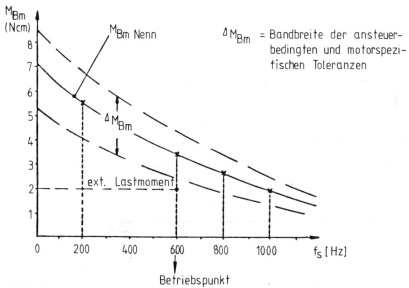

Bild 8.17

8.4 Einzelschrittverhalten (Single step response)

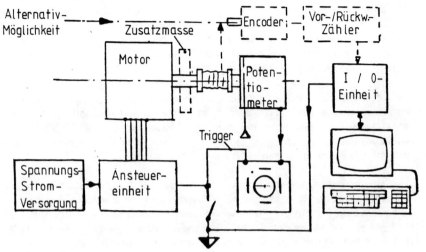

Bild 8.18: Meßverfahren

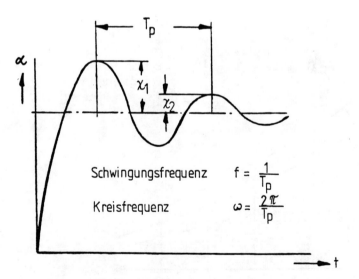

Dämpfungsfaktor χ

$$\chi = \ln\left(\frac{\chi_1}{\chi_2}\right) \cdot \frac{1}{T_p} \quad \left(\frac{1}{s}\right)$$

Bild 8.19

8.5 Schrittwinkeltoleranzen

Definition nach DIN 42021 Teil 2

Benennung	Erklärung	Formelzeichen	Einheit
Magnetische Raststellung (Bild 8.22)	Die Stellung, die der Läufer (Rotor) bei erregtem Motor einnimmt, wenn der statische Lastwinkel gleich Null ist.	–	–
Systematische Winkeltoleranz je Schritt (Bilder 8.20 und 8.21)	Größte positive oder negative statische Winkelabweichung gegenüber dem Nennschrittwinkel, die auftreten kann, wenn der Läufer (Rotor) sich um einen Schritt von einer magnetischen Raststellung in die nächste dreht.	$\Delta\alpha_s$	°
Größte systematische Winkelabweichung (Bilder 8.20 und 8.21)	Größte statische Winkelabweichung einer magnetischen Raststellung gegenüber einem zugehörigen ganzen Vielfachen des Nennschrittwinkels, die im Verlauf einer vollen Läufer- (Rotor-) Umdrehung auftreten kann, wenn man von einer magnetischen Bezugs-Raststellung ausgeht.	$\Delta\alpha_m$	°

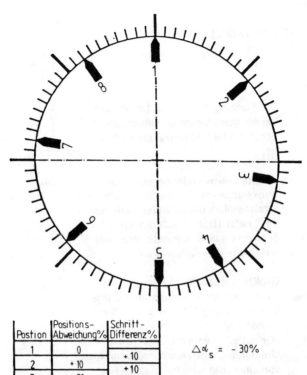

Bild 8.20

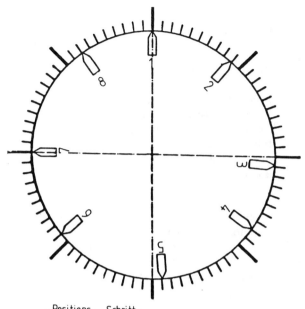

Position	Positions-Abweichung %	Schritt-Diffenz %
1	0	
2	-10	-10
3	+10	+20
4	-20	-30
5	-10	+10
6	+10	+20
7	0	-10
8	+20	+20
1'	0	-20

$\Delta \alpha_s = -30\,\%$

$\Delta \alpha_m = 40\,\%$

Bild 8.21

Zusätzliche Definition nach TA — TRIUMPH-ADLER

Benennung	Erklärung	Formelzeichen	Einheit
Größte systematische Hysteresewinkelabweichung (Bild 8.23)	Größte statische Winkelabweichungen zwischen zwei — einem ganzen Vielfachen des Nennschrittwinkels zugehörigen — magnetischen Raststellungen, die im Verlauf von aufeinanderfolgenden vollen Rotorumdrehungen mit Drehrichtungswechsel auftreten können.	$\Delta\alpha_H$	°

Die Hysteresewinkelfehler haben ihre Ursache in dem mechanisch und magnetisch begründeten motorspezifischen Reibmoment. Das innere Reibmoment des Schrittmotores bildet eine „Grauzone", um die theoretische Grundstellung mit den Bereichsgrenzen $M_{RI} = M_H$ (Bild 8.22). Innerhalb dieser Zone enden alle Positioniervorgänge des unbelasteten Rotors.

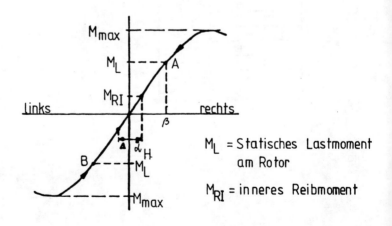

Bild 8.22

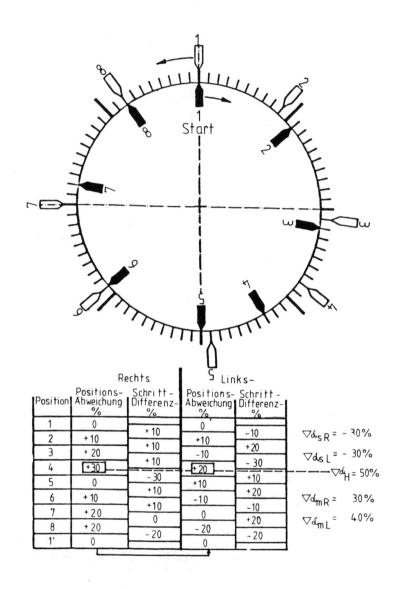

Bild 8.23

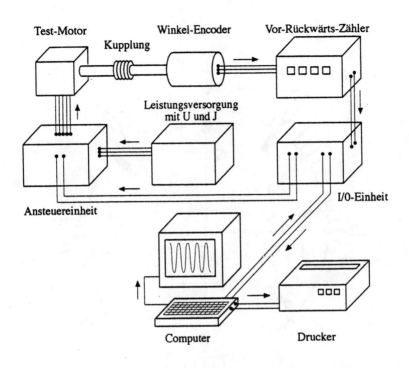

Encoder	1000 Impulse / Umdrehung
Auflösung Encoder	$= 0{,}36°\ (= 1\ \text{Impuls})$
Gesamtauflösung	
Einsatz 4fach und 5fach Auswertung eines Impulses	$= \dfrac{0{,}36°}{20} = 0{,}018°$

Bild 8.24: Meßverfahren

Meßbedingungen, Meßablauf

Voraussetzung für reproduzierbare Ergebnisse bei der Messung der Schrittwinkeltoleranzen ist die Festlegung und Abstimmung der Meßbedingungen und des Meßablaufes zwischen Motoranwender und Hersteller.

Hauptziel für den Anwender ist die Ermittlung der *motor*spezifischen Schrittwinkel- und damit Positionierfehler bei funktionsspezifischer Motoransteuerung.

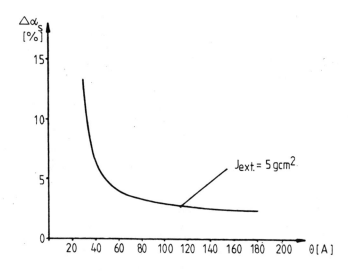

Bild 8.25: Schrittwinkelfehler als Funktion der elektrischen Durchflutung bei kleinen Halteströmen

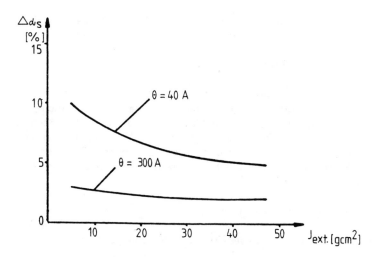

Bild 8.26: Schrittwinkelfehler als Funktion der externen Trägheitslast

Da meist der Worst-Case zu betrachten ist, sind für die Motorversorgung unter Einbeziehung aller Toleranzen (Netzteil, Bauteile, Wicklungswiderstand, Temperatur) die wirksamen Minimalwerte für Spannung und Strom zu errechnen. Diese werden für die Messung je nach Motorbetriebsart (Konstantstrom oder Spannung) mittels hochstabiler Netzgeräte eingespeist. (Bilder 8.24 und 8.25)

Um das motorspezifische Positionierverhalten des Schrittmotors nicht zu stark zu verfälschen, ist einmal die Belastung des Prüflings durch externes Reibmoment und Massenträgheitsmoment so klein wie möglich zu halten, zum anderen muß die Encoderankupplung zur Vermeidung von Lagerbelastungen über ein flexibles Ausgleichselement (z. B. Federbalgkupplung) erfolgen. (Bild 8.26)

Vom Encoder sind neben dem Haft- und Betriebsreibmoment, dem internen Massenträgheitsmoment auch Auflösung und Grenzfrequenz von Bedeutung.

Die Auflösung des Encoder sollte mindestens um den Faktor 200 besser als der Schrittwinkel des Prüfmotors sein, um eine ausreichende Meßgenauigkeit zu erzielen. Für einen $3,6°$ Motor z. B. ergeben sich damit $3,6°/200 = 0,018°$ als erforderliche Mindestauflösung.

Das entspricht 20 000 Impulsen pro Encoderumdrehung. Dies kann mit einem 2-Spur Encoder mit je 1000 Strichen pro Umdrehung und der Anwendung der optischen Vier- und elektronischen Fünffach-Auswertung erzielt werden.

Die Grenzfrequenz des Encoders und des Zählers darf während eines Meßschrittes nicht überschritten werden, da ansonsten Zählimpulse verloren gehen (erkennbar daran, wenn ein Schrittmotor eine Umdrehung ausgeführt hat, der Zähler aber deutlich weniger anzeigt).

Da ein unbelasteter Schrittmotor im Einzelschrittbetrieb, da kaum bedämpft, lange schwingt, ist nach jeder Motorwicklungsweiterschaltung der Einschwingvorgang des Rotors abzuwarten, bis die Meßwertübernahme in den Rechner erfolgen kann. Diese notwendige Wartezeit kann je nach Motortyp und Betriebsart bis zu 500 ms betragen (ermittelbar über Single step response). Damit können bei Motoren kleiner Schrittwinkel durchaus thermische Probleme in den Wicklungen auftreten.

Die Messung läuft nach folgendem Schema ab:

Meßvorbereitung	1. Bestromen des Motors in der Grundposition.
"	2. Zwei Motorschritte nach links.
"	3. Zwei Motorschritte nach rechts.

Meßvorbereitung	4. Schrittwinkelzähler auf Null stellen.
	5. Ausgabe von Einzelschritten nach rechts über eine volle Umdrehung und Übernahme der einzelnen Meßwerte nach Ablauf der jeweiligen Wartezeit in den Rechner.
Meßvorbereitung	6. Weitere zwei Motorschritte nach rechts über die Grundposition hinaus.
Meßvorbereitung	7. Zwei Schritte nach links auf die Grundposition.
	8. Ausgabe von Einzelschritten nach links über eine volle Umdrehung und Übernahme der einzelnen Meßwerte nach Ablauf der jeweiligen Wartezeit in den Rechner.
Auswertung	9. Errechnung von $\Delta\alpha_S$, $\Delta\alpha_m$, $\Delta\alpha_H$ aus den gespeicherten Werten und Anzeige auf dem Bildschirm. Protokoll mit allen Meßwerten und geplotterten Kurven kann abgerufen werden. (Bilder 8.27 und 8.28)

Für reproduzierbare Messungen und Untersuchungen mit dem Motor in der Funktion empfiehlt sich die Kennzeichnung der Motorgrundposition (Punkt 1 des Schemas) am Rotor und Gehäuse. Damit können die magnetischen Raststellungen, maximale bzw. minimale Schrittwinkeltoleranzen gezielt betrachtet werden.

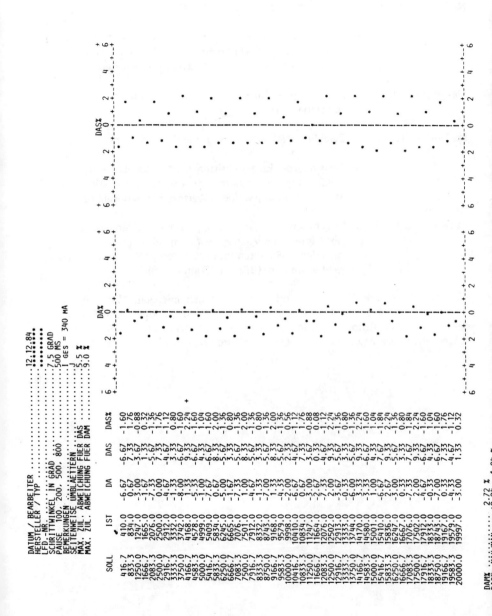

Bild 8.27: Schrittwinkelfehlerauswertung

```
DATUM / BEARBEITER ..................... 12.12.84 SCH
HERSTELLER / TYP ....................... AEG S021/24 A
LFD.-NR. ............................... 4
SCHRITTWINKEL IN GRAD .................. 15 GRAD
PAUSE 100, 200, 500, 800 ............... 500 MS
BEMERKUNGEN ............................ VOLLSCHRITT 110 mA
SEITENWEISE UMBLAETTERN ................ J
MAX. ZUL. ABWEICHUNG FUER DAS .......... 7.5 %
MAX. ZUL. ABWEICHUNG FUER DAM .......... 10 %
```

RECHTS (•)   (+) LINKS
DAS%	DAS	DA	IST	SOLL	IST	DA	DAS	DAS%
0.00	0.00	0.00	0	0	2	2.00	0.00	0.00
1.80	15.67	849	833	077	877	43.67	41.67	5.00
-1.96	-16.33	-0.67	1666	1667	1668	1.33	-42.33	-5.08
1.80	15.67	15.00	2515	2500	2544	44.00	42.67	5.12
-1.84	-15.33	-0.33	3333	3333	3338	4.67	-39.33	-4.72
1.40	11.67	11.33	4178	4167	4207	40.33	35.67	4.28
-1.48	-12.33	-1.00	4999	5000	5004	4.00	-36.33	-4.36
1.88	15.67	14.67	5048	5033	5075	41.67	37.67	4.52
-1.72	-14.33	0.33	6667	6667	6674	7.33	-1.33	-2.12
1.64	13.67	14.00	7514	7500	7539	39.00	-1.67	3.80
-1.72	-14.33	-0.33	8333	8333	8338	4.67	-34.33	-4.12
2.00	16.67	16.33	9103	9167	9212	45.33	40.67	4.88
-1.72	-14.33	2.00	10002	10000	10006	6.00	-39.33	-4.72
1.52	12.67	14.67	10848	10833	10878	38.67	4.64	4.64
-1.72	-14.33	0.33	11667	11667	11670	3.33	-41.33	-4.96
2.00	16.67	17.00	12517	12500	12548	48.00	44.67	5.36
-1.72	-14.33	2.67	13336	13333	13338	4.67	-43.33	-5.20
1.76	14.67	17.33	14184	14167	14213	46.33	41.67	5.00
-1.84	-15.33	2.00	15002	15000	15002	2.00	-44.33	-5.32
2.24	18.67	20.67	15854	15833	15885	51.67	49.67	5.96
-2.32	-19.33	1.33	16668	16667	16669	2.33	-49.33	-5.92
2.24	18.67	20.00	17520	17500	17548	48.00	45.67	5.48
-2.44	-20.33	-0.33	18333	18333	18333	-0.33	-48.33	-5.80
2.48	20.67	20.33	19187	19167	19216	49.33	49.67	5.96
-2.20	-18.33	2.00	20002	20000	20003	3.00	-46.33	-5.56

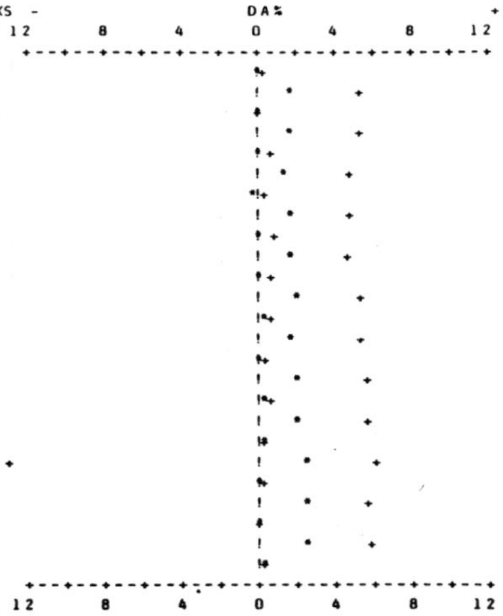

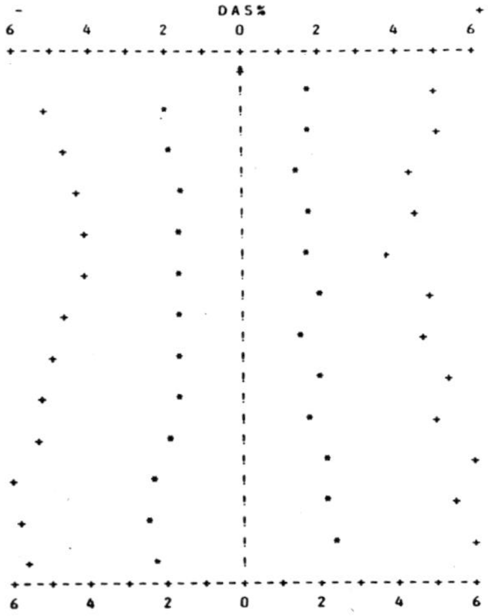

```
                                        DAS%             DA%            (+) LINKS
RECHTS (•)
 2.60 ............      DAM% ................    6.24
+2.48  -2.44 ............  DAS% MAX/MIN ....... +5.96   -5.92
 1.048 ............  MAX. ASYMMETRIE .......      1.126
        ............  GESAMTE BANDBREITE VON DAS%   6.32
MAX. HYSTERESEWINKELFEHLER IN GRAD...  0.558
```

Bild 8.28: Bidirektionale Auswertung mit zusätzlicher Ermittlung von $\Delta\alpha_H$

8.6 Dynamischer Lastwinkel

Definition nach DIN 42021 Teil 2

Benennung	Erklärung	Formelzeichen	Einheit
Dynamischer Lastwinkel (Bild 8.29)	Der Winkel, um den sich ein in Drehbewegung oder Drehschwingung befindlicher Läufer (Rotor) in einem bestimmten Augenblick von der durch den vorhergehenden Steuerimpuls gegebenen magnetischen Raststellung entfernt ist.	δ	°
Maximaler Überschwingwinkel (Bild 8.29)	Größter Winkelausschlag, um den der Läufer (Rotor) bei einer bestimmten Last über die durch den letzten Steuerimpuls gegebene magnetische Raststellung nach dem Abschalten der Steuerfrequenz hinausschwingt.	δ_m	°

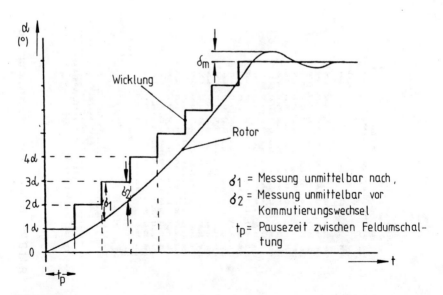

Bild 8.29

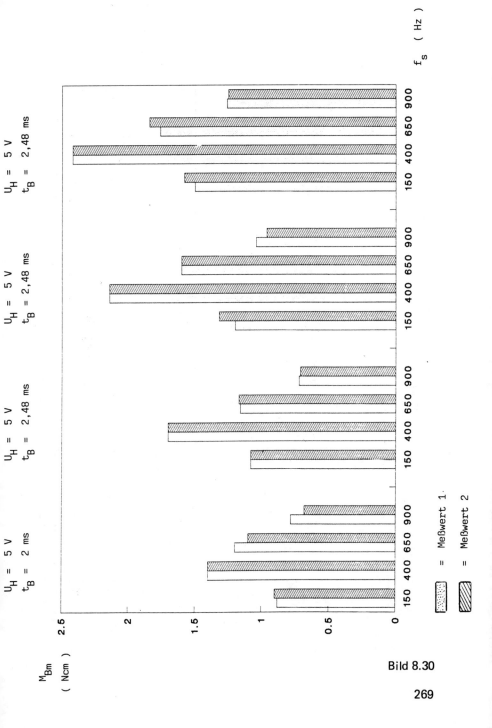

Bild 8.30

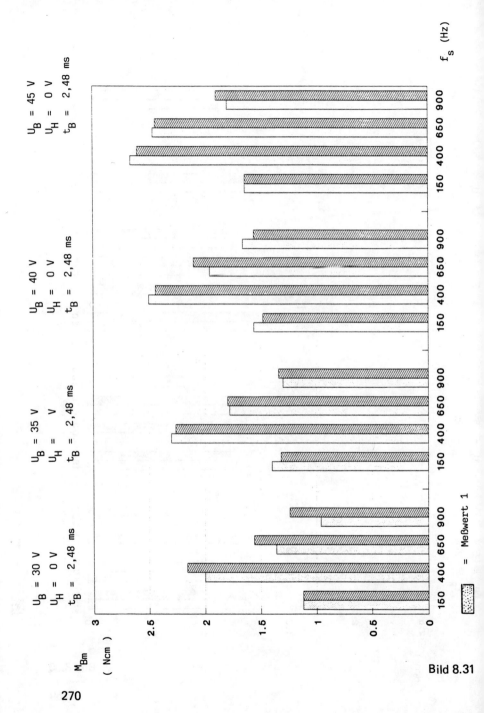

Bild 8.31

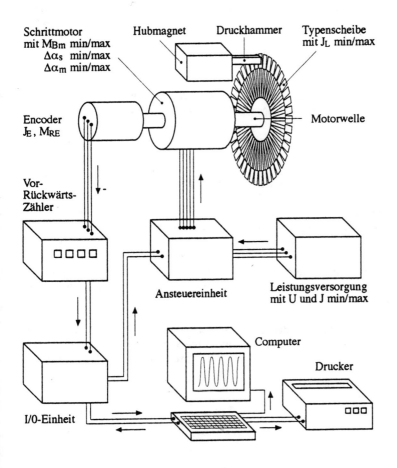

Bild 8.32: Meßaufbau

Meßablauf

In den Prozeßrechner werden die Steuerparameter über die Tastatur eingegeben:

- Anzahl der Motorimpulse
- Impulsabstand
- Anzahl der Meßschritte

Wird der Meßvorgang gestartet, so wird die Istposition des Rotors bei jedem Ansteuerimpuls gemessen und abgespeichert. (Bild 8.32)

Nach dem letzten Motorimpuls wird das Ausschwingverhalten des Rotors mit kurz aufeinanderfolgenden Istwinkelerfassungen festgehalten. (Bild 8.33)

Für die zeitliche Definition des dynamischen Lastwinkels gibt es zwei Varianten:

1. Die Istposition des Rotors wird unmittelbar vor dem nächsten Motorimpuls gemessen. Damit wird angegeben, wie weit der Rotor bereits an die elektrische Sollposition herangekommen ist, bevor weitergeschaltet wird.

2. Die Istposition des Rotors wird unmittelbar nach einem Motorimpuls gemessen. Damit wird angegeben, wie weit der Rotor noch von seiner magnetischen Raststellung entfernt ist.

Die zusätzliche Belastung der zu untersuchenden Schrittmotorenanwendung durch das Reibmoment und Massenträgheitsmoment des Encoders in ihren Auswirkungen auf das Motorverhalten muß beachtet und berücksichtigt werden. (Bild 8.36)

Computerausdruck für Typenradfunktion
Schrittwinkel = 3.33°, Betriebsart: Unip/Volls.

Bild 8.33:   Erfassung des dynamischen Lastwinkels (Vorlaufwinkel) unmittelbar nach Kommutierungswechsel

NR	TABWERT	MESSZEIT	SOLLWINKEL	ISTWINKEL	VORLAUFWINKEL	OMEGA	MOTORIMPULS	
0	0	0.00	3.33	0.00	3.33	0.00	*	↑
1	21	3.36	6.67	1.53	5.14	7.95	*	
2	20	6.56	10.00	5.67	4.33	22.58	*	
3	14	8.80	13.33	9.63	3.70	30.85	*	
4	11	10.56	16.67	13.23	3.44	35.70	*	Beschleunigungs-
5	9	12.00	20.00	16.11	3.89	34.91	*	phase
6	9	13.44	23.33	19.26	4.07	38.18	*	
7	8	14.72	26.67	22.23	4.44	40.50	*	
8	8	16.00	30.00	25.29	4.71	41.72	*	
9	7	17.12	33.33	28.17	5.16	44.88	*	
10	10	18.72	36.67	32.58	4.09	48.10	*	↓
11	7	19.84	40.00	35.91	4.09	51.89	*	↑
12	7	20.96	43.33	39.24	4.09	51.89	*	
13	7	22.08	46.67	42.48	4.19	50.49	*	
14	7	23.20	50.00	45.81	4.19	51.89	*	
15	7	24.32	53.33	49.23	4.10	53.29	*	
16	7	25.44	56.67	52.56	4.11	51.89	*	
17	7	26.56	60.00	55.98	4.02	53.29	*	
18	7	27.68	63.33	59.22	4.11	50.49	*	
19	7	28.80	66.67	62.46	4.21	50.49	*	
20	7	29.92	70.00	65.79	4.21	51.89	*	
21	7	31.04	73.33	69.12	4.21	51.89	*	
22	7	32.16	76.67	72.45	4.22	51.89	*	
23	7	33.28	80.00	75.78	4.22	51.89	*	
24	7	34.40	83.33	79.11	4.22	51.89	*	
25	7	35.52	86.67	82.44	4.23	51.89	*	
26	7	36.64	90.00	85.86	4.14	53.29	*	
27	7	37.76	93.33	89.19	4.14	51.89	*	
28	7	38.88	96.67	92.52	4.15	51.89	*	
29	7	40.00	100.00	95.94	4.06	53.29	*	
30	7	41.12	103.33	99.36	3.97	53.29	*	
31	7	42.24	106.67	102.69	3.98	51.89	*	
32	7	43.36	110.00	106.02	3.98	51.89	*	
33	7	44.48	113.33	109.26	4.07	50.49	*	
34	7	45.60	116.67	112.59	4.08	51.89	*	
35	7	46.72	120.00	115.92	4.08	51.89	*	
36	7	47.84	123.33	119.16	4.17	50.49	*	
37	7	48.96	126.67	122.40	4.27	50.49	*	
38	7	50.08	130.00	125.73	4.27	51.89	*	
39	7	51.20	133.33	129.06	4.27	51.89	*	
40	7	52.32	136.67	132.39	4.28	51.89	*	
41	7	53.44	140.00	135.72	4.28	51.89	*	
42	7	54.56	143.33	139.05	4.28	51.89	*	Gleichlaufphase
43	7	55.68	146.67	142.47	4.20	53.29	*	
44	7	56.80	150.00	145.80	4.20	51.89	*	
45	7	57.92	153.33	149.22	4.11	53.29	*	
46	7	59.04	156.67	152.46	4.21	50.49	*	
47	7	60.16	160.00	155.88	4.12	53.29	*	
48	7	61.28	163.33	159.21	4.12	51.89	*	
49	7	62.40	166.66	162.54	4.12	51.89	*	
50	7	63.52	170.00	165.78	4.22	50.49	*	
51	7	64.64	173.33	169.20	4.13	53.29	*	
52	7	65.76	176.66	172.44	4.22	50.49	*	
53	7	66.88	180.00	175.86	4.14	53.29	*	
54	7	68.00	183.33	179.10	4.23	50.49	*	
55	7	69.12	186.66	182.43	4.23	51.89	*	
56	7	70.24	190.00	185.76	4.24	51.89	*	
57	7	71.36	193.33	189.09	4.24	51.89	*	
58	7	72.48	196.66	192.42	4.24	51.89	*	
59	7	73.60	200.00	195.75	4.25	51.89	*	
60	7	74.72	203.33	199.08	4.25	51.89	*	
61	7	75.84	206.66	202.41	4.25	51.89	*	
62	7	76.96	210.00	205.74	4.26	51.89	*	
63	7	78.08	213.33	209.07	4.26	51.89	*	
64	7	79.20	216.66	212.31	4.35	50.49	*	↓
65	9	80.64	220.00	216.54	3.46	51.27	*	↑
66	9	82.08	223.33	220.86	2.47	52.36	*	Brems-
67	10	83.68	226.66	224.91	1.75	44.18	*	phase
68	13	85.76	230.00	229.32	0.68	37.00	*	
69	32	90.88	233.33	233.46	-0.13	14.11	*	↓
70	10	92.48	233.33	233.28	0.05	-1.96		↑
71	10	94.08	233.33	233.28	0.05	0.00		
72	10	95.68	233.33	233.19	0.14	-0.98		
73	10	97.28	233.33	233.28	0.05	0.98		
74	10	98.88	233.33	233.28	0.05	0.00		
75	10	100.48	233.33	233.28	0.05	0.00		
76	10	102.08	233.33	233.37	-0.04	0.98		
77	10	103.68	233.33	233.37	-0.04	0.00		
78	10	105.28	233.33	233.37	-0.04	0.00		
79	10	106.88	233.33	233.37	-0.04	0.00		Ausschwingphase
80	10	108.48	233.33	233.37	-0.04	0.00		
81	10	110.08	233.33	233.37	-0.04	0.00		
82	10	111.68	233.33	233.37	-0.04	0.00		
83	10	113.28	233.33	233.28	0.05	-0.98		
84	10	114.88	233.33	233.28	0.05	0.00		
85	10	116.48	233.33	233.28	0.05	0.00		
86	10	118.08	233.33	233.28	0.05	0.00		
87	10	119.68	233.33	233.28	0.05	0.00		
88	10	121.28	233.33	233.28	0.05	0.00		
89	10	122.88	233.33	233.28	0.05	0.00		↓

Daten der Hochlauftabelle von Bild 8.33 graphisch dargestellt.

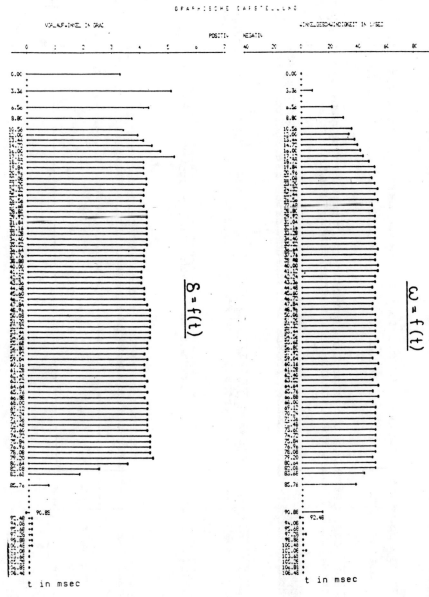

Bild 8.34

Alternative Darstellung der Hochlauftabelle von Bild 8.33.

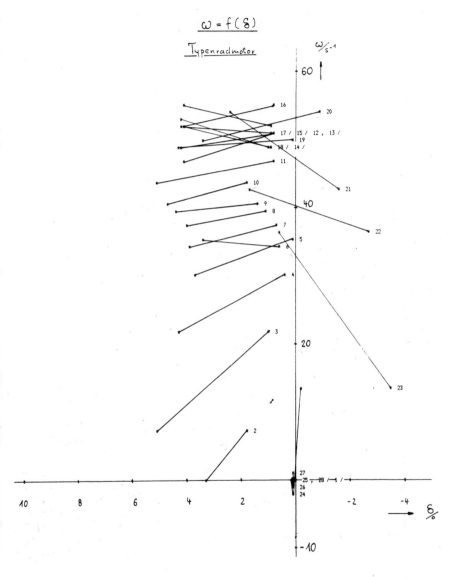

Bild 8.35

Kombinierter Schlitten- und Walzenantrieb in Portable-Schreibmaschine.

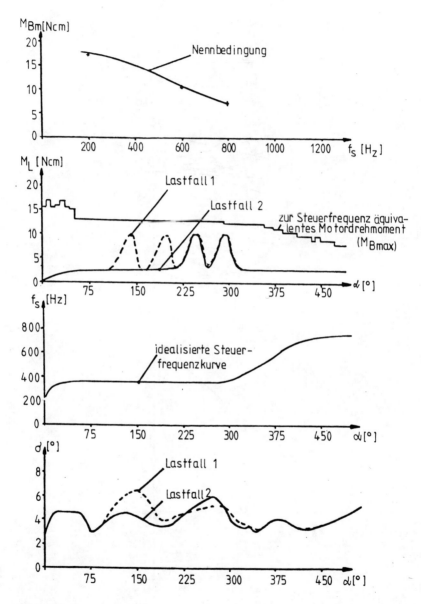

Bild 8.36

8.7 Optimierung von Schrittprogrammen

Der dynamische Lastwinkel gibt Auskunft über die Belastbarkeit des Motors innerhalb der Funktion. Seine Bedeutung für das Motorverhalten erkennt man bei der Betrachtung der Haltemomentenkurvenschar eines 4-Phasenmotors. Theoretisch ergibt sich eine maximale Ausnutzung des Momentenverlaufes, wenn die Wicklungsumschaltung nach bestimmten Gesetzmäßigkeiten erfolgt.

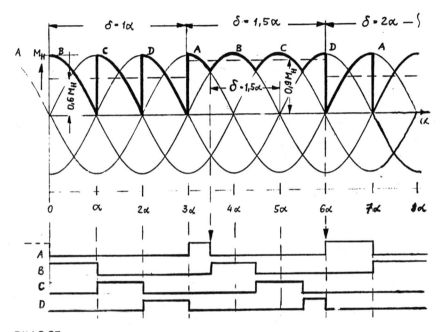

Bild 8.37

Der Rotor befindet sich im Zeitpunkt $t < 0$ bei bestromter Wicklung A in der magnetischen Raststellung 0 in Ruhe. (Bild 8.37) Zum Zeitpunkt $t = 0$ wird die Wicklung A desaktiviert und die Wicklung B eingeschaltet. Der jetzt gültige Verlauf des Motordrehmomentes beschleunigt den Rotor in die neue magnetische Raststellung. Der dynamische Lastwinkel hat damit im Zeitpunkt $t = 0$ den Wert.

Wird dann, wenn der Rotor die Position α erreicht hat, sein dynamischer Lastwinkel also den Wert $\delta = 0$ hat, von Wicklung B auf C geschaltet, so wird der Rotor entsprechend dem Momentenverlauf auf die magnetische Raststellung 2α hin beschleunigt. Der dynamische Lastwinkel zum Zeitpunkt $t = \alpha$ hat wieder den Wert α. Wird die Wicklungsfortschaltung nach diesem Verfahren ($\delta = \alpha$)

gesteuert, also beginnend im stabilen Nulldurchgang, ergibt sich ein mittlerer Momentenwert von 0,637 M_H, jedoch mit einem Momentenverlauf von M_H bis 0.

Erfolgt die Umschaltung von Wicklung A auf B bereits zu dem Zeitpunkt, an dem der Rotor die Position 3,5 α erreicht hat, so ergibt sich ein dynamischer Lastwinkel zu diesem Zeitpunkt von $\delta = 1,5\,\alpha$ und damit eine wesentlich höhere Ausnutzung des Momentenverlaufs jeweils von 0,7 M_H über M_H bis 0,7 M_H. Der maximal erreichbare mittlere Momentenwert liegt bei 0,9 M_H und man erhält die minimalsten Momentenschwankungen im Verlauf der Rotordrehung.

Bei einer Wicklungsweiterschaltung mit einem dynamischen Lastwinkel von 2 α ergeben sich die gleichen (gegenüber $\delta = 1,5\,\alpha$ niedrigen) Momentenwerte wie beim dynamischen Lastwinkel $\delta = \alpha$.

Aus dieser theoretischen Betrachtung kann man also ableiten, daß man einen Schrittmotor dann optimal mit maximaler Momentenausnutzung betreiben kann, wenn die Wicklungsweiterschaltung in Abhängigkeit vom dynamischen Lastwinkel bei $\delta = 1,5\,\alpha$ erfolgt. Weiterhin läßt sich feststellen, daß im Betriebsfall der dynamische Lastwinkel δ dem Wert $2\,\alpha$ nicht überschreiten darf, da dann bereits ein negativer Momentenwert auftritt.

Für Bremsprogramme gilt ebenso, daß die maximalen Momentenwerte bei $= -1,5\,\alpha$ liegen und daß der Wert $\delta = -2\,\alpha$ nicht überschritten werden darf, da dann beschleunigende Momente in eine falsche stabile Raststellung auftreten.

In der Praxis ergeben sich natürlich andere Momentenverläufe aufgrund der frequenzabhängigen elektrischen und magnetischen Vorgänge bei Wicklungsumschaltungen, jedoch haben sich bei den verschiedensten Motorkonzepten die Erkenntnisse der theoretischen Betrachtung als anwendbar herausgestellt. Der genaue Wert des dynamischen Lastwinkels, bei dem das maximale Motordrehmoment erzielt wird, kann bei der Messung der Betriebsgrenzmomente ermittelt werden. Dieser Lastwinkelwert sollte bei der Funktionsoptimierung nicht überschritten werden, damit noch Leistungsreserven vorhanden sind.

Ziele der Funktionsoptimierung durch die Anpassung der Schrittprogramme ist die bestmögliche Ausnutzung der Motorleistungsfähigkeit hinsichtlich

— Beschleunigungsverhalten
— Bremsverhalten und Positioniergenauigkeit
— Gleichlaufstabilität

Weitere Aspekte sind die Minimierung der Anzahl von Ansteuerprogrammen für eine Funktion und die Gewährleistung der Funktionssicherheit des Antriebes.

Die Optimierung des Beschleunigungs- und Bremsverhaltens erfolgt dadurch, daß man das Rotorverhalten des Schrittmotors in der Funktion überwacht und die Wicklungsweiterschaltungen in Abhängigkeit vom dynamischen Lastwinkel vorgenommen werden. Dies erfolgt mit Hilfe des Prozeßrechners und kann mittels Vorgabe eines bestimmten dynamischen Lastwinkels automatisch, oder durch gezieltes Verändern der Zeitwerte der Wicklungsumschaltungen vom Beginn der Steuerfolge ausgehend, manuell durch den Bediener erfolgen.

In der Gleichlaufphase kann die Schwingungsneigung des Systems anhand der Schwankungen im Lastwinkelverlauf beurteilt werden. Die Leistungsreserven können daran abgeschätzt werden, wie weit der sich einstellende dynamische Lastwinkel unter dem des Betriebsgrenzmomentes für diese Schrittfrequenz liegt.

Ist die grundsätzliche Optimierung einer Funktion bei Nennbedingungen abgeschlossen, so ist eine Überprüfung und Feinabstimmung der Steuerprogramme unter Grenzbedingungen vorzunehmen. Die zulässigen Grenzwerte der Last (M_L, J_L) des Motors (M_H, M_{Bm}, $\Delta\alpha_S$, $\Delta\alpha_m$, $\Delta\alpha_H$), der Leistungsversorgung (U, I) und der Ansteuereinheit sind in die Funktion durch Grenzmuster, durch Einstellung oder durch Simulation einzubringen und die Auswirkungen zu ermitteln. Wenn die Funktionssicherheit des Antriebes unter den gegebenen „Worst-Case" Bedingungen nicht gegeben ist, müssen mittels geeigneter Maßnahmen die Toleranzbänder eingeschränkt oder die Leistungsfähigkeit des Motors angehoben werden.

Eine weitere Möglichkeit, die Schrittfolgezeiten zu optimieren, besteht darin, Stabilitätsuntersuchungen im sogenannten Phasenraum durchzuführen. Voraussetzung ist jedoch Konstantstrombetrieb, konstante Motormomente und konstante Lastbedingungen für J_L und M_L, da sonst das Verfahren wegen der Zeit- und Geschwindigkeitsabhängigkeit der Stabilitätsgrenzen nicht praktikabel ist.

Die Betrachtung im Phasenraum ermöglicht eine besonders übersichtliche Darstellung der Bewegungsvorgänge eines Schrittmotors, außerdem wird durch den Übergang vom Zeitraum in den Phasenraum auch die Berechenbarkeit verbessert.

Auf der Abszisse des Phasenraumes wird die Phasenverschiebung zwischen dem elektromagnetischen Feld des Motors und der zugehörigen mechanischen Rotorstellung aufgetragen, auf der Ordinate befindet sich die Winkelgeschwindigkeit des Rotors. (Bild 8.38)

Die Bewegungskurven sind Trajektoren, welche in die stabilen Nullpunkte des Motors münden, diese befinden sich in der Ausgangslage und im Vielfachen von 2π, d. h. alle vier Motorschritte. Zwischen den stabilen Punkten befinden sich bekanntlich labile Gleichgewichtspunkte. Durch diese geht die Schar der Separatrix, Grenzkurven für den stabilen Betrieb eines Schrittmotors.

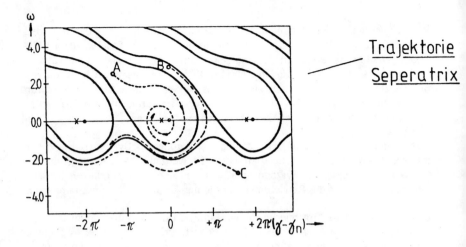

Bild 8.38

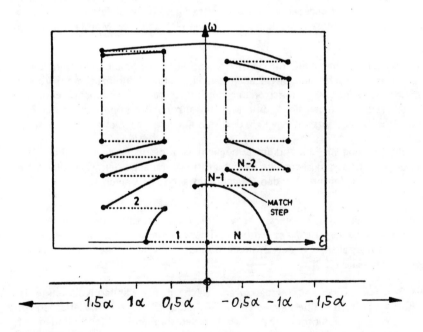

Bild 8.39

Solange eine Trajektorie keine Separatix schneidet, ist der stabile Betrieb, ohne Schrittverlust, sichergestellt.

Wird der Schrittmotor nicht mit konstanter Frequenz betrieben, sondern mit angepaßten Beschleunigungs- und Bremsimpulstabellen, so darf die Separatrix geschnitten werden, ohne Schrittverlust befürchten zu müssen.

Eine optimale Impulsfolge ist nun sehr leicht an den gleichmäßigen Umschaltpunkten zwischen der Phasenverschiebung von 1,5 α und 0,5 α zu erkennen, die sich beim Übergang in die Bremsphase im Vorzeichen umkehrt. (Bild 8.39)

Der Motor wird dann immer mit seinem optimalen Moment betrieben, wie bereits an anderer Stelle erläutert.

Die Wirkung der Optimierung der Schrittmotorenansteuerung zeigt sich im Vergleich der Laufstabilität und Laufkonstanz eines Papiertransportantriebes mit Festfrequenz (Bild 8.40/8.42) und angepaßter Ansteuerfolge (Bild 8.41/8.43) im unbelasteten und belasteten Zustand.

Der entsprechende Verlauf des Lastwinkels zu beiden Betriebsfällen im Phasenraum (Bild 8.44/8.45) zeigt die praktische Kurve und erlaubt den Vergleich mit der Theorie (Bild 8.39).

Graphische Darstellung diverser Lastfälle.

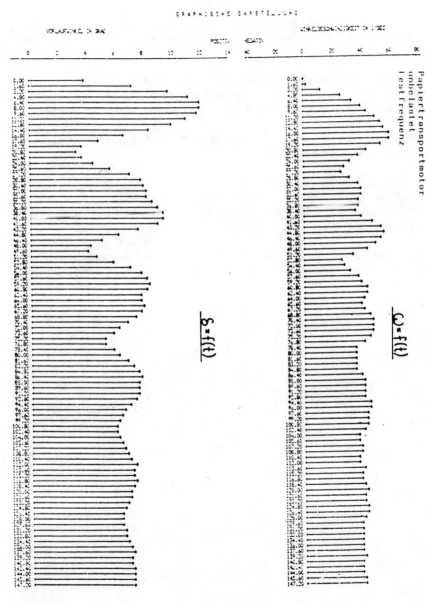

Bild 8.40

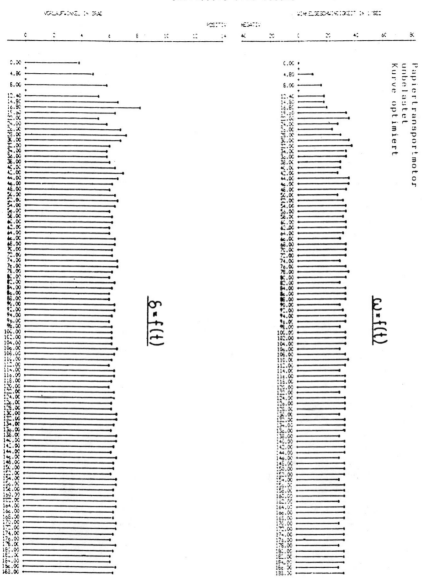

Bild 8.41

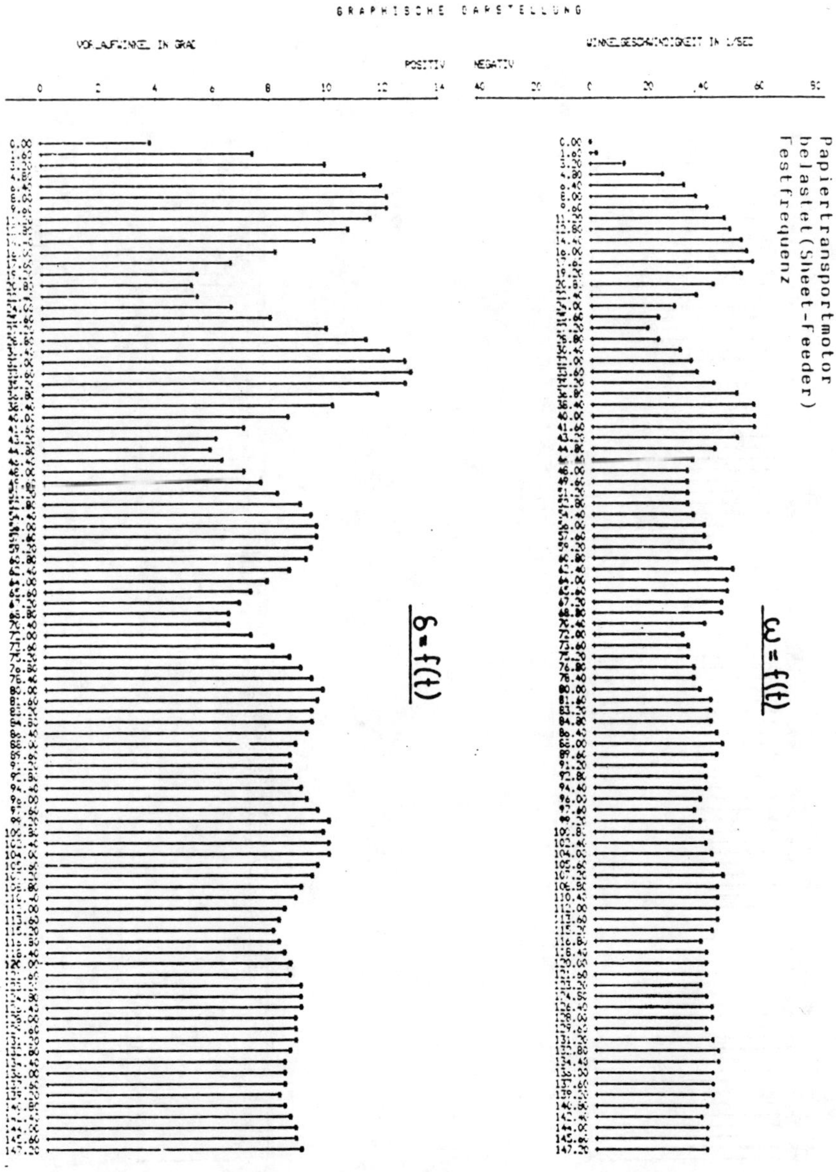
GRAPHISCHE DARSTELLUNG
VORLAUFWINKEL IN GRAD
WINKELGESCHWINDIGKEIT IN 1/SEC
POSITIV
NEGATIV
δ = f(t)
ω = f(t)
Papiertransportmotor
belastet (Sheet-Feeder)
Festfrequenz

Bild 8.42

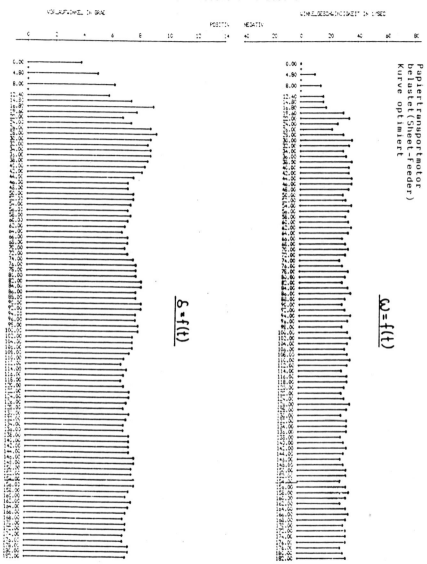

Bild 8.43

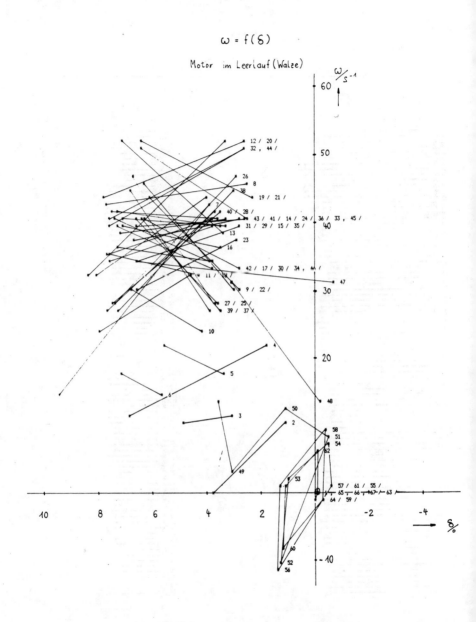

Bild 8.44: Papiertransportmotor unbelastet; Zeilenschaltung (2-fach)

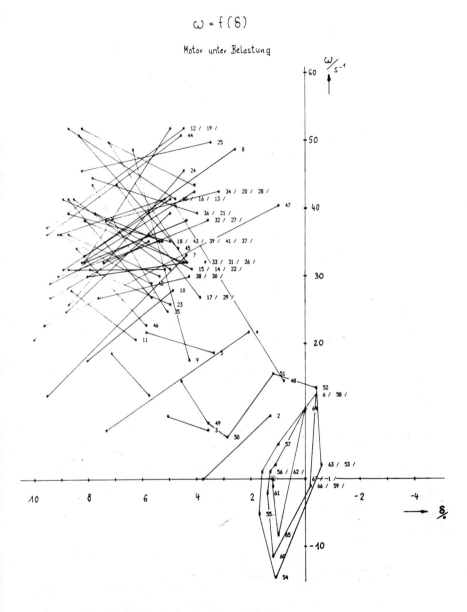

Bild 8.45: Papiertransportmotor belastet (Sheet-Feeder)
Zeilenschaltung (2-fach)

Literaturverzeichnis

Kapitel 1

1) G. Henneberger, W. Schleuter: Servoantriebe für Werkzeugmaschinen und Industrieroboter, Teil 1: Anforderungen und grundsätzliche Antriebsvarianten, etz Bd. 110 (1989), 5, S. 200 – 205, Teil 2: Bürstenlose Gleichstrommotoren und Zukunftsaussichten, etz Bd. 110 (1989), 6/7, S. 274 – 279.
2) H. P. Kreuth, u. a.: Elektrische Schrittmotoren, expert-verlag, 1985, Reihe Kontakt & Studium, Bd. 128.
3) H. P. Kreuth: Schrittmotoren, Verlag Oldenbourg, München 1988.
4) H. D. Stölting, A. Beisse: Elektrische Kleinmaschinen, Verlag Teubner, Stuttgart 1987.
5) H. Moczala u. a.: Elektrische Kleinstmotoren und ihr Einsatz, expert-verlag 1979, Reihe Kontakt & Studium, Bd. 34.
6) T. Kenjo: Stepping motors and their microprocessor controls, Clarendon Press, Oxford 1984.
7) G. Müller: Elektrische Maschinen, Betriebsverhalten rotierender elektrischer Maschinen, 1. Auflage, VEB Verlag Technik, Berlin 1985.
8) Deutsche Normen, DIN 42021, Teil 2: Schrittmotoren, 1976.
9) H. Hofmann: Das elektromagnetische Feld, 3. Auflage, Verlag Springer, Wien 1986.
10) K. Vogt: Elektrische Maschinen, Berechnung rotierender elektrischer Maschinen, 4. Auflage, VEB Verlag Technik, Berlin 1988.
11) D. Weinmann: Dauermagnete – neue Entwicklungen und Anwendungen, Bull. SEV Bd. 81 (1990), 15, S. 23 – 29.
12) J. Stepina: Berechnung von Drehmomenten und Kräften in nichtlinearen Elementen mit Hilfe der virtuellen Verrückung, Bull. SEV, Bd. 71 (1980), 23, S. 1290 – 1294.
13) J. Stepina: Berechnung von Drehmomenten in verzweigten magnetischen Netzwerken, etz Archiv Bd. 12 (1990), 4, S. 115 – 119.
14) P. P. Acarnley, A. Hughes: Predicting the pullout torque/speed curve of variable – reluctance stepping motors, Proc. IEE Vol. 128 B (1981), 2, p. 109 – 113.
15) M. V. K. Chari, P. P. Silvester: Finite Elements in Electrical and Magnetic Field Problems, Verlag John Wiley & Sons, New York 1980.
16) J. R. Brauer: Finite Element Analysis, Verlag Marcel Dekker, Inc. New York 1988.

Kapitel 2

1) M. Jufer: Typenübersicht und Sonderbauarten von Schrittmotoren, in H. P. Kreuth u.a., Schrittmotoren, expert-verlag 1985, Reihe Kontakt & Studium, Bd. 128.
2) T. Kenjo: Stepping motors and their microprocessor controls, Clarendon Press, Oxford 1984.
3) H. P. Kreuth: Schrittmotoren, Verlag Oldenbourg, München 1988.
4) P. Ward, P. Lawrenson: Magnetic permeance of doubly salient airgaps, Proc. IEE Vol. 124 (1977), 6, p. 542 – 544.
5) M. Harris, A. Hughes, P. Lawrenson: Static torque production in saturated doubly salient machines, Proc. IEE Vol. 122 (1975), 10, p. 1121 – 1127.
6) F. Prautzsch: Schrittmotorantriebe, Technische Veröffentlichung Nr. 5 über escap Erzeugnisse der Firma Portescap.

7) D. Brämer: Über den Einsatz von Linearmotoren als Positionierantriebe, Feinwerktechnik & Meßtechnik Bd. 89 (1981), 4, S. 163 – 167.
8) H. Timmel, U. Jugel: Mikrorechnergesteuerter, linearer Positionierantrieb mit Elementarschrittweiten unter 10 µm, Elektrie, Bd. 42 (1988), 6, S. 208 – 213.
9) K. Spanner, L. Dietrich: Feinste Positionierungen mit Piezo-Antrieben, Feinwerktechnik & Meßtechnik, Bd. 87 (1979), 4, S. 181 – 183.
10) E. Rummich: Entwicklungsstand und Anwendungsmöglichkeiten von Linearmotoren, Bull. SEV Bd. 63 (1972), 19, S. 1093 – 1099.

Kapitel 3

1) Moczala u. a.: Elektrische Kleinstmotoren und ihr Einsatz. expert-verlag, Band 34.
2) Sigma Instruments: Ibc.: Sigma Stepping Motor Handbook.
3) Heinrich: Schrittmotor als Kollektorloser Gleichstrommotor. Elektronik 8/15.4.88.
4) Holtmann: Entwicklungsschübe durch Magnetqualität und Elektronik. Industrie-elektrik + elektronik, 34/1989, Nr. 3.
5) Yoshida, Chang, Baker: Tin-can Stepping motors park more punch. Machine design/ June 21/1990.

Kapitel 6

1) H. P. Kreuth u. a.: Elektrische Schrittmotoren. expert-verlag 1985, Reihe Kontakt & Studium, Bd. 128.
2) H. J. Dirschmid: Mathematische Grundlagen der Elektrotechnik, Verlag Vieweg, Braunschweig, 1986.
3) H. P. Kreuth: Schrittmotoren. Verlag Oldenbourg, München, 1988.
4) C. K. Taft, R. G. Gauthier: The phase plane as a stepping motor system design tool. Proc. Motorcon 81, Chicago (1981), p. 6A.1-1 . . . 6A.1-11.
5) C. K. Taft, R. G. Gauthier: Stepping motor failure model, IEEE Transactions on Industrial Electronics and Control. Instrumentation IECI-Vol. 22 (1975) 3, p. 375 – 385.
6) P. J. Lawrenson, I. E. Kingham: Resonance effects in stepping motors. Proc. IEE Vol. 124 (1977) 5, p. 445 – 448.
7) K. Klotter: Technische Schwingungslehre. Verlag Springer, Berlin 1978.
8) A. P. Russell, I. E. D. Pickup: Subharmonic resonance in stepping motors. Proc. IEE Vol. 126 (1979) 2, p. 167 – 171.
9) H. Unbehauen: Regelungstechnik II, 2. Auflage. Verlag Vieweg & Sohn, Braunschweig 1985.

Kapitel 8

1) Walter Link: Das dynamische Verhalten des Schrittmotors bei schnellstmöglichen Positioniervorgängen. Institut für Elektrische Nachrichtentechnik der Universität Stuttgart 1982.
2) Verschiedene Verfasser: Gesteuerte und geregelte elektrische Antriebe in der Gerätetechnik. VDI-Berichte 482, Tagung Hannover 1983.
3) Verschiedene Verfasser: Proceeding Stepping Motors and Controls. Seminar The Superior Electric Company 1978.
4) DIN 42021 (Teil 2) Schrittmotoren.
5) Verschiedene Verfasser: Warner Electric's. Guide to Selecting and Controlling Step Motors 1979.
6) C. K. Taft; Raymond G. Gauthier: The Phase Plane as a Stepping Motor System Design Tool. Proceedings Motorcon 1981, Chicago III.

Sachregister

Ablaufsteuerung 164
Anisotrop 72
Ankupplung 231
Ansteuerschaltung 143
Antrieb (Optimierung) 218

Beschleunigungsbereich 37, 91
Beschleunigungsmoment 24
Beschleunigungszeit 208
Bestromungstabelle 14
Betrieb mit Vorwiderstand 141
Betriebsarten von Schrittmotoren 141
Betriebsgrenzmoment 37, 90, 129, 252
Betriebs-Grenzfrequenz 90 f.
Betriebskennlinie 129
Betriebsverhalten (Beeinflussung) 223
Bifilarwicklung 16
Bilevelbetrieb 35
Bipolarbetrieb 144
Bipolare Anspeisung 16
Bipolarwicklung 79
Blechschnitt 106
Boost-Betrieb 224
Bremszeit 208

Chopperspannung 143

Dämpfungsverhalten 81
Dämpfungszeitkonstante 24, 40
Dauermagnetmaterial 28
Drehfeld 7, 84
Drehfeldmaschine 7
Drehmoment 17, 30, 74 ff., 90, 94
Drehmomentenverlauf 17
Drehüberwachung 171
Drehzahl 4
Dreiphasen-Schrittmotor 81 f.
Dynamische Leistung 39, 44
Dynamischer Lastwinkel 268

Eigenfrequenz 24, 39, 119
Eigenkreisfrequenz 40
Eingangsstufe 155
Einständerbauweise 42
Einsträngiger PM-Schrittmotor 59
Einzelschritt-Betrieb 22
Einzelschritt-Fortschaltung 191
Einzelschrittverhalten 256
Eisenverlust 229
Encoder 94
Encoder optisch 170
Erwärmung 229
Erwärmungskennlinie 229

Fahrfrequenz, optimale 212

Fahrgeschwindigkeit 208
Fluchtungsfehler 232
Fortschaltmoment 24, 35
Frequenzrampe 162
5-Leiter-Schaltungen

Geregelter Betrieb 174
Getriebe 213
Gleichgewichtslage 18, 20, 22
Grundschaltungen von Fünfphasen-Schrittmotoren 145

Halbschrittbetrieb 6, 12, 21, 43, 79, 82, 110
Haltemoment 18, 21, 35, 81, 94, 111, 246
Haltepunkt labil 82
Hybridschrittmotor 6
HY-Schritttmotor 6

Induktion 72, 74
Isotrop 72

Kennlinie 35
Klauenpolprinzip 102
Klauenpolschrittmotor 68, 71, 75, 94
Konstantspannungsbetrieb 35, 139
Konstantstrombetrieb 35, 143
Kupferverlust 229
Kupplung 231

Lagegeber 94
Lager 72
Lageregelkreis 167
Lastmoment 22, 35, 37, 87, 90 ff., 206
Lastträgheitsmoment 37, 90 f., 207
Lastwinkel 22, 87, 98, 188
Lastwinkel/Schleppfehler 132
Lebensdauer 235
Leistungsansteuerung 154
Lichtschranken-Schaltbild 95
Linearer Schwinger 40
Linearschrittantrieb 63
Luftspaltleitwerk 108

Magnetische Energie 32, 34
Magnetische Koenergie 32, 34
Magnetischer Kreis 25, 108
Magnetisches Ersatzschaltbild 26,
Magnetisches Modell 107
Magnetische Sättigung 223
Magnetkreis 72, 76
Magnetring 69, 72, 73
Mechanische Eigenfrequenz 181
Mechanische Zeitkonstante 24

Mehrständerausführung 44
Mikroschrittbetrieb 14, 149
Minischrittsteuerung 79
Motor-Schaltbild 95

Nichtlineare Bewegungsgleichung 180
Nichtlinearer Schwinger 186, 189

Optimierung von Schrittprogrammen 277
Oszillator 162

Parametererregte Pendelung 119
Pendelung (Anregung) 119
Pentagrammschaltung 149
Permanentmagnet 25, 27
Permanentmagnetisch erregter Schrittmotor 4
Phasenebene 182
Phasenporträt 182, 189
Phasentrajektorien 182
Phasenzahl 69, 76
PM-Motor 4
Polpaarzahl 69, 72
Polwicklung 75 f.
Positioniergenauigkeit 72, 79, 84, 87, 89
Positioniersteuerung 154, 164
"Power Rate" 39
Pulserzeugung 159

Rampe (Optimierung) 218
Reibungsband 152
Reluktanzschrittmotor 4, 42
Resonanz harmonisch 201
Resonanz subharmonisch 21, 203
Resonanzzone 197
Rotorlage (Erfassung) 168

Scheibenmagnet-Schrittmotor 56
Schleppabstand 174
Schrittfeld 7
Schrittfolge (Optimierung) 220
Schrittfrequenz 4, 77, 90,
Schrittimpuls (Erzeugung) 159
Schrittmotorantrieb 2, 37
Schrittmotoransteuerung 154
Schrittmotor piezoelektrisch 64
Schrittsequenz 192, 195
Schrittwinkel 2, 42, 46, 59, 74 ff., 77, 84, 110

Schrittwinkelfehler 2
Schrittwinkeltoleranzen 257
Schrittzahl 3, 77, 109
Schwingung 72
Selbsterregte Pendelungen 119
Selbsthaltemoment 4 f., 18, 25, 33, 244
Separatrizen 184
Servomotor 1
Singularer Punkt 183
Spannungs-Frequenz-Wandler 164
Stabiler Haltepunkt 82, 87, 89, 94
Ständerwicklung 10
Startbereich 91
Start-Grenzfrequenz 90 f., 208
Start-Grenzmoment 90, 93
Start/Stop-Frequenz 207
Start/Stop-Kennlinie 132
Start/Stopp-Bereich 36
Statische Momente 243
Statischer Lastwinkel 249
Sternschaltung 149
Steuerfrequenz 2, 4, 92
Steuerschaltung 76, 79
Stromabsenkung 224
Stromregelung 156

Temperaturmessung 231

Überschwingwinkel 24
Übersetzungsverhältnis 37
Unifilare Wicklung 16
Unipolarbetrieb 79, 227
Unipolare Anspeisung 16
Unipolarschaltung 145
Untersetzungsgetriebe 214

Vollbrückenschaltung 145
Vollschrittbetrieb 6, 12, 21, 43, 76, 110
Vorzugsrichtung 72
VR-Motor 4

Wechselpolläufer 68
Wellenbelastung 234
Winkelabweichung 84
Winkeltoleranz 84
Wirkungsgrad 167

Zustandsdarstellung 220
Zweiphasenschrittmotor 68, 76

Autorenverzeichnis

Univ.-Prof. Dr. Erich Rummich
Technische Universität Wien
Institut für Elektr. Maschinen
und Antriebe
Wien/Österreich

Dr.-Ing. Ralf Gfrörer
Berger Lahr GmbH
Abt. Grundlagenentwicklung –
Motoren
Lahr

Dipl.-Ing. (FH) Hermann Ebert
Triumph-Adler AG
Nürnberg

Dipl.-Ing. Friedrich Traeger
AEG AG, FB Kleinmotoren
Abt. Entwicklung Kleinmotoren
Berlin 21

Mit unseren Schrittmotoren gestalten wir Mode

Egal wie der Designer heißt – aus jedem Entwurf wird Realität durch 5-Phasen-Schrittmotoren von Berger Lahr. Die hohe Auflösung und Schrittgenauigkeit sorgen für die optimale Umsetzung der modischen Kreationen in der Produktion. Berger Lahr-Steuerungen und Software sind die logische Ergänzung zur optimalen Systemlösung. Interessiert – wir informieren Sie gerne. Rufen Sie an oder schreiben Sie.

BERGER LAHR

Wir machen Bewegung

BERGER LAHR GmbH · Breslauer Straße 7 · W-7630 Lahr · Postfach 1180 · Telefon (0 78 21) 5 82-0
Fax (0 78 21) 58 23 13 · Ttx 17-782 119 (SIG) Ein Unternehmen der SIG Firmengruppe

Elektrotechnik/Elektronik

Meinhold, H., Dr.-Ing.
Berechnungsgrundlagen für die Elektrotechnik/Elektronik
208 Seiten,
DM 39,--
ISBN 3-8169-0089-5

Kahnau, H.W., Dipl.-Ing./
Springer, G., Prof. Dr./
Wiedemann, H., Dipl.-Ing.
Prüfungsfragen zum VDE-Vorschriftenwerk
244 Seiten,
DM 48,--
ISBN 3-8169-0044-4

Jäger, K.-W., Prof.Dr.-Ing. und 9 Mitautoren
CAD-Systeme zur Stromlaufplanung und -dokumentation
296 Seiten, DM 79,--
ISBN 3-8169-0387-8

Jäger, K.-W., Prof.Dr.-Ing. und 9 Mitautoren
CAD-Einsatz zum Projektieren von Leiterplatten
304 Seiten, DM 78,--
ISBN 3-8169-0500-8

Nibler, F., Prof. Dr.-Ing. u.a.
Hochfrequenzschaltungstechnik
411 Seiten, 276 Bilder,
DM 89,--
ISBN 3-8169-0553-6

Sarkowski, H., Obering.
Digitaltechnik mit integrierten Schaltungen
251 Seiten, 234 Bilder,
DM 59,--
ISBN 3-88508-849-5

Fischbach, J.-U., Prof. Dr.,
Optoelektronik Bauelemente der Halbleiter-Optoelektronik
237 Seiten,
DM 64,--
ISBN 3-88508-798-7

Kiehne, H.-A., Dipl.-Ing. u.a.
Batterien
328 Seiten, 192 Bilder,
DM 86,--
ISBN 3-8169-0228-6

Kiehne, H.-A., Dipl.-Ing. u.a.
Gerätebatterien
239 Seiten, 176 Bilder,
DM 68,--
ISBN 3-8169-0019-4

Hiller, F., Dr.-Ing. u.a.
Die Batterie und die Umwelt
154 Seiten, 67 Bilder,
DM 49,--
ISBN 3-8169-0594-3

Marwitz, H., Dr.-Ing. u.a.
Praxis der Holografie
485 Seiten, 291 Bilder,
DM 148,--
ISBN 3-8169-0493-9

Bimberg, D., Prof. Dr. u.a.
Laser in Industrie und Technik
299 Seiten, 107 Bilder,
DM 66,--
ISBN 3-88508-879-7

Brückner, G., Dipl.-Ing. u.a.
Netzführung
182 Seiten, 197 Bilder,
DM 55,--
ISBN 3-8169-0177-8

Günther, B.C., Dipl.-Ing./
Hansen, K.H., Dipl.-Ing./
Veit, I., Dr.-Ing.
Technische Akustik — Ausgewählte Kapitel
369 Seiten, DM 84,--
ISBN 3-8169-0067-4

Fischer, H., Dr.-Ing. u.a.
Medizingeräte -Verordnung
442 Seiten, 142 Bilder,
DM 118,--
ISBN 3-8169-0559-5

Bommes, L., Prof. Dr.-Ing./
Kramer, C., Prof. Dr.-Ing. u.a.
Ventilatoren
481 Seiten, 306 Bilder,
DM 98,--
ISBN 3-8169-0462-2

Günther, B.B., Dipl.-ing./
Hansen, K.H., Dipl.-Ing./
Veit, I., Dr.-Ing.
Technische Akustik — Ausgewählte Kapitel
369 Seiten, 268 Bilder,
DM 84,--
ISBN 3-8169-0067-4

Wilhelm, J., Prof.Dipl.-Ing. und 8 Mitautoren
Elektromagnetische Verträglichkeit (EMV)
397 Seiten, DM 89,--
ISBN 3-8169-0526-9

Lüttgens, G., Dipl.-Ing./
Glor, M., Dr.
Elektrostatische Aufladungen begreifen und sicher beherrschen
232 Seiten, DM 69,--
ISBN 3-8169-0254-5

Fordern Sie unsere Fachverzeichnisse an. Tel. 07034/4035-36, FAX 7618

expert verlag GmbH, Goethestraße 5, 7044 Ehningen bei Böblingen

MESSTECHNIK

Bonfig, K.W., Prof. Dr.-Ing./
Bartz, W.J., Prof., Dr.-Ing./
Wolff, J., Dipl.-Ing.
Sensoren, Meßaufnehmer
773 Seiten, 412 Bilder,
DM 194,--
ISBN 3-8169-0278-2

Reichl, H., Prof. Dr.-Ing.
Halbleitersensoren
4111 Seiten, 312 Bilder,
DM 89,--
ISBN 3-8169-0221-9

Eißler, W.,Prof. Dr.-Ing./
Knappmann, R.-J.,
Prof. Dipl-Ing. u.a.
Praktischer Einsatz von berührungslos arbeitenden Sensoren
404 Seiten, 337 Bilder,
DM 84,--
ISBN 3-8169-0361-4

Cassing, W., Dipl.-Phys. u.a.
Elektromagnetische Wandler und Sensoren
332 Seiten, 173 Bilder,
DM 79,--
ISBN 3-8169-0157-3

Sarkowski, H., Obering.
Meßtechnik bei Elektronikgeräten
182 Seiten, 167 Bilder,
DM 49,--
ISBN 3-8169-0384-3

Neumann, J., Ing. (grad.)
Lärmmeßtechnik
316 Seiten, 107 Bilder,
DM 69,--
ISBN 3-816 9-0327-4

Wilhelm, J., Prof. Dipl.-Ing.
Elektromagnetische Verträglichkeit (EMV)
397 Seiten, 301 Bilder,
DM 89,--
ISBN 3-8169-0526-9

Bonfig, K.W., o. Prof. Dr.-Ing.
Durchflußmessung von Flüssigkeiten und Gasen
170 Seiten, 130 Bilder,
DM 49,--
ISBN 3-8169-0654-0

Neumann, H.J.,.Dipl.-Ing.
CNC-Koordinatenmeßtechnik
415 Seiten, 301 Bilder,
DM 89,--
ISBN 3-8169-0220-0

Müller, R.K., Prof. Dr.-Ing.
Mechanische Größen elektrisch gemessen
235 Seiten, 150 Bilder,
DM 59,--
ISBN 3-8169-0547-1

Beyer, W., Prof. Dr.-Ing. u.a.
Industrielle Winkelmeßtechnik
197 Seiten, 148 Bilder,
DM 68,--
ISBN 3-8169-0321-5

Bonfig, K.W., o. Prof. Dr.-Ing.
Technische Druck- und Kraftmessung
211 Seiten, 140 Bilder,
DM 69,--
ISBN 3-8169-0315-0

Bonfig, K.W., o. Prof. Dr.-Ing.
Technische Füllstandsmessung und Grenzstandskontrolle
173 Seiten, 154 Bilder,
DM 59,--
ISBN 3-8169-0603-6

Steeb, S., Prof. Dr. u.a.
Zerstörungsfreie Werkstück- und Werkstoffprüfung
514 Seiten, 326 Bilder,
DM 134,--
ISBN 3-8169--0285-5

Baeckmann, v. W., Dipl.-Phys.
Meßtechnik beim kathodischen Korrosionsschutz
226 Seiten, 108 Bilder,
DM 64,--
ISBN 3-8169-0364-9

Fischer, H., Dr.-Ing./
Heber, K., Dr.-Ing. u.a.
Industrielle Feuchtigkeitsmeßtechnik
193 Seiten, 128 Bilder,
DM 69,--
ISBN 3-8169-0610-9

Fischer, H., Dr.-Ing.
Industrielle Temperatur- Meß- und Regeltechnik — IMT 90
412 Seiten, 192 Bilder,
DM 89,—
ISBN 3-8169-0623-0

Weichert, L., Prof. Dr.-Ing. u.a.
Temperaturmessung in der Technik
341 Seiten, 208 Bilder,
DM 78,--
ISBN 3-8169-0200-6

Fordern Sie unsere Fachverzeichnisse an. FAX 07034/7618

expert verlag GmbH, Goethestraße 5, 7044 Ehningen bei Böblingen

Erfolgreiche Fachbücher

DAS HANDBUCH FÜR INGENIEURE
Fünfte Ausgabe

Sensoren und Sensorsysteme

Wegweisende, serienreife neue Produkte und Verfahren

Mit 448 Bildern

Herausgeber
Prof. Dr.-Ing. K. W. Bonfig

```
1991, 720 Seiten, 448 Bilder
DM 169,-- / öS 1.320,-- / sfr 152,--
(Das Handbuch für Ingenieure, Band 5)
ISBN 3-8169-0686-9
```

Fachleute aus Industrie und Forschung stellen neue Sensoren und Meßaufnehmer vor und erläutern ihre Anwendungen und Einsatzgebiete. Im Mittelpunkt der Erörterungen steht der aktuelle Stand der Technik, aber auch Trends und Schwerpunkte werden für den Praktiker aufgezeigt.

Fordern Sie unsere Fachverzeichnisse an.
Tel. 0 70 34/ 40 35-36, FAX 7618

expert verlag GmbH, Goethestraße 5, 7044 Ehningen bei Böblingen